特　集

水にも埃にも強い手ぶらコードレス電源の作り方

キットで体験！ CとLと非接触パワー伝送の実験

特集では，ワイヤレス給電の基本技術である電磁誘導，電磁界共鳴，電界結合方式の原理について，エレクトロニクス・エンジニアから営業技術者および，これからパワー・エレクトロニクスを学びたい学生向けにわかりやすく解説しています．具体的な給電の様子を見える形にした実験を中心として，理論面を含めて学べるように解説しています．

Introduction　給電方式と最新標準化の動向

第1部　製作と実験

第1章　実験キットで学ぶワイヤレス給電の基礎

第2章　プリント基板コイルを使ったワイヤレス給電

第3章　磁界共振理論の問題を微修正して効率とロバスト性を改善

第2部　理論と解析

第1章　電界結合による非接触電力供給の技術

第2章　ワイヤレス結合の最新常識「*kQ*積」をマスタしよう

第3章　回路方程式と伝達関数で理解するワイヤレス給電

第4章　インダクタンス測定とワイヤレス給電の評価方法

第5章　多種多様なフィールドで活用されるワイヤレス給電

第6章　ワイヤレス給電を始めるまえに押さえておきたい10の基本

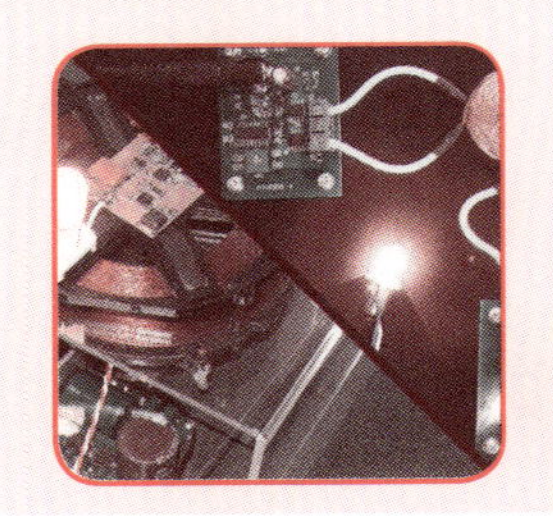

グリーン・エレクトロニクス No.19

水にも埃にも強い手ぶらコードレス電源の作り方

特集　キットで体験！ CとLと非接触パワー伝送の実験

最新ワイヤレス給電をザックリおさらい
Introduction **給電方式と最新標準化の動向*** 編集部 ……4
- ワイヤレス給電のひろがり ── 4
- ワイヤレス給電の進化 ── 4
- ワイヤレス給電は三つの方式がある ── 4
- モバイル機器の標準化の動き ── 5
- 車のワイヤレス給電には安全規格との協調も必要 ── 6
- 将来のワイヤレス給電技術 ── 6

第1部　製作と実験

コイルとコンデンサのふるまいから理解する
第1章 **実験キットで学ぶワイヤレス給電の基礎** 梅前 尚 ……8
- ワイヤレス給電を体験してみよう ── 8
- ワイヤレス給電に使われるコンデンサとコイル ── 10
- コンデンサ/コイルの応用…トランス，共振動作 ── 15
- 実験ボードの動作…ワイヤレス給電の動作 ── 22
- 実験キットの回路 ── 30
- コラム　表皮効果とリッツ線 ── 16

電磁気学のおさらいから始める
第2章 **プリント基板コイルを使ったワイヤレス給電** 髙橋 俊輔 ……34
- ワイヤレス給電の利点 ── 35
- ワイヤレス給電とは ── 35
- 磁界結合方式を使った回路 ── 39
- 簡単な回路で作れる ── 43
- アイデア次第でこんなことも！ ── 45
- ワイヤレス給電の将来的な展開 ── 49
- コラム　表皮効果と近接効果とは？ ── 44

ついに突破口が見つかったワイヤレス給電の新方式
第3章 **磁界共振理論の問題を微修正して効率とロバスト性を改善** 牛嶋 昌和/湯浅 肇/荻野 剛 ……52
- ワイヤレス給電の課題 ── 52
- 回路の説明 ── 53
- 共振原理の見直しが必要 ── 58
- 調相結合とは何か ── 58
- 並列共振周波数と直列共振周波数を分析 ── 61
- 正しい磁界共振の周波数設定 ── 63
- コラム1　Qiの共振回路について ── 55
- コラム2　特殊なレギュレータについて ── 57
- コラム3　紛らわしい意味の違う二つの漏れインダクタンス ── 62
- コラム4　ワイヤレス電力給電実験キット ── 66

Appendix **ZVS動作について** ……67

第2部　理論と解析

ロバスト性の高いシステム構築が可能な並列共振方式
第1章 **電界結合による非接触電力供給の技術** 原川 健一 ……70
- 電界結合とは ── 70
- 電界結合の回路方式 ── 71
- 直列共振方式 ── 72
- 並列共振方式 ── 74

表紙デザイン　ナカヤデザイン(柴田 幸男)
本文イラスト　神崎 真理子

CONTENTS

独創的で高効率なワイヤレス給電システムの開拓に向けて
第２章　ワイヤレス結合の最新常識「*kQ*積」をマスタしよう　大平 孝 ……78
- *kQ*積への近道 ―― 79
- 結合系の*kQ*積のまとめ ―― 87
- コラム１　T型抵抗回路の*ESR* ―― 81
- コラム２　巻き線トランスの*Q*ファクタと結合係数 ―― 83
- コラム３　距離減衰から考える伝送線路の*kQ*積 ―― 84
- コラム４　電力伝送効率をLTspiceで計算すると… ―― 85
- コラム５　実用システムの*kQ*積 ―― 86

電気と磁気を統合した回路モデルで電力伝送特性を理論的につかむ！
第３章　回路方程式と伝達関数で理解するワイヤレス給電　大羽 規夫 ……89
- 伝達関数のおさらい ―― 89
- ワイヤレス給電の方式分類 ―― 90
- 電気系と磁気系とを統合するための基礎式 ―― 91
- 二つのコイル間の相互誘導 ―― 91
- 静電誘導(電界結合)は双対性で理解できる ―― 93
- 伝達関数を使った理論解析 ―― 93
- ２次側コンデンサの効果をベクトルで解析 ―― 97
- パワー・エレクトロニクス技術を応用したシステム ―― 97

汎用オシロスコープで自己/相互インダクタンス，伝送効率を測定
第４章　インダクタンス測定とワイヤレス給電の評価方法　宮崎 強 ……103
- 自己インダクタンスの測定 ―― 103
- 相互インダクタンスの測定 ―― 107
- ワイヤレス給電の測定例 ―― 109
- コラム１　インダクタンスの自動測定 ―― 106
- コラム２　インダクタンスについてのおさらい ―― 110

ワイヤレス給電の用途拡大！工場から農業まで…
第５章　多種多様なフィールドで活用されるワイヤレス給電　高橋 直希 ……117
- なぜ，ワイヤレス給電が求められるのか？ ―― 117
- ワイヤレス給電の実用事例 ―― 119
- 工場内でのワイヤレス給電(産業用ロボット) ―― 123
- 医療用途におけるワイヤレス給電 ―― 124
- 車両用途でのワイヤレス給電 ―― 125
- 農業用途でのワイヤレス給電 ―― 126
- コラム　ワイヤレス給電の方式 ―― 118

ケーブルの要らない新しい世界に向けて…
第６章　ワイヤレス給電を始めるまえに押さえておきたい10の基本　横井 行雄 ……128
- 基本１　ワイヤレス給電と無線通信の違い ―― 128
- 基本２　ワイヤレス給電の五つの方式 ―― 129
- 基本３　ワイヤレス給電とIHクッキング・ヒータ ―― 129
- 基本４　磁界共鳴方式と電磁誘導方式の違い ―― 129
- 基本５　トランスやコンデンサとどう違うのか ―― 131
- 基本６　広がる利用分野 ―― 131
- 基本７　電波法と標準化 ―― 133
- 基本８　遠方への不要輻射と漏洩電磁界 ―― 135
- 基本９　近傍の電磁界強度 ―― 135
- 基本10　大電力/走行中給電…これからの発展 ―― 135

GE Articles

商用電源，直流電源，モータ駆動信号，どんな相手でも安心のフローティング測定
製作　最大200 A，精度20 mAの5,000円インスタント電流テスタ*　登地 功 ……137
- 電流計の設計と製作 ―― 138
- OPアンプの出力をデスクトップ・パソコンに取り込んでグラフ化したい ―― 140
- コラム１　最近のゼロ・ドリフトOPアンプは低ノイズで便利に使える ―― 138
- コラム２　３端子レギュレータ付きパネル・メータの消費電力を節約する方法 ―― 142
- コラム３　ほぼ完璧な絶縁で高精度な測定にも使える手軽な低ノイズ電源「電池」 ―― 143

▶＊印の記事は，「トランジスタ技術」に掲載された記事を再収録したものです．初出誌は，各記事の稿末に記載してあります．

Introduction

最新ワイヤレス給電を
ザックリおさらい

給電方式と最新標準化の動向

編集部

ワイヤレス給電のひろがり

ここ数年の間に急速にワイヤレス給電が話題になってきました．2007年にMIT（マサチューセッツ工科大学）が提唱した方式がきっかけになりました．それは，二つのコイルを共振させ電送効率と電送距離を向上させた磁界共鳴方式でした（**図1**）．

また，環境とエネルギ対応などでEV（電気自動車）への親和性からワイヤレス給電の研究開発が大学や企業により加速され，充電方法と共に実用化に向けて研究発表が相次ぎました．

ワイヤレス給電の進化

ワイヤレス給電の初期を第一世代とすれば，小電力の電動歯ブラシ，電気シェーバ，コードレス電話などの充電器が製品化されました．

現在を第2世代として，小電力～中電力であるスマートホンなど移動体用や，電動工具，ノートPC，掃除ロボットなど家電機器用，EV用などの充電器が実用化されています．その背景には，結合部分の回路方式の研究もさることながら，キー・パーツである磁性材料，半導体部品の高周波低損失化，制御方式や2次電池などの技術進歩が無視できません．

次世代である第3世代としては，発電所レベルのマイクロ波による大電力のワイヤレス給電方式が研究レベルで発表されています．また，給電方式と最新標準化の動向給電方式と最新標準化の動向洋上風力発電の送電や潮流発電とのハイブリッド発電の送電や，宇宙太陽光太陽光発電などが考えられています．**図2**に第3世代の構想を示します．

ワイヤレス給電は三つの方式がある

現在実用化されているワイヤレス給電は，ほとんどが電磁誘導方式です．これはコイルを通過する磁束に変化を与えると起電力が発生するファラデーの法則が原理となっています．**図3**に示すように，二つのコイルを十分に近づけ，給電側に交流電流を流し，コイルの中に磁束を生じさせ，結合した受電側のコイルに電流を誘導する方式です．

その他の方式として，結合部分（送電側と受電側の間の部分）の距離を大きく取れる磁界共鳴（共振）方式や，結合部分の軸ズレ，回転，滑りにも対応できる電界共鳴（共振）方式があり，実用試験の段階にあります．

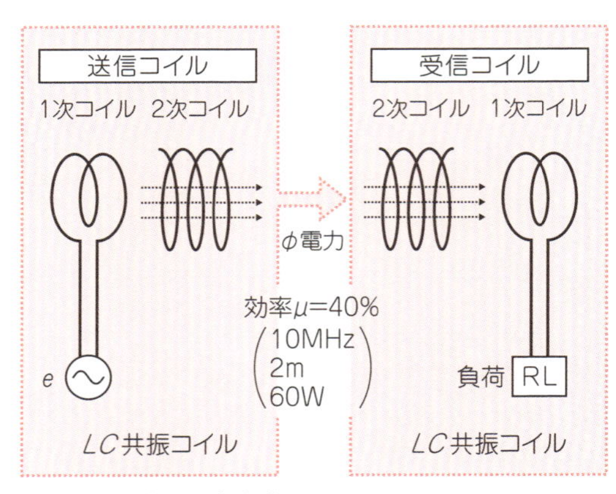

図1　MIT磁界共鳴方式

図2　洋上風力と太陽光のハイブリッドをマイクロ波に変換して送電

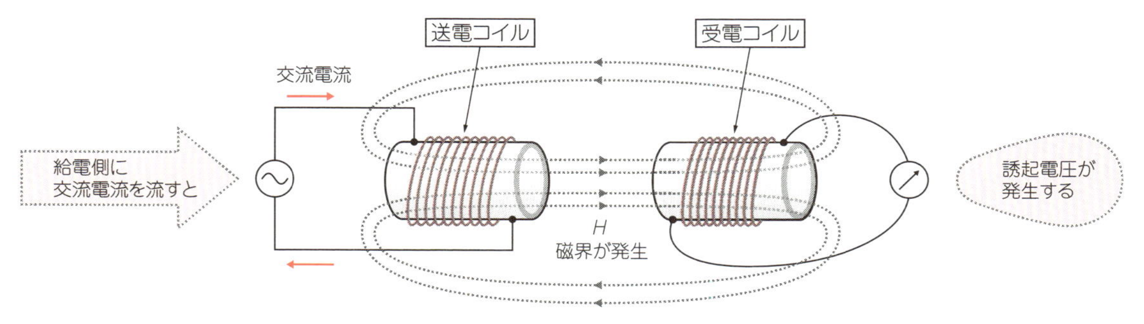

図3　電磁誘導方式の原理モデル

図4に電界共鳴の例を示します．電磁誘導に比べシンプルで，原理的にEMC放射ノイズも少ないと言われています．

各方式別にその仕組みと特徴を**表1(a)(b)**にまとめました．用途に合わせて選択する時代がくるでしょう．

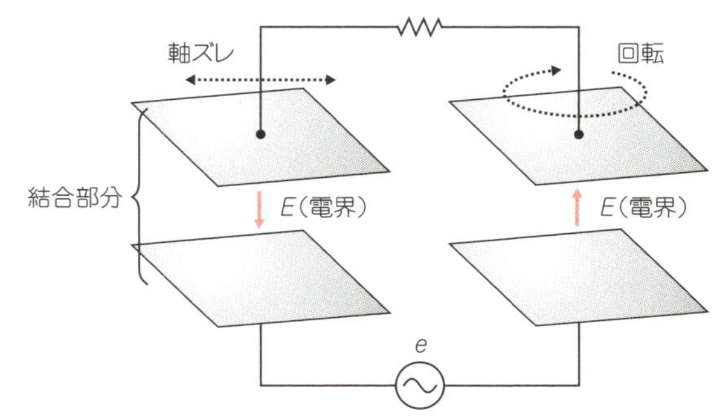

図4　電界共鳴は結合部分がズレたり回転したりしても送電できる

モバイル機器の標準化の動き

ワイヤレス給電の普及に向けて製品規格の標準化がいろいろな標準化団体で検討されています．

まずスマホ(小電力5W以下)を対象に，WPCがQi(チー)規格を2008年に策定し先行しました．しかし

表1(a)　ワイヤレス給電の方式

方　式	電磁誘導方式 (電磁結合)	電波受信方式 (マイクロ波)	共鳴方式 [磁界共鳴方式，電界共鳴(電界結合)方式]
仕組み	コイルの間の磁束の強さの変化によって生じる起電力を利用	電波あるいはマイクロ波に変換し整流回路で直流に変換して利用	(イ) 磁界のLC共振を利用するタイプ (ロ) 電界を誘電体により利用するタイプ
出力	数W～数百kW	数mW～GW	数W～数kW
電送距離	数mm～10 cm	数m～数万キロ	数m～(周波数に依存)
周波数	数十kHz～100 kHz	2.4 GHz・5.8 GHz	数MHz
メリット デメリット	安定した電力電送が可能であるが，電送距離が短くコイル間との位置ずれが効率を大きく下げる	一般的に送電効率が低いが，大電力を長距離に伝送することも可能(宇宙太陽光発電)だが，規模が大きい	数メートルの距離でも電送可能であるが距離により効率低下，多少の位置ずれは補正可能

表1(b)　共鳴方式の仕組み

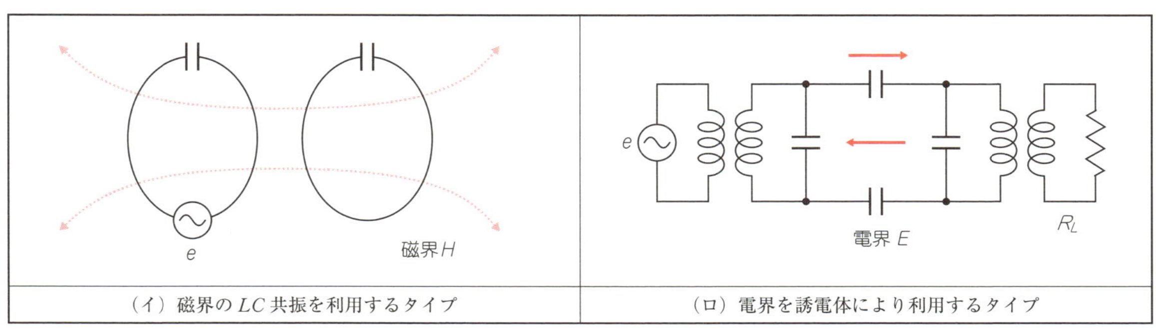

(イ) 磁界のLC共振を利用するタイプ　　(ロ) 電界を誘電体により利用するタイプ

表2　主要なモバイル機器のアライアンス

名　称	WPC(2008年) Wireless Power Consortium	PMAとA4WPが合併(2015年) Power Matters AllianceとAlliance for Wireless Power
規格名称	Qi(チー)	Air Fuel Alliance
方　式	電磁誘導	電磁誘導と磁界共鳴
主要メンバー(順不同)	TI，パナソニック，Rohm，STMicro，LG，Microsoft，Apple，Qualcomm，サムソンなど，約200社	P＆G，Powermat，Qualcomm，サムソン，LG，Google，AT＆T，ONsemi，Intel，Starbucksなど，約195社
備　考	携帯電話，スマートフォン，ノートPC，各種携帯機器，デジカメ，照明機器，壁掛TV，掃除機，スピーカ，ヘッドホンなどの家庭内の小中電力機器	

競合団体としてPMAがPowermat規格を2012年3月に，A4WPがRezence規格を2012年5月に策定しました．そしてその後は，5W以上のモバイル機器が増えてきたため，50W以下を基準にラップトップ，タブレットなどをターゲットに標準化が進められています．モバイル機器の主要なアライアンスを**表2**に示します．

また日本ではBWFが，50W以下のモバイル機器と50W以上の電子機器で区分して，さらに数kWの大電力(EV)も含めて，標準化が進められています．

海外でも同様に標準化と制度化への動きが活発になっています．家電機器向けは，米国はCEAのR6.3 Wireless Power Subcommittee規格にてQi規格はCEA-2042.5aに組み込まれて検討されています．またIECのTC100(Audio, Video and Multimedia systems)規格の中に，ワイヤレス給電の標準規格プロジェクトが設立されました．韓国もTTAのPG709規格にてモバイル端末(5W・30W・120W)への標準化が進められています．

これらは標準化の戦国時代の感がありますが，連携関係にもあります．今後の動向に注目です．

車のワイヤレス給電には安全規格との協調も必要

電気自動車のワイヤレス給電の標準化は，2010年より米国自動車技術界SAEの中にJ2954(非接触給電標準化タスクフォース)が設立され，電力給電以外の制御通信なども含めて議論されています．電力給電装置(充電スタンド)安全性として，ULはSAEのJ2954規格と連携して，安全規格(UL2750)を策定してインフラ側と車両側の責任を分担しました(**図5**)．

また欧州では，IECのTC69(電気自動車)規格とISOのTC22規格においては，一般要求案件IEC 61980-1に加えIEC61980シリーズとして，安全規格との協調を検討し始めました．このようにワイヤレス給電技術に限らず，関連規格を含めて急速に検討が進められています．

将来のワイヤレス給電技術

大学，研究機関，メーカから発表される研究成果も注目です．最近では東京大学にてマイクロ波やレーザ方式により数メータの電力伝送に成功し，三菱重工業が実証試験にて10kWの電力をマイクロ波に変換し500メートル先に届けることが実現しました．

他にも自動車が走行中でも，路面から給電できる電界結合方式のカートを豊橋技術科学大学が発表しています(**図6**)．また車上電源装置(電車の車両に搭載する電源装置)をリニア車両に集電コイルを搭載し地上

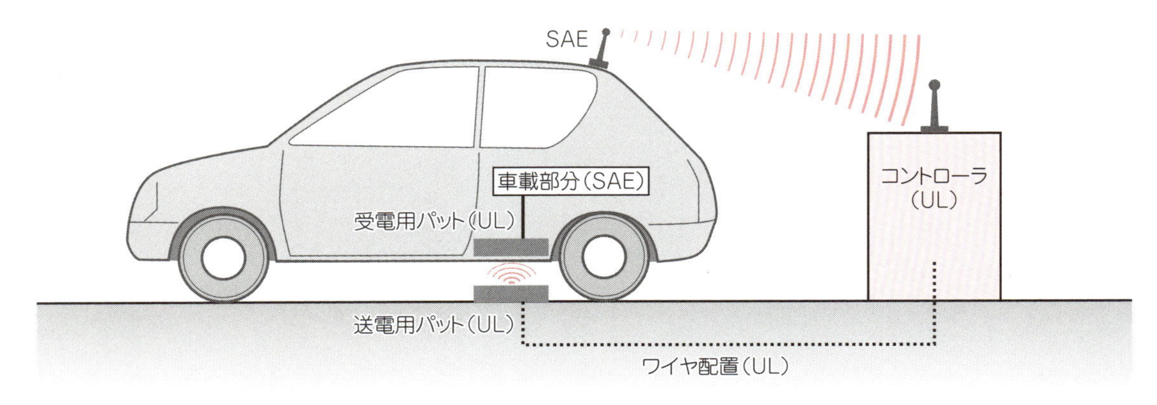

図5　SAEとULの標準化分担

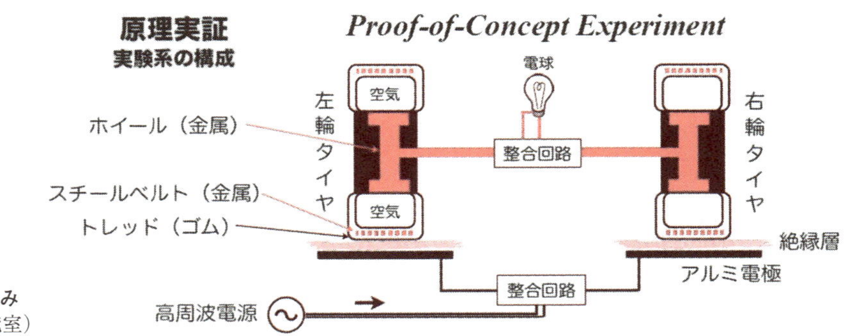

図6 路面給電カートのしくみ
（豊橋技術科学大学 大平研究室）

に設置したコイルとの電磁誘導作用にて電力を供給することも研究されています．

利便性が期待されるワイヤレス給電ですが課題もあり，電送効率の向上，周波数妨害対策，電磁波による人体の安全性などが挙げられます．

より良い人類の環境改善と利便性に向けて，日本の技術力が世界に発揮されることを祈ります．

（初出：「トランジスタ技術」2015年6月号）

●用語説明

WPC …………………… Wireless Power Consortium
PMA …………………… Power Matters Alliance
BWF …………………… Broadband Wireless Forum
CEA …………………… 米国家電協会
IEC …………………… 国際電気標準会議
TTA …………………… Tele-communications Technology Association
SAE …………………… Society of Automotive Engineers
UL …………………… Underwriters Laboratories Inc. アメリカ保険業者安全試験所
IEC …………………… 国際電気標準化会議
Air Fuel …………… AirFuel Alliance

第1章

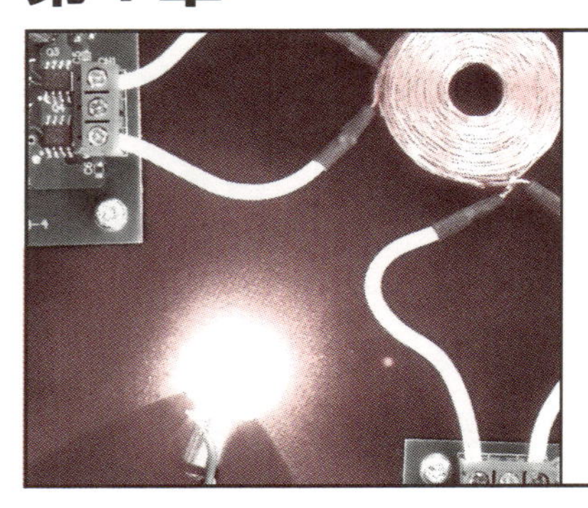

コイルとコンデンサのふるまいから理解する
実験キットで学ぶワイヤレス給電の基礎

梅前 尚
Hisashi Umezaki

回路接続をすることなく電力を伝達するワイヤレス給電(非接触給電)が，すっかりおなじみになってきました．早くから実用化されている電動歯ブラシやコードレスフォン(**写真1**)，近年ではスマートフォンの充電にワイヤレス給電の技術が採用されるなど，すでに日々の生活空間のなかにいくつもの商品が取り入れられています．

これらは取り扱う電力が比較的小容量のものが中心ですが，産業界ではコンベアなどの工場設備への応用や電動バスの実証実験が始まっており，数百Wから数kWクラスの大電力にもワイヤレス給電技術が広がりつつあります．

ワイヤレス給電は言葉のとおり，配線(ワイヤ)がつながっていない(レス)状態で電力を伝達するシステムのことで，現在実用化されているものの多くは数mmから数cmと近距離の電力伝送に限られています．

電力供給をワイヤレスで実現できるメリットは，次のようなものが挙げられます．

(1) 電源ケーブルを取り付ける手間がかからない
(2) 電源と装置が離れていても電力を送ることができる
(3) 窓ガラスなどの障害物を通り抜けて電力を供給することができる
(4) 電源の接続接点がないので，埃の多い場所でも電極が汚れて接触不良になる心配がない
(5) 電極が露出しないので防水加工が簡単で水回りにも使いやすい

すでに実用化されている商品や実証実験が進められている設備は，ワイヤレス給電がもつこれらの特長をうまく活かしています．

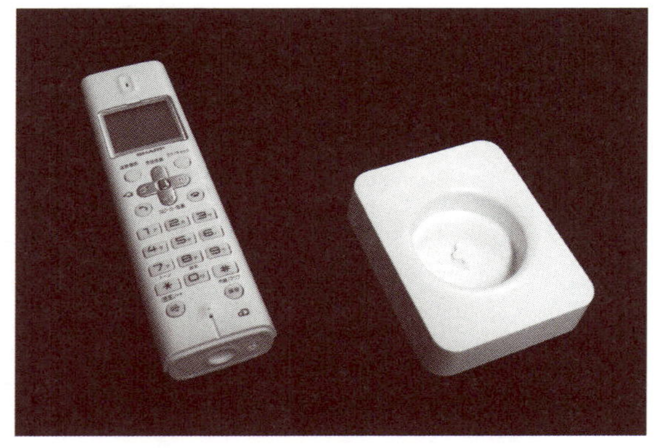

写真1　ワイヤレス給電を採用したコードレスフォンの例

ワイヤレス給電を体験してみよう

ワイヤレス給電という言葉やイメージは理解していても，やはり自分で実験してみて動作させたほうがより理解が深まります．とはいえ，市販されている商品を分解するのはためらわれますし，自作するにも回路の設計や部品定数の決定，そしてキー・パーツであるコイルの設計/試作といくつものハードルがあって，手軽に実験してみたいと思っていてもなかなか実行できないという方もおられるのではないでしょうか．

● 実験キット

そんな読者の方にうってつけの「ワイヤレス電力給電実験キット オプション扁平コイル・セット」がCQ出版社より販売されています．**写真2**が実験キットの内容物で，部品実装済みの基板に電力伝送用の偏平コイルと負荷に使用するランプがセットになっていて，給電側基板を駆動する12 VのACアダプタを準備するだけでワイヤレス給電をすぐに試すことができます．さっそくこの実験キットを使って，ワイヤレス給電を体験してみることにします．

図1は，この実験キットの回路ブロック図です(回路の詳細は稿末の**図33**を参照)．電力を供給する側の給電基板には高周波発振回路が内蔵されており，ここに給電用の偏平コイルと電源用の12 VのACアダプタを接続します．ACアダプタには回路保護のため，0.7 A出力のものを使用します．もちろん，これより定格電流の大きなACアダプタでも動作させることはできますが，実験中に大きな電流が流れて回路を構成する部品を破壊する恐れがあるため，入力電流を0.7 Aで制限する保護回路を設けるか直流安定化電源を使うよう

写真2 「ワイヤレス電力給電実験キット オプション扁平コイル・セット」のセット内容

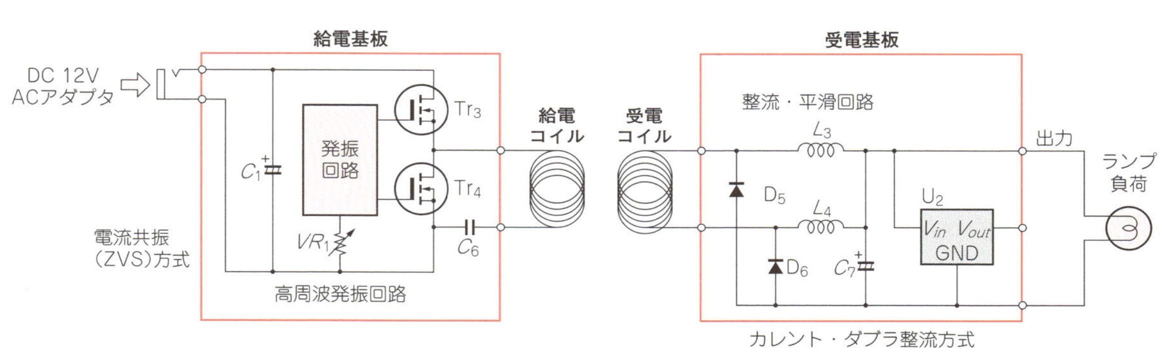

図1 「ワイヤレス電力給電実験キット オプション扁平コイル・セット」のブロック図

にします．

電力を受け取る側の受電基板は，整流回路とレギュレータICを使った定電圧回路だけの簡単な構造で，受電用の偏平コイルとランプ負荷をつなぎます．

実験キットのセッティングはとても簡単です．キットに添付されているマニュアルに従って給電基板と受電基板それぞれに偏平コイルを，受電基板に負荷となるランプをつなぎます．基板には端子台が取り付けられているので，ドライバ1本で部品を接続することができます．コイルは給電側と受電側に同じものを使いますので，間違える心配がありません．

マニュアルには，電源を入れるまえに給電基板に実装されているボリューム（VR_1）を右方向にいっぱいに回しておくように指示があります．マニュアルに従ってVR_1を回し，ACアダプタの出力プラグを給電基板のジャックに差し込んで実験開始です．

● コイルの距離

給電基板と受電基板が離れているときは負荷のランプは消灯したままですが，二つのコイルを徐々に近づけてコイル中心の穴が重なるようになるとランプは点灯し始め，コイル中心の穴の重なる面積が増えるにしたがって次第に明るくなっていき，コイルがぴったり重なるように配置するときが最も明るく点灯しました（**写真3**）．

給電側と受電側のコイル間にコピー用紙を挟んでみてもランプは点灯したままで，電力はワイヤレスで伝送されていることが確認できました．ただ，挟み込む紙の枚数を増やしてコイルの間隔をあけていくと，ランプはどんどん暗くなっていきます．

コイルの間隔が5 mmになるようにコイル間にベニア板を挟んで動作させてみると，ランプに明かりが灯っているのがかろうじてわかるくらいになってしまいました（**写真4**）．

● 発振周波数

給電基板はおもに高周波発振回路で構成されており，この発振周波数を調整するボリューム（VR_1）が付いています．そこで，発振周波数を変えたときにランプの明るさがどのように変わるのかを，給電コイルの両端

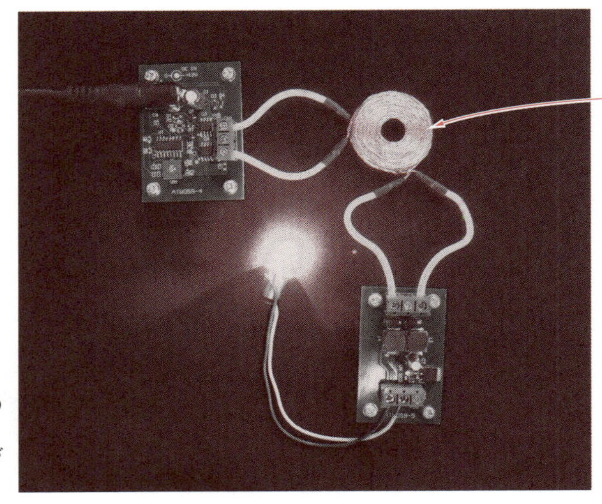

写真3　コイルの中心を合わせたときの点灯のようす
給電コイル，受電コイルともに電流測定ができるようにリード線で引き出している

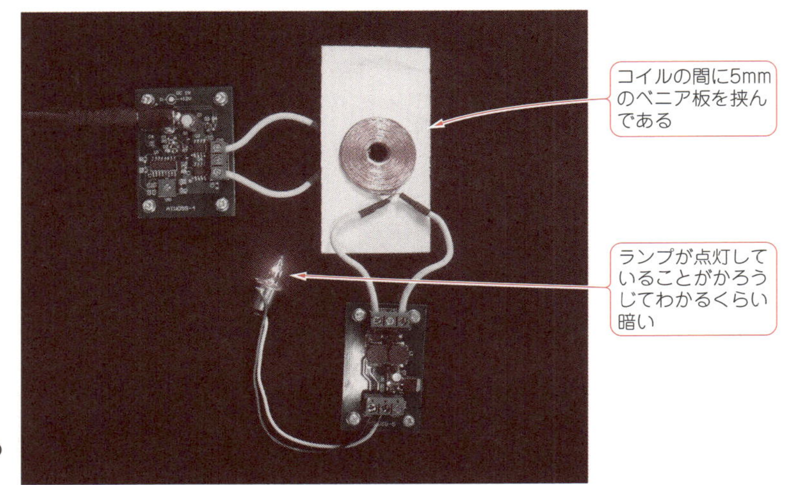

写真4　コイルの間隔を拡げたときのランプ点灯のようす

電圧をオシロスコープで波形確認しながら見てみます．

VR_1を調整するまえの右方向いっぱいに回した状態では発振周波数は約210 kHzでしたが(**図2**)，VR_1を左に回していくとランプは徐々に明るくなります．発振周波数170 kHzではランプは直視できないほど明るく光り，コイルの両端電圧も調整前と比べて大きくなっていました(**図3**)．どうやらワイヤレス給電では，発振周波数が給電電力に大きく影響しそうです．

負荷として使っているランプに印加されている電圧を電圧計で確認しながら，どれだけの電力が受電基板に供給されているのかを詳しく調べてみます．

もう一度VR_1を右いっぱいに回してから動作させたところ，発振周波数は210 kHzで出力電圧は3.45 Vでした．VR_1を回して発振周波数を170 kHzに調整したときには6.68 Vまで上昇していました．ランプの定格は7 V/0.58 Aですので，このランプを使った実験はこのあたりが限界のようです．

この状態で5 mm厚のベニア板を使ってコイルの間隔を拡げると，ランプの電圧は2.78 Vに低下しました．また，コイル同士を密着した状態でコイル半径ぶんだけ横にずらしたところ，ランプ電圧は0.35 Vまで下がってしまい，ランプは消灯してしまいます．あらためて，発振周波数ならびにコイルの位置関係が，伝送する電力に大きく影響していることがわかります．

ワイヤレス給電に使われるコンデンサとコイル

図1のブロック図には，給電基板のコイルと直列にコンデンサC_6が挿入されています．ワイヤレス給電は，実験キットでの動作確認の結果からコイルが重要な役割を果たしていましたが，このコンデンサもワイヤレス給電には欠かせない素子です．

そこでまず，これらコンデンサとコイルについて，おさらいしておきます．

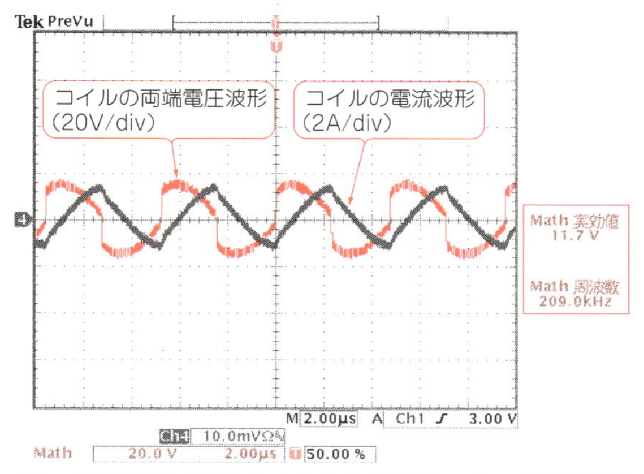

図2　可変抵抗を調整するまえの給電側コイルの両端電圧波形

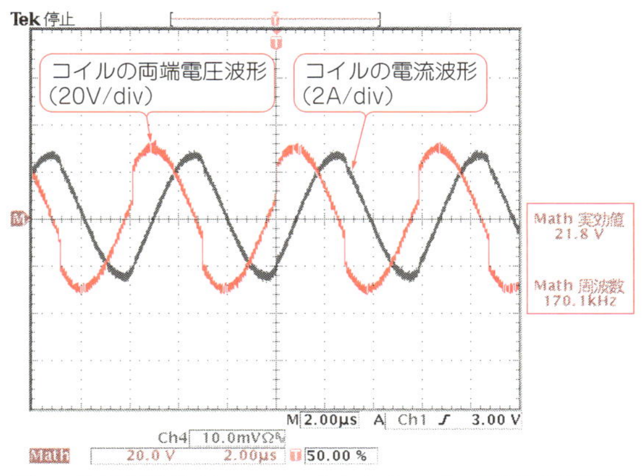

図3　発振周波数が170 kHzのときのコイル両端電圧波形
コイルの両端電圧，電流とも発振周波数が210 kHzのときよりも大きくなっている

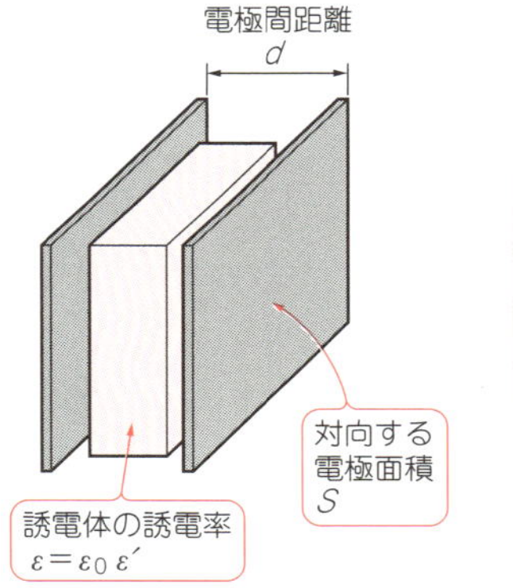

$C=\dfrac{\varepsilon_0 \varepsilon' S}{d}$

ε_0：真空の誘電率
ε'：誘電体の比誘電率
S：対向する電極の面積
d：電極間の面積

図4　コンデンサの基本構造

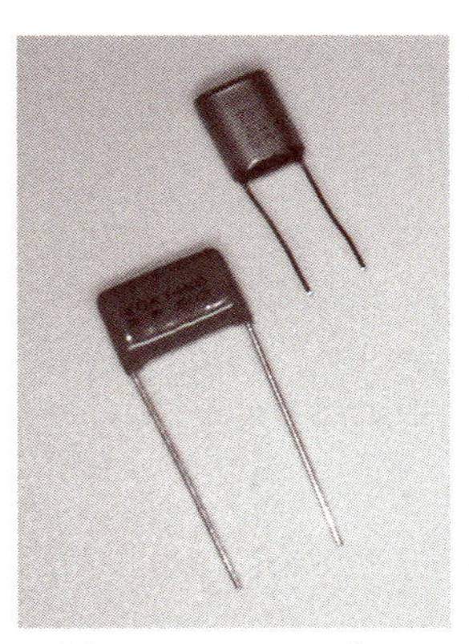

(a) フィルム・コンデンサ

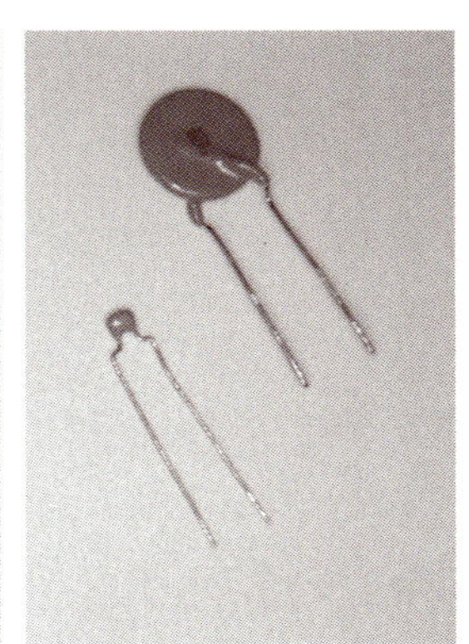

(b) セラミック・コンデンサ

写真5　コンデンサの外観例

● ワイヤレス給電の電力伝送に必要なコンデンサ

コンデンサの基本的な構造は，**図4**のように，二つの電極と電極の間に挟まれた誘電体で構成されています．コンデンサの容量は式(1)で表され，向かい合う電極が対向している面積Sと誘電体のもつ誘電率εに比例し，電極間の距離dに反比例します．

$$C=\frac{\varepsilon_0 \varepsilon' S}{d} \quad \cdots\cdots (1)$$

ε_0：真空の誘電率
ε'：誘電体の比誘電率
S：対向する電極の面積
d：電極間の距離

真空の誘電率ε_0は8.854×10^{-12} F/mで，例えば一辺が10 cmの正方形の平板電極(面積が0.01 m^2)を1 cmの隙間をあけて配置したとき，電極間は8.854 pFの容量をもつことになります．しかし，現実にこのようなコンデンサを基板に実装することはできませんし，このままではμFオーダの大きな容量を得ることはできません．

そこで，私たちが普段目にするコンデンサは，比誘電率の高い誘電体を電極間に置くことで，誘電率を上げるとともに電極間距離を狭い間隔で一定に保ち，小さなサイズで大きな容量を得ています．円盤形のセラミック・コンデンサ［**写真5(b)**］は，まさにこの構造となっています．セラミック・コンデンサやフィルム・コンデンサの名称は誘電体の素材に由来し，セラミック・コンデンサでは磁器(セラミック)が，フィルム・コンデンサにはポリエステルやポリプロピレンなどの樹脂素材をシート状にしたものが使われています．

コンデンサ容量は電極面積に比例しますから，市販されているコンデンサは**図5**のように多数の電極を櫛形に組み合わせたり，電極となるアルミを蒸着した誘電体シートを巻いたりして，電極の両面でコンデンサを形成するようにして大きな静電容量を得ています．また，電極間距離は狭いほど容量が大きくなるので誘電体は薄く作られており，積層型のチップ・セラミック・コンデンサでは1/1000 mm(1 μm)を下回るものまで登場していて，積層数を増やすことで大容量化を実現し，機器の小型化に貢献しています．

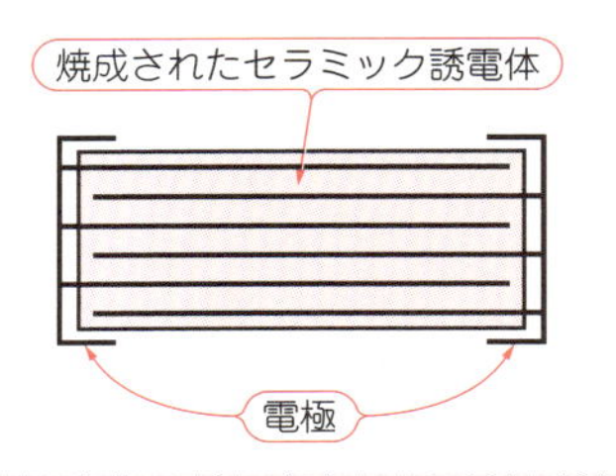

(a) 積層チップ・セラミック・コンデンサの構造

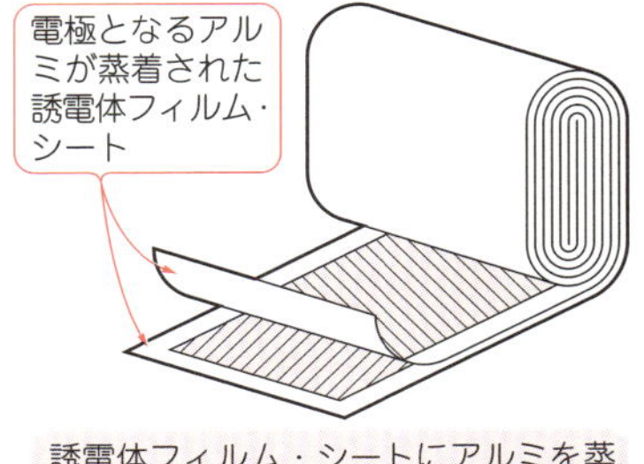

(b) フィルム・コンデンサの構造

図5　市販されているコンデンサの一般的な構造

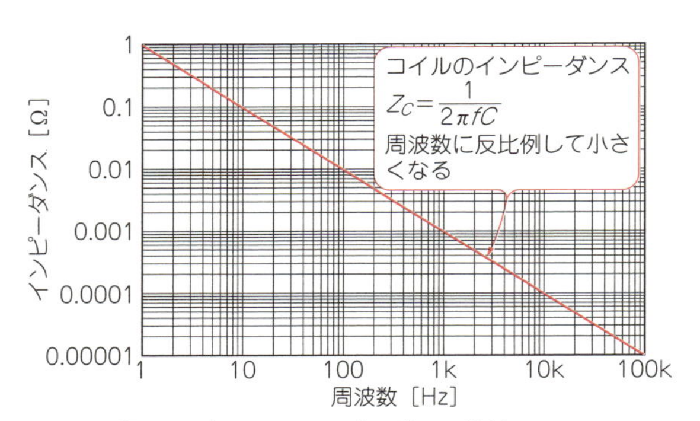

図6　理想コンデンサのインピーダンス特性

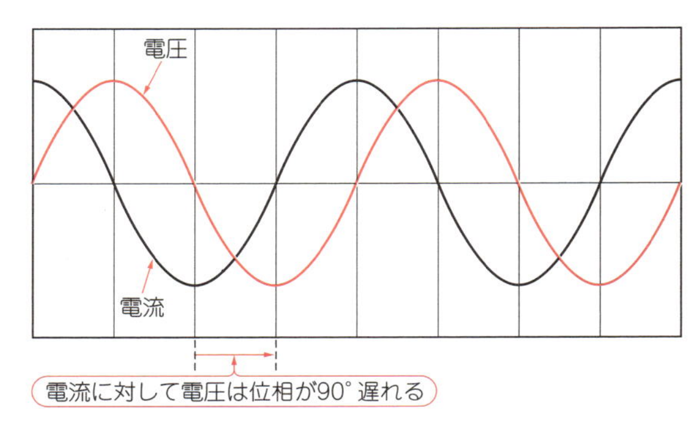

図7　コンデンサに交流電圧を印加したときの電流波形

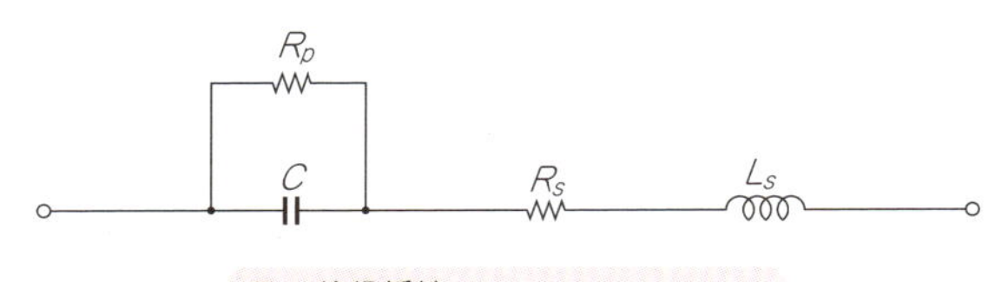

図8　実際のコンデンサの等価回路

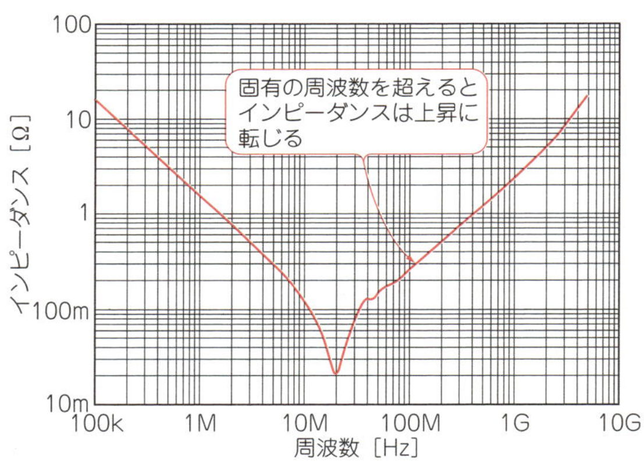

図9　積層チップ・セラミック・コンデンサのインピーダンス特性(GRM21BR72A104M，村田製作所)

▶コンデンサの電気的特性

次に，コンデンサの電気的な特性を確認してみます．コンデンサは静電容量によって電圧の急激な変化を吸収し，なだらかにする役割をしています．そのインピーダンスは$Z_C=1/2\pi fC$で表され，**図6**のように周波数が上がるほどインピーダンスは低く(電流が流れやすく)なります．

構造図からわかるように電極は絶縁物である誘電体で切り離されているので，直流はコンデンサを通ることができません．これに対して交流は周期的に電流の流れる向きが変わるため，その都度コンデンサは充電と放電を繰り返すので充放電電流が流れることになり，交流電流はコンデンサを通ることができます．高い周波数は単位時間当たりの極性の反転回数が多くなるので，高周波であるほど多くの電流を通すことができるのです．

単一周波数の正弦波電流をコンデンサに流したとき，この電流とコンデンサの両端に発生する電圧とは，**図7**に示すとおり電流の変化に対して電圧の変化が遅れます．コンデンサの電圧は蓄えられた電荷量で決まりますが，その電荷は電流によって運ばれてくるので電流が流れた結果としてコンデンサの両端に電圧が生じることから，電圧の変化は遅れて表れることになり，その位相差は90°になります．

写真6　一般的なコイルの外観例

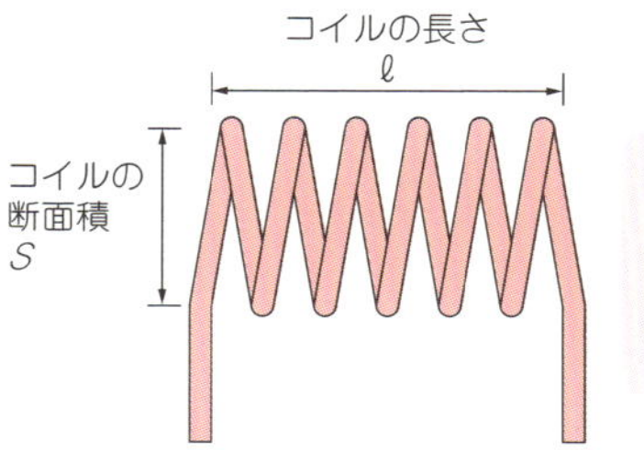

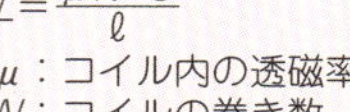

図10　コイルの基本構造

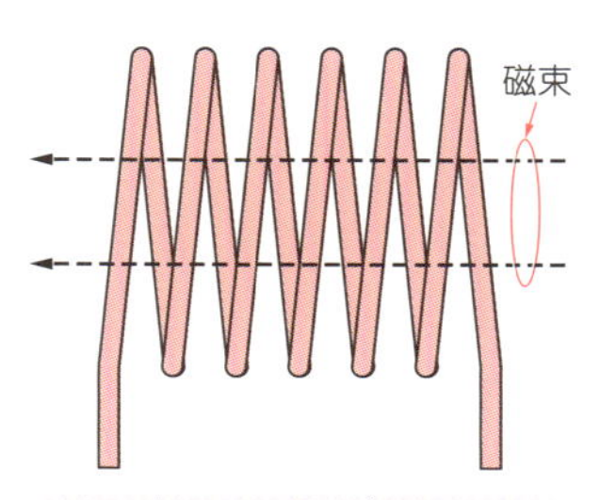

(a) 空心コイル

磁束

コイルの中に透磁率の高いコア（鉄心）を挿入すると，コアの中は磁束が通りやすくなるため，より多くの磁束がコイルに生じ，インダクタンスが大きくなる

(b) コア入りコイル

図11　コイルに発生する磁束

理想コンデンサは，**図6**で解説したとおり周波数に反比例してインピーダンスは低下し続けますが，現実のコンデンサはリード線のインダクタンスや誘電体の絶縁抵抗などの影響で**図8**のような等価回路となります．特にインピーダンス特性に強く作用するのがインダクタンス成分で，次項で説明するように高周波ではコンデンサとは逆にインピーダンスが上昇するので，MHzオーダの高周波ではインダクタンス成分によるインピーダンスの上昇が支配的となり，コンデンサとしてのトータルのインピーダンスも上昇していきます(**図9**)．

● ワイヤレス給電の主役…コイル

特徴的な外観をもつコイルは，「ワイヤレス電力給電実験キット」の主役といえる存在です．次に，コイルについて詳しく見てみます．

写真6に示すようにいろいろな形状のコイルがありますが，基本的な構造は表面を絶縁皮膜で覆われたエナメル銅線を巻いた形をしています(**図10**)．コイルのインダクタンスは，最も単純な構造である銅線を巻いただけのソレノイド・コイルでは式(2)で表されます．

$$L=\frac{\mu N^2 S}{\ell} \quad \cdots\cdots (2)$$

μ：コイル内の透磁率
N：コイルの巻き数
S：コイルの断面積
ℓ：コイルの長さ

巻き数の2乗とコイルの面積に比例し，コイルの長さに反比例しています．透磁率は，コイルの中に発生する磁束の通りやすさを示しています．

ただコイルを巻いただけの状態でもインダクタンスは発生しますが，このコイルの中に強磁性体でできたコア(鉄心)を挿入すると，磁束が通りやすくなり高い透磁率を得ることができます(**図11**)．

スイッチング電源で平滑やフィルタとして用いられるパワー・インダクタは，数μHから数十mHという大きなインダクタンスが必要となりますが，磁性材料をドラム型に焼き固めたフェライト・コアを軸に巻き線加工したドラム型コイルや，リング状のコアにエナメル銅線を巻き付けたトロイダル・コイルが採用されています(**図12**)．

▶コイルの電気的特性

次に，コイルの電気的な特性を確認してみます．コイルは電磁誘導の作用によって電流の急激な変化を妨げる役割をしています．そのインピーダンスは$Z_L=2\pi fL$で表され，**図13**のように周波数が上がるほどインピーダンスは高く(電流が流れにくく)なります．

コイル自体は銅線でできていますので，直流に対しては単なる導体として働き，電流はコイルをそのまま通過します．コイルに電流が流れると磁場を生じますが，直流電流を流したときの磁場は電流を流し続ける向きの誘導起電力を発生させます．この状態でコイル

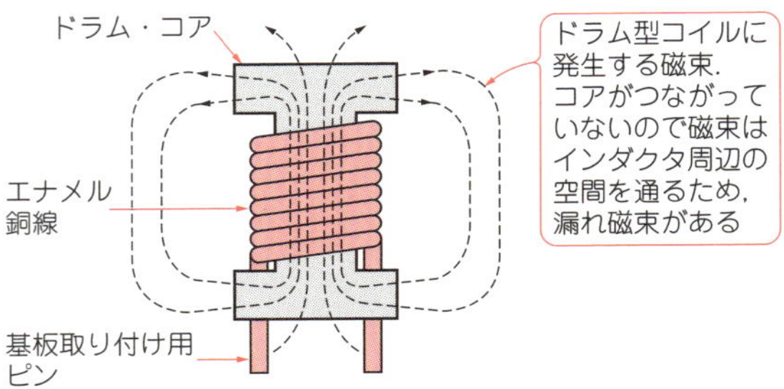

(a) ドラム型コイルに発生する磁束のイメージ

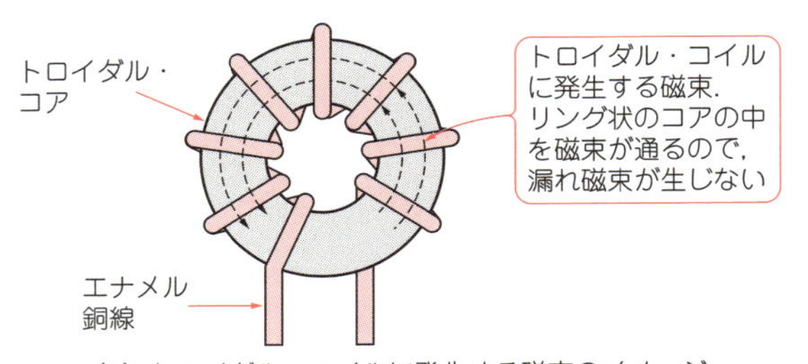

(b) トロイダル・コイルに発生する磁束のイメージ

図12 ドラム型コイルとトロイダル・コイル

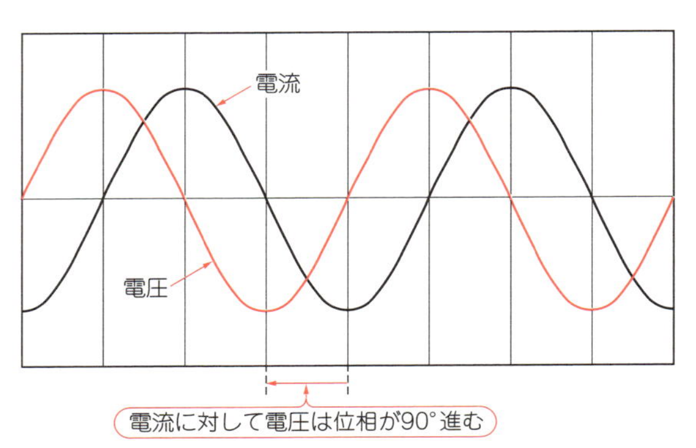

図14 コイルに交流電圧を印加したときの電流波形

に電流を流していた電圧を取り除いても，コイルは電流を流し続けようとする性質があるので，電流の変化は電圧の変化に対して遅れます．

すなわち，コイルは電流の変化を妨げる働きをし，これはコイルに電圧を印加したときには電流が増加することを妨げるように作用します．交流は周期的にコイルに印加される電圧が増えたり減ったりするため，その都度コイルに流れる電流はコイル自身が発生した磁界によって変化を妨げられるため，電流が流れにくくなり，周波数が高くなるほどインピーダンスが上昇することになります．

正弦波電圧をコイルの両端に印加したときにコイルに流れる電流は，**図14**に示すように電圧変化に対して電流の変化が遅れます．逆にいえば，コイルの電流に対して電圧の変化は進んでいると見ることができ，その位相差は90°になります．

さて，コイルにおいてもコンデンサと同じように，

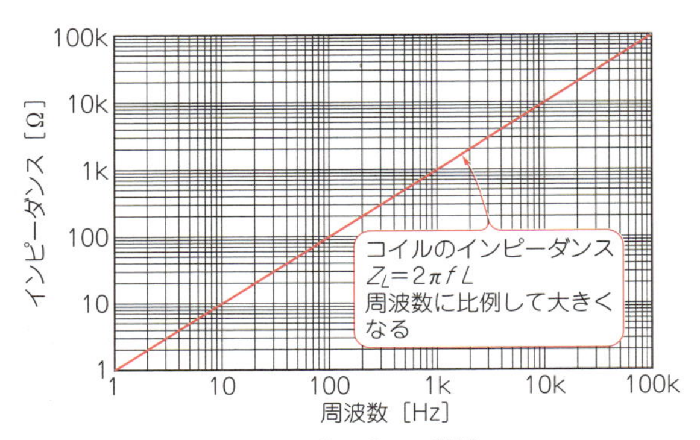

図13 理想コイルのインピーダンス特性

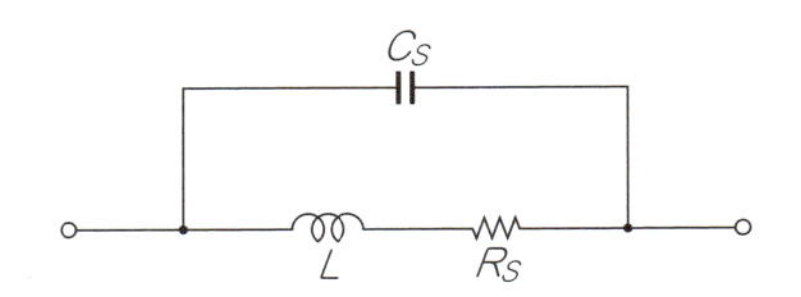

図15 実際のコイルの等価回路

現実のコイルはすべての周波数に対して理想のインピーダンス特性とはなりません．コイルは銅線を巻いて作りますが，巻き数が多くなると銅線長も増えるため，導体抵抗が増えていきます．コイルを巻くと，巻き始めと巻き終わりとの間には電位差を生じますが，多数の銅線が近接して巻かれたコイルでは巻き線同士が狭い間隔で向かい合った電極を構成するので，小さなコンデンサがコイル全体に分布した形になり，その結果コイルの等価回路は**図15**のようになります．

このため，実際のコイルのインピーダンス特性は，周波数が低い領域では直列抵抗R_Sの値となり，中域ではコイルが本来もつインダクタンス成分によってインピーダンスは周波数に比例して大きくなり，高周波では浮遊容量がコンデンサとして働くのでインピーダンスは低下していきます(**図16**)．

等価回路とインピーダンス特性からわかるように，直流を含む周波数の低い領域ではコイルの導体抵抗が無視できない値となり，理想的なコイルのインピーダンス特性から離れていきます．そこで，実際のコイルが理想コイルにどれだけ近い性能であるかを示す指標として，次式に示すコイルの良さ「Q」が用いられます．

$$Q=\frac{\omega L}{R_S}=\frac{2\pi fL}{R_S}$$

ここで，fはインピーダンスが最大となる周波数(コイル本来のインダクタンス成分に代わって浮遊容量が支配的になる周波数)です．Q値が大きいほど，巻き線抵抗が小さく損失の少ない，より理想コイルに近い良いコイルといえます．

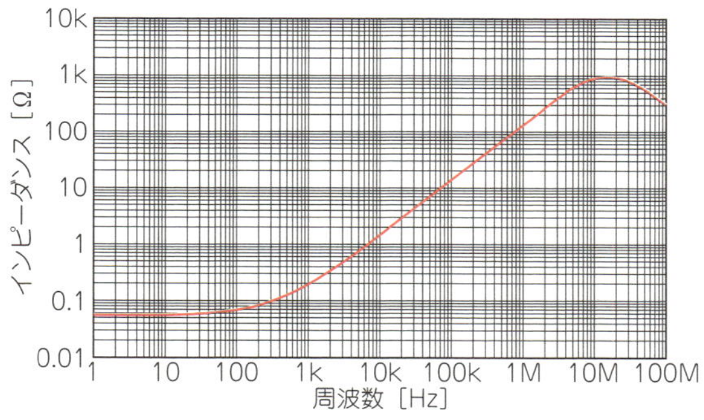

図16　実際のコイルのインピーダンス特性(CDRH10D43RNP-220MC，スミダ・コーポレーション)

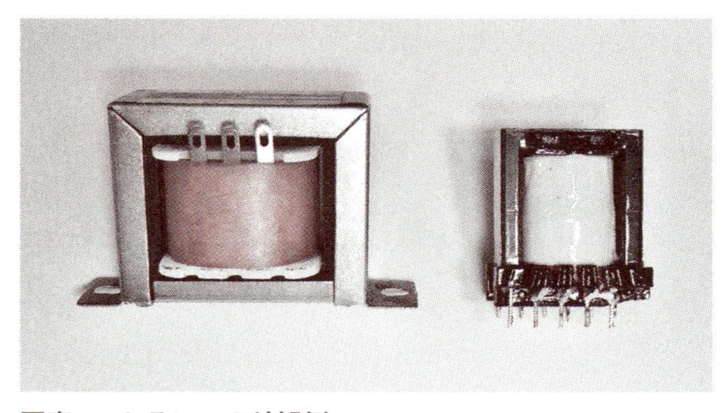

写真7　トランスの外観例

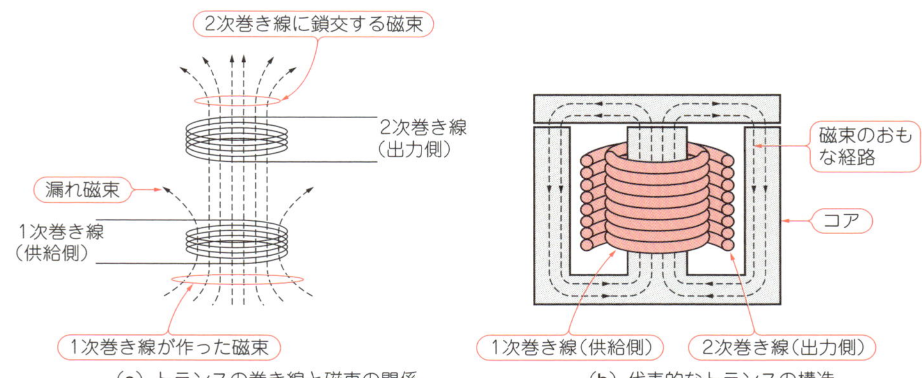

図17　トランスの構造

(a) トランスの巻き線と磁束の関係

(b) 代表的なトランスの構造

コンデンサ/コイルの応用…トランス，共振動作

● トランス

電力を伝達する素子といえば，電圧やインピーダンスの変換に使われるトランス(transformer；変圧器)があります．電源回路には欠かせない部品で，50/60 Hzの商用周波数の電圧変換と絶縁に使用される電源トランスや，高周波で駆動するスイッチング電源に使われるスイッチング・トランスなどがあります(**写真7**)．

トランスはコイルのもつ電気エネルギーを磁気エネルギーに変換し，蓄えたエネルギーを電気エネルギーに戻すという性質を利用したものです．コイルで作り出したエネルギーを別のコイルで取り出すことで直流的に絶縁するとともに，取り出すコイルの巻き数を調整することで入力電圧と違う任意の電圧を得ることができます．

エネルギーを供給する側のコイルのことを1次巻き線，取り出す側のコイルのことを2次巻き線と呼び，**図17**(a)のように1次巻き線に電圧を印加したことで発生した磁束が2次巻き線を横切ることで(これを鎖交するという)2次巻き線に電圧が発生し，1次側から2次側にエネルギーが伝達されます．1次巻き線の巻き数に対して2次巻き線の巻き数を変えると，その巻き数比に比例した電圧が2次側に出力されます．

1次巻き線に印加する電圧と発生する磁束の関係は式(3)となり，2次巻き線の電圧と磁束の関係は式(4)となります．

$$\Phi_1 = \frac{1}{N_1}\int V_1\,dt \quad \cdots\cdots (3)$$

Φ_1：1次巻き線が発生する磁束
N_1：1次巻き線の巻き数
V_1：1次巻き線に印加された電圧

$$V_2 = N_2\frac{d\Phi_2}{dt} \quad \cdots\cdots (4)$$

Φ_2：2次巻き線に鎖交する磁束
N_2：2次巻き線の巻き数
V_2：2次巻き線に発生する電圧

1次巻き線が作り出す磁束がすべて2次巻き線を通ると仮定すると，式(3)と式(4)の磁束Φは等しくなるので式(5)が成り立ち，出力電圧は1次巻き線と2次巻き線の巻き数比で決定されることになります．

$$V_2 = \frac{N_2}{N_1}V_1 \quad \cdots\cdots (5)$$

ただし，このことは1次巻き線で発生した磁束がすべて2次巻き線に鎖交することが前提です．2次巻き線を横切らない磁束があると，式(3)のΦ_1と式(4)のΦ_2は等しくならず$\Phi_1 > \Phi_2$となるので，出力電圧は低下します．

● 漏れ磁束

この2次巻き線と鎖交しない磁束のことを漏れ磁束と呼びます．漏れ磁束は少なければ少ないほど，より効率良く2次側にエネルギーを伝達できることになる

コラム　表皮効果とリッツ線

● 高周波では電流は導体の表面にしか流れない

表皮効果(skin effect)とは，高周波電流が導体内を流れる際に導体の断面積全体に流れるのではなく，外周部分の領域に集中して流れる現象のことをいいます．交流電流は周波数が高くなるほど，導体表面に近いところを流れるようになり，導体の中心部分はほとんど電流が流れなくなります．このときの電流が流れる領域の深さ(導体表面からの深度)は，次式で求められます．

$$\delta = \frac{1}{\sqrt{\pi f \mu \sigma}}$$

δ：表皮効果による電流が流れる領域の深さ．表面の電流値に対し，自然対数の底eの逆数(約0.368倍)になる深度

f：周波数［Hz］

μ：透磁率($4\pi \times 10^{-7}$［H/m］)

σ：導電率(銅では5.8×10^7［S/m］)

例えば，巻き線に20 kHzのスイッチング電流が流れているとき，電流の深度は0.47 mmとなり，ϕ1.0 mmの銅線を使用していても，中心付近は外周部の1/3程度の電流しか流れていないということになります．表皮効果の影響は周波数が高いほどより顕著に現れ，発振周波数が100 kHzになるとδは0.209 mmとなり，さらに厳しい状況になってしまいます．電流の流れる領域が狭くなるということは，電流密度が高くなることですので，等価的に細い導体を使用したときと同じこととなり，電流が集中する外周部が異常に発熱したり銅損の増加につながったりします．

図Aは，導径によって直流電流を流したときの抵抗値と，交流電流を流したときのインピーダンスの比が周波数によってどのように変わるのかを示したグラフです．細い線径のϕ0.06 mmやϕ0.1 mmは1 MHzでも直流抵抗とほとんど変わらないインピーダンスですが，銅線が太くなるにつれて周波数が高くなると表皮効果によって電流の流れる領域が狭くなり，インピーダンスが上昇するようすがわかります．

● 表皮効果の影響を減らす決め手～リッツ線

表皮効果の影響を少なくするには，導体半径が電流深度よりも小さければよいことになります．しか

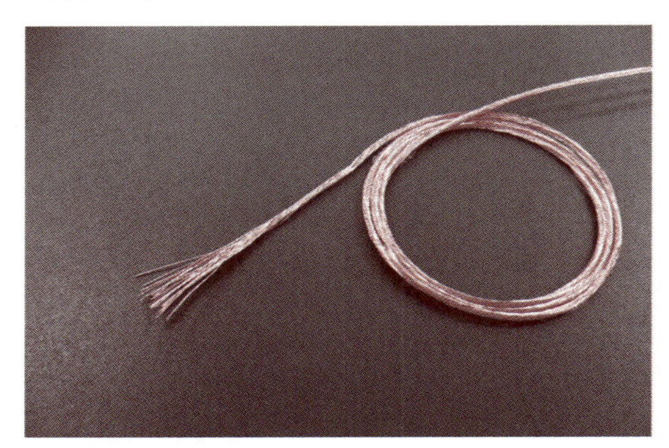

写真A　リッツ線の例

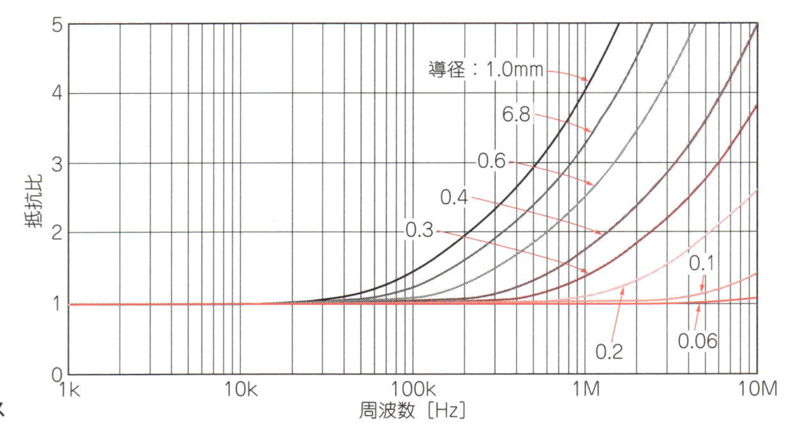

図A　直流抵抗と交流インピーダンス

ので，実際のトランスでは**図17(b)**のように1次巻き線を覆うように2次巻き線を置いて，1次巻き線が作り出した磁束のほとんどが2次巻き線を通る構造として漏れ磁束を低減しています．また，巻き線の中心にはコアを置いて磁束数を増やし，大きなエネルギーを取り扱えるようになっています．

さて，実際のトランスでは漏れ磁束が少なくなるように工夫がされていますが，まったくなくなるわけで

し，必要な電流密度を確保するために細いエナメル銅線を多く並列に巻くのは非効率です．そこで使われるのがリッツ線です．

リッツ線は**写真A**のように細い素線をいくつか撚り合わせて，あたかも1本の銅線のようにしたものです．リッツ線を使用することで，**図B**のように同じ仕上がり外径のものでも高周波電流の流れるエリアは広くなり，表皮効果の影響を抑えることができます．電流深度の式では，表面電流の0.368倍となる深さを算出しましたが，それより浅い表面に近いところでも徐々に電流密度は低下していきます．

このため，できるだけ細い線を多数撚り合わせたもののほうが，より効率が良くなる傾向があります．素線にはいろいろなサイズのものが使われますが，ϕ0.1 mmやそれ以下のものが使用されており，撚り数も100本を超えるものがスイッチング電源のトランスやコイルに使用されています．

ただし，リッツ線は導体断面積が小さくなることに注意しておく必要があります．**図B**の例では単線に対してリッツ線は1/3の直径のものを7本撚り合わせています．この状態でもリッツ線の素線半径は単線に比べると1/3になっているので断面積は1/9となり，7本撚り合わせても合計の断面積は単線の7/9(約78％)になってしまっています．実際のリッツ線では，さらに絶縁皮膜が加算されることと，撚り合わせの加工時に隙間を生じてしまうので，仕上がり外径に対する導体断面積はさらに低下します．リッツ線の仕上がり外径は次の式で計算できます．

$$D = \sqrt{n \times 1.155 \times d}$$

D：リッツ線の仕上がり外径［mm］

n：撚り本数

d：素線の仕上がり外径［mm］

素線数が多いほど実断面積は小さくなりますので，仕上がり外形の大きなリッツ線を使う必要があります．

実験キットに使われているコイルは，ϕ0.2 mmの素線を11本撚り合わせたものです．導体断面積は約0.0345 mm^{2}で，単芯ではϕ0.65 mm(約0.0332 mm^2)に相当する太さです．

この二つの銅線の交流インピーダンスを見てみると，**図C**のように10 kHzではほとんど差がありませんが，200 kHzではϕ0.65 mmの単芯線のほうが約1.4倍のインピーダンスをもつことがわかります．これに対してリッツ線はほとんど抵抗値に変化がなく，VR_1で調整できる発振周波数の範囲内でコイルの損失増加を意識することなく使用することができます．

もし，200 kHzでリッツ線と同等のインピーダンスをもつ単芯線を採用しようとすると直径1.0 mmの銅線が必要になりますが，線形が太くなるぶんコイル全体のサイズが大きくなり，線が太くなったことで曲げ加工がしづらくなるため，実用的ではありません．このように，リッツ線は高周波電流を流す回路に必須のアイテムとなっています．

(a) 単芯銅線

(b) リッツ線(7本撚り)

図B 導体内の電流密度のイメージ(濃い部分ほど電流が多く流れる)

◆ **参考文献** ◆

(1) 戸川 治朗；実用電源回路設計ハンドブック，CQ出版社．

(2) 長谷川 彰；改訂 スイッチング・レギュレータ設計ノウハウ，CQ出版社．

(3) 製品紹介，東特巻線株式会社
http://www.makisen-ttk.co.jp/

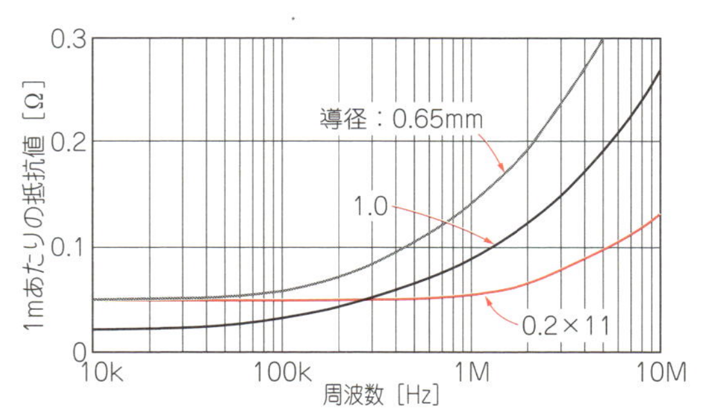

図C 実験キットに使われているリッツ線と同等サイズの単芯線の交流インピーダンス

はありません．1次巻き線によって生じたすべての磁束のうち，漏れ磁束のぶんは2次側とは結合しないものです．インダクタンスで考えれば，1次側コイルのインダクタンスL_1は，2次巻き線と結合するインダクタンスと漏れ磁束を発生するインダクタンスに分けることができます．2次巻き線と結合するインダクタンスは励磁インダクタンス，漏れ磁束となるインダクタンスは漏れインダクタンスと呼ばれます．

1次巻き線の励磁インダクタンスをM_1，漏れインダクタンスをL_{1leak}とおくと，式(6)と式(7)の関係になります．式(6)中の係数kは結合係数と呼ばれます．

$$M_1 = kL_1 \quad \cdots\cdots (6)$$

M_1：1次巻き線の励磁インダクタンス

k：結合係数

$$L_{1leak} = (1-k)L_1 \quad \cdots\cdots (7)$$

L_{1leak}：1次巻き線の漏れインダクタンス

鎖交した磁束により電圧を発生する2次巻き線も，同じように励磁インダクタンスと漏れインダクタンスが存在します．2次巻き線に回路が形成されて2次電流が流れるようになると，その電流によって2次巻き線に磁束を生じます．この磁束は，1次巻き線が作る磁束と反対向きに発生して1次巻き線と鎖交するものは互いに打ち消しあうのですが，ここにも1次巻き線と鎖交しない磁束があり，これが2次巻き線の漏れインダクタンスL_{2leak}となります．

式(8)と式(9)は，2次巻き線におけるL_2とM_2，L_{2leak}の関係式です．

$$M_2 = kL_2 \quad \cdots\cdots (8)$$

M_2：2次巻き線の励磁インダクタンス

$$L_{2leak} = (1-k)L_2 \quad \cdots\cdots (9)$$

L_{2leak}：2次巻き線の漏れインダクタンス

1次巻き線の励磁インダクタンスM_1と2次巻き線の励磁インダクタンスM_2を，式(10)のように相互インダクタンスMとして一つのインダクタンスで表すことで，トランスの等価回路を作ることができます(**図18**)．この等価回路は，素子の配置の形からT型等価回路と呼ばれています．

$$M = \sqrt{M_1 M_2} \quad \cdots\cdots (10)$$

M：相互インダクタンス

次に，**図18**の等価回路を電流の流れから考えてみます．1次巻き線に電圧V_1を印加すると入力電流I_1が流れます．I_1はそのほとんどが2次側に供給されるエネルギーとなりますが，2次側が無負荷のときにも流れています．この電流は励磁電流と呼ばれており，等価回路では相互インダクタンスMになります．励磁電流は磁束を作る電流で，励磁電流が作った道(磁束)を負荷電流が通り，2次側にエネルギーが伝達されるイメージです．コイルはトランスの2次巻き線がないものとみなすことができますから，コイルに流す電流

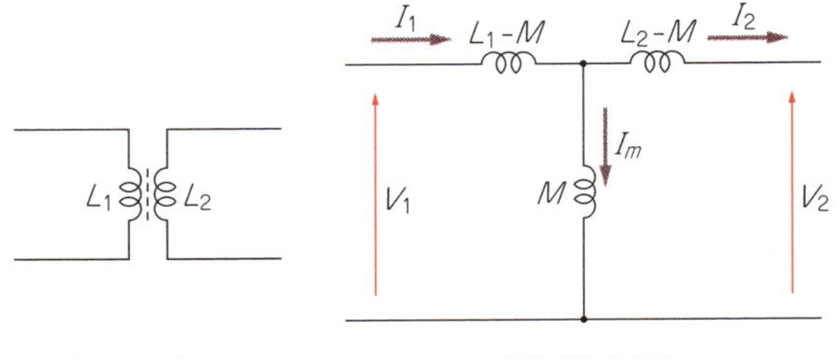

(a) シンボル図　(b) 等価回路

図18　トランスの等価回路

そのものが励磁電流であると考えることができます．

等価回路には$L_1 - M$，$L_2 - M$というインダクタンスが入っています．Mは1次側と2次側をつなぐ相互インダクタンスですから，$L_1(L_2) - M$は電力伝達に寄与しない漏れインダクタンスということになります．漏れインダクタンスは漏れ磁束を作る成分で，これらは入力電流I_1と出力電流I_2が流れるところに配置されており，漏れ磁束は出力電流が大きいほど大きくなることになります．

● コイルとコンデンサが作り出す「共振」

ワイヤレス給電の給電コイルと給電コイルは，中心を合わせて密着させたときが最も明るくランプを点灯させる配置でした．二つのコイルが結合している状態は，コアのないトランスと同じ構造であると考えることができます．コイルの中心を合わせたり密着させたりすることは，漏れ磁束を減らして結合係数を高くすることにほかならず，受電基板に取り付けたランプがより明るくなるのも当然です．

しかし，ワイヤレス給電では必ずしも二つのコイルを密着させることができるとは限りません．むしろワイヤレス給電の特長を活かすには，多少離れていても実用に耐えうる電力を送れることが望まれます．

ある程度磁束が漏れても2次巻き線に必要な磁束を鎖交させるには，より多くの磁束を発生させればよいはずです．式(3)より，発生する磁束は巻き線電圧の積分値に比例しますから，磁束数を増やすには電圧を高くすればよいことになります．しかし，回路の電源電圧を超える高電圧を得るのは容易なことではありません．そこで用いられるテクニックが共振です．

あらためて実験ボードの給電基板のブロック図を見てみると，給電コイルと直列にコンデンサが挿入されています．VR_1で設定された周波数で発振回路がトランジスタを駆動するパルスを生成し，Tr_3とTr_4が交互にONしてコイルとコンデンサに電源電圧(12 V)の矩形波を与えます(**図19**)．

さて，コンデンサとコイルに交流電流を流したときの両端に生じる電圧は，**図20**のようになっていました．二つの電圧波形をよく見ると，振幅が反対(逆位相)

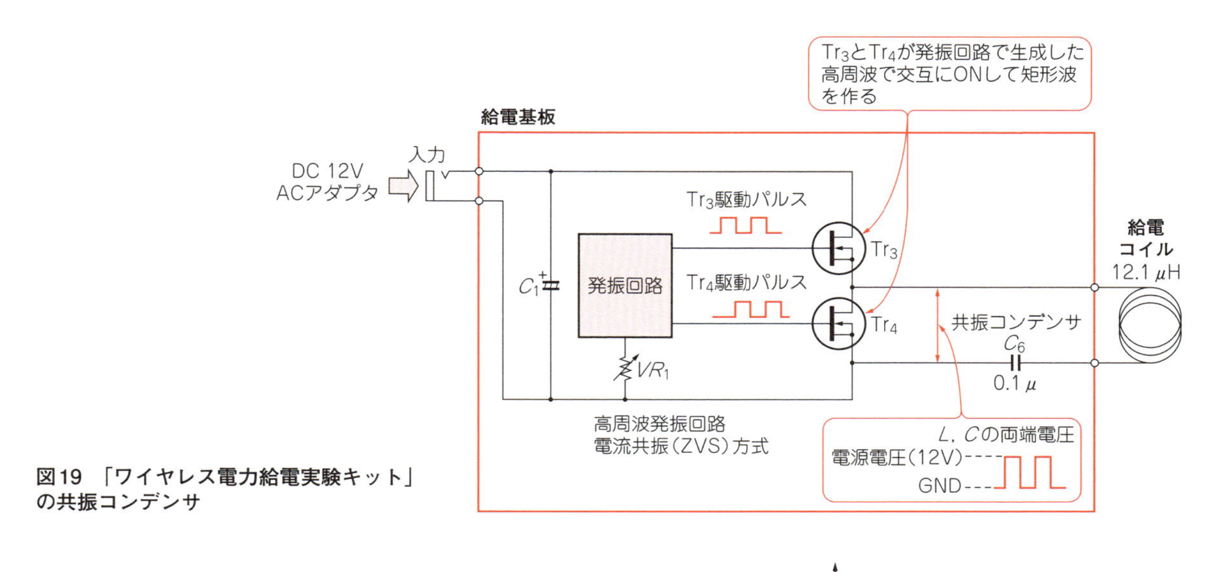

図19 「ワイヤレス電力給電実験キット」の共振コンデンサ

(a) コイルとコンデンサの直列接続

(b) 直列接続時の各部の電圧の向き

図21 コイルとコンデンサを直列に接続したときの電圧

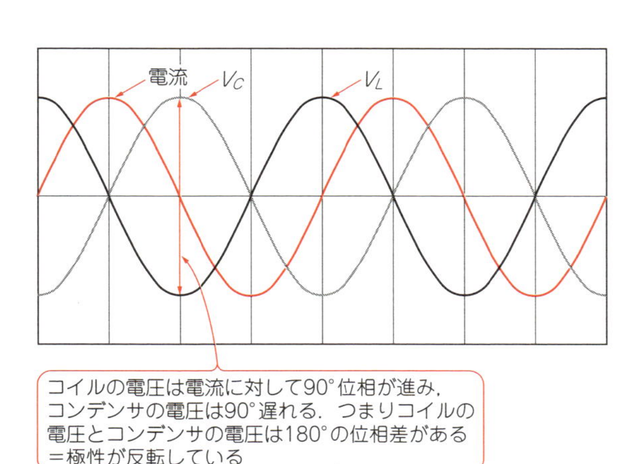

図20 共振回路の各素子の電圧波形

になっています．実験ボードの給電基板ではコイルとコンデンサは直列に接続されているので，流れている電流は同じです．コイルとコンデンサのインピーダンスが等しければ互いの電圧を打ち消しあい，電源側から見たコイルとコンデンサの合成インピーダンスはゼロとなります．

二人の子供がシーソーで遊んでいるようすを思い浮かべてみましょう．二人の体重がほぼ同じであれば，シーソーが下がったときに軽く地面を蹴るだけで遊ぶことができます．しかし，二人の体重差が大きいときには重い子供の側が下がったままとなり，シーソー遊びをしようとすると強い力で地面を押さなければ上に上がることができません．逆に，二人の体重が等しくシーソーに摩擦などのロスがなければ，シーソーは釣り合った状態となるので，最初に少しだけ勢いをつけるだけで動きだし，片方が地面にぶつかった反動でシーソーがはねあがるので，何も力を加えなくても動き続けることになります．この状態が共振です．

実際には，コイル巻き線の直流抵抗などがあるため合成インピーダンスが完全になくなるわけではありませんが，元のコイルやコンデンサのインピーダンスに比べれば非常に小さな値で，大きな電流が流れるようになります．コイルとコンデンサの両端電圧は電流にインピーダンスを掛けたものですから，電流が大きくなればコイル両端の電圧も大きくなり，より多くの磁束を発生させることができます(**図21**)．

コイルのインピーダンスは$Z_L = 2\pi fL$，コンデンサ

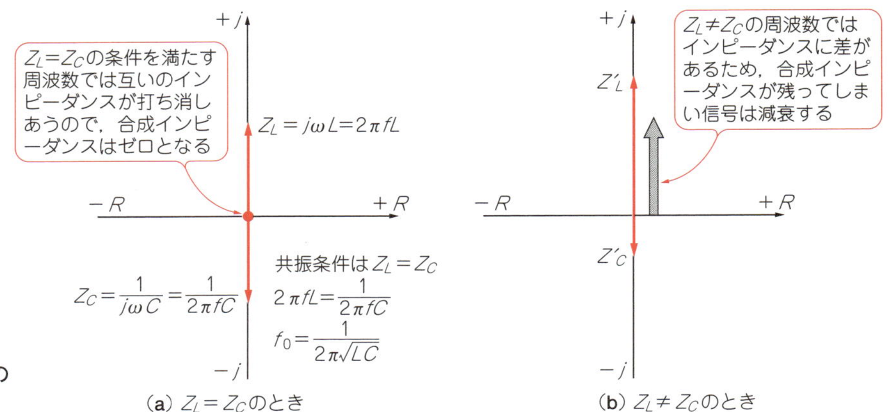

図22　コイルとコンデンサのインピーダンスの関係

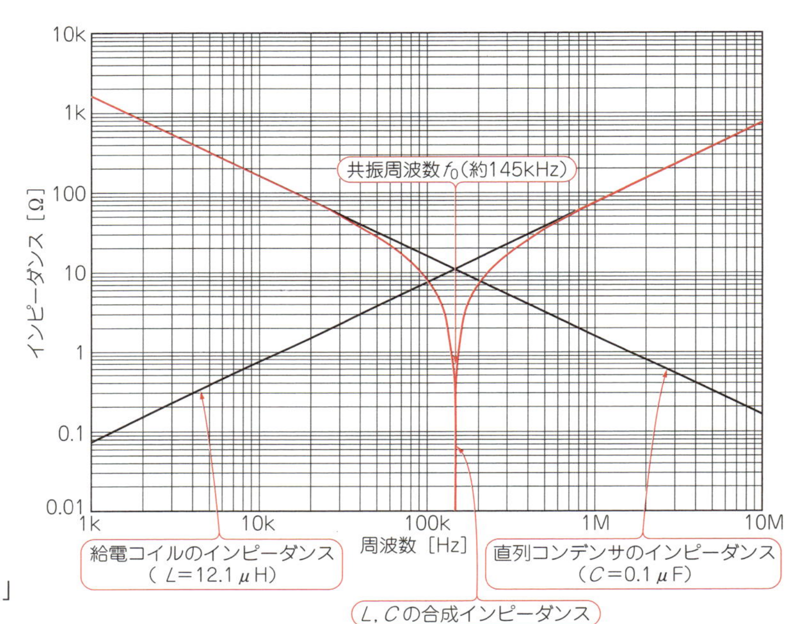

図23　「ワイヤレス電力給電実験キット」の給電基板でのインピーダンス特性

のインピーダンスは$Z_C = 1/2\pi fC$ですから，$Z_L = Z_C$となる周波数f_0は式(11)によって求めることができます．

$$f_0 = \frac{1}{2\pi\sqrt{LC}} \quad \cdots\cdots(11)$$

この周波数が共振現象が起きる周波数で，共振周波数と呼びます．

共振周波数ではコイルとコンデンサのインピーダンスが等しく，互いに打ち消しあうので合成インピーダンスはゼロになりますが，共振周波数から離れるとコイルとコンデンサのインピーダンスに差が生じるので，合成インピーダンスはゼロにならず，回路電流は大きく制限されます(**図22**)．

実験キットの給電基板に実装されているコンデンサは0.1 μFで，コイルは12.1 μHのインダクタンスをもちます．この定数でLCが直列接続されているときのインピーダンス特性を表したものが**図23**です．周波数が低い領域ではコイルのインピーダンスZ_Lは小さく，コンデンサのインピーダンスZ_Cは大きいので，合成インピーダンスはZ_Cが支配的となって大きな値を示します．

周波数が高くなってくると，コンデンサのインピーダンスが減少するので合成インピーダンスも下がり，共振周波数に近づくと合成インピーダンスは急激に低下し，共振周波数で極小となります．共振周波数を過ぎるとZ_Cはさらに低下を続けますが，今度はZ_Lが大きくなるので合成インピーダンスはZ_Lが支配的となり上昇に転じます．

● 並列共振

ここまではコイルとコンデンサが直列に接続された直列共振回路について考えてきました．次に，コンデンサをコイルと並列に接続すると回路はどういうふる

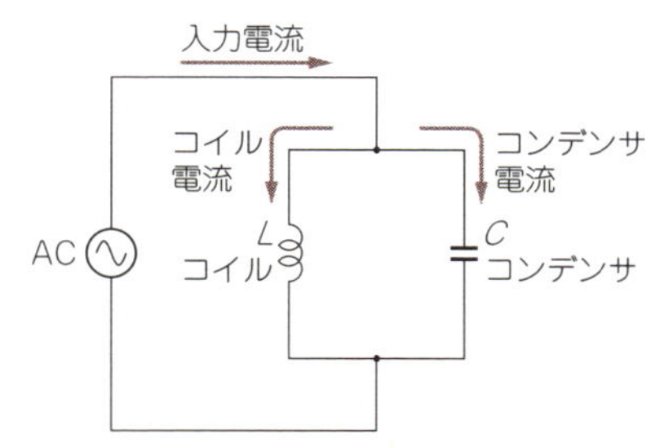

図24　コイルとコンデンサを並列に接続したときの電圧

表1　直列共振回路と並列共振回路の相違

	直列共振	並列共振
共振周波数	$f = 1/2\pi\sqrt{LC}$	$f = 1/2\pi\sqrt{LC}$
共振時のインピーダンス	最小	最大
共振のタイプ	電圧共振	電流共振

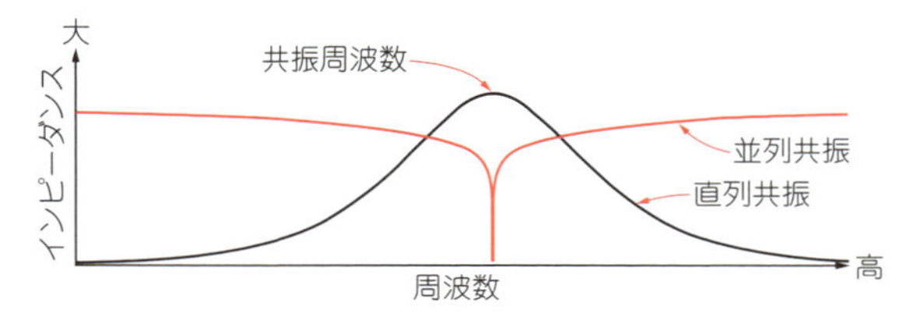

まいをするのか見ていきます．

コイルとコンデンサのインピーダンスは，$Z_L = 2\pi fL$ と $Z_C = 1/2\pi fC$ でした．これを角周波数 $\omega (= 2\pi f)$ を使って表すと，それぞれ $Z_L = \omega L$，$Z_C = 1/\omega C$ となります．さらに，これらのインピーダンスには位相を含むので，**図22**の縦軸(虚数軸)にしたがって，$Z_L = j\omega L$，$Z_C = 1/-j\omega C$ と表記します．

さて，**図24**のようにコイルとコンデンサが並列接続された回路に交流信号を接続してみます．並列接続なので，コイルとコンデンサには同じ電圧が印加されます．このとき，コイルに流れる電流は印加電圧に対して位相が90°遅れ，コンデンサに流れる電流は90°進んで流れるので，電源側から見た電流は加算されるのではなく差の電流が流れることになります．

印加する交流信号の周波数が低いときには，コイルのインピーダンスがコンデンサのインピーダンスに対して小さくなり、コイルに流れる電流のほうが支配的になります［**図25**(**a**)］．逆に，周波数が高い場合はコンデンサのインピーダンスのほうがコイルよりも小さく，電源側から見た電流は進み位相となります［**図25**(**b**)］．

そして，コイルとコンデンサのインピーダンスが等しくなる周波数では，互いの電流が打ち消しあうので電源からの電流は流れなくなります．すなわち，コイルとコンデンサが並列接続された回路ブロックの合成インピーダンスが，無限大になっていると考えることができます．しかし，電源からの電流が流れていない

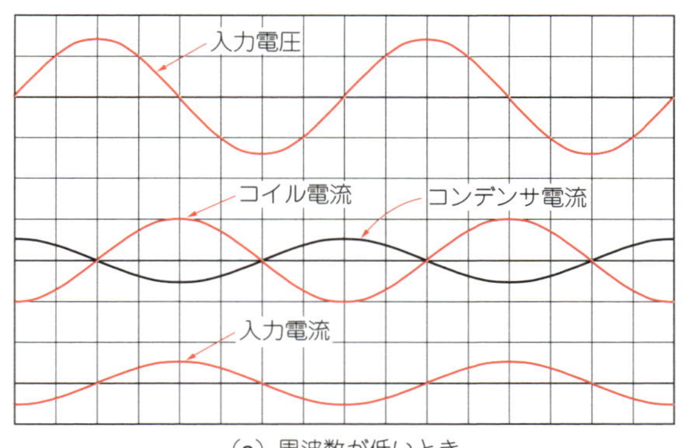

(a) 周波数が低いとき

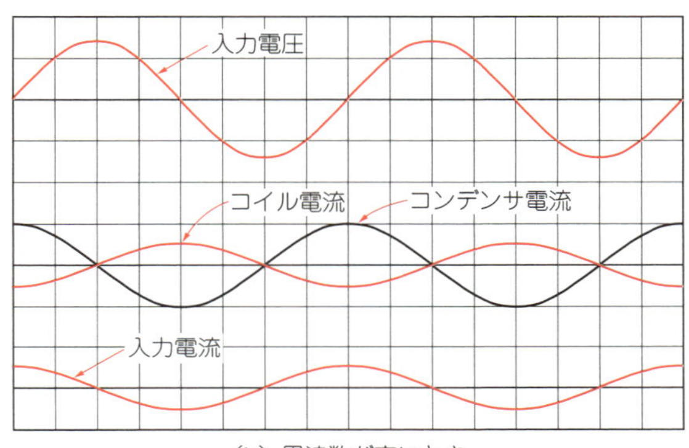

(b) 周波数が高いとき

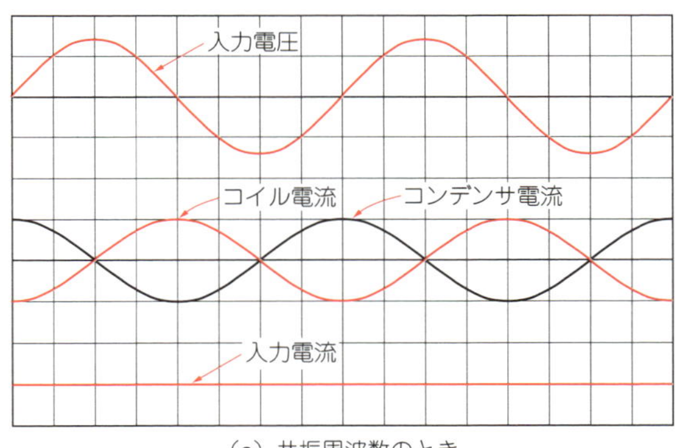

(c) 共振周波数のとき

図25　並列共振回路での入力電圧と各部の電流の関係

からといって，コイルやコンデンサに電流が流れていないわけではありません．**図25**(**c**)のように，コイルとコンデンサにはそれぞれ逆の位相で電流が流れており，これはコイルとコンデンサがキャッチ・ボールをしているかのように電流をやりとりしている状態です．

これが並列共振で，共振周波数はコイルとコンデンサのインピーダンスが等しくなる周波数ですから，直列共振と同じく $f_0 = 1/2\pi\sqrt{LC}$ となります．

● 直列共振と並列共振の特徴

ここで，直列共振と並列共振の特徴を整理してみます(**表1**)．

直列共振では，コイルとコンデンサに流れる電流が共通で，コイル両端には電流に対して90°位相が進んだ電圧が発生し，コンデンサ両端電圧は電流に対して位相が90°遅れます．$f_0 = 1/2\pi\sqrt{LC}$の共振周波数では，コイルとコンデンサの電圧は同じ大きさで逆位相となるので互いに打ち消しあい，直列共振回路全体の両端には電圧が発生しない状態，すなわちインピーダンスがゼロになったとみなすことができます．

このため，共振回路には外部の抵抗成分のみで制限される大きな電流が流れ，その電流によってコイル両端には非常に大きな電圧が発生することになり，共振させていない場合よりも多くの磁束を作り出すことができます．

並列共振回路では，コイルとコンデンサには同じ電圧が印加され，コイルには印加電圧に対して90°位相が遅れた電流が流れ，コンデンサにはその逆位相の電流が流れます．共振周波数ではコイルとコンデンサの間を電流が行き来するだけとなり，並列共振回路に電力を供給している外部電源から見ると電流が流れないインピーダンスが無限大の状態となります．

並列共振回路を構成するコイルが，外部からの磁気エネルギーを受けて電力源となる場合には，コイルとコンデンサの間に流れる共振電流の一部が負荷電流として取り出され，この出力電力とコイルの励磁電流に相当するエネルギーが外部から供給されることになります．

実験ボードの動作
…ワイヤレス給電の動作

● 直列共振によるコイル電圧

ワイヤレス給電実験ボードの給電基板は，給電コイルと0.1 μFのコンデンサが直列に接続された直列共振を採用しています．そこでまず，直列共振がコイル電圧を上昇させる様子をオシロスコープを使って見てみます．

実験ボードには出力電圧12 Vに設定した直流電源装置から給電します．取扱説明書では，回路部品保護のために電源の出力電流は0.7 Aに制限するように指定されているので，出力電流の上限値を0.7 Aに設定しておきます．

まず，発振周波数の違いによって給電コイルにどのような電圧が印加されているかを見るため，コイルを取り付けた給電基板だけで給電コイルの電圧/電流波形を観測します．

図26(**a**)は，VR_1を右方向に回して発振周波数を200 kHzに設定したときの，直列共振回路への印加電圧と電流，給電コイルの両端電圧，共振コンデンサ(0.1 μF)の両端電圧を観測したものです．

直列共振回路への印加電圧は，電源電圧の12 Vであることがわかります．給電コイルと共振コンデンサに流れる電流は，約820 mAとなっていました．電流の大きさは発振周波数における給電コイルと共振コンデンサの合成インピーダンスによって決まり，200 kHzでは発振周波数が共振周波数よりも高いため，コンデンサのインピーダンスが給電コイルのインピーダンスを下回るので誘導性負荷となっており，直列共振回路に流れる電流は印加電圧から位相が90°遅れています．この電流によって給電コイルの両端に生じる電圧は，最大値が14.5 Vと電源電圧よりも高くなっています．

VR_1を調整して発振周波数を下げていくと徐々に共振周波数に近づいていくので，直列共振回路のインピーダンスが低下して電流が大きくなり，これにつれて給電コイルの電圧も大きくなっていきます．180 kHz時［**図26**(**b**)］には最大値が21.6 V，160 kHz［**図26**(**c**)］では39.6 Vと，共振周波数に近づくにつれて急激に給電コイルの両端電圧が上昇しています．

さらに発振周波数を下げていくと，直流電源装置の電流リミット値に達してしまい電源電圧が低下し始めます．この回路保護が動作する直前の発振周波数は152 kHzでした．このときの各部の波形が**図26**(**d**)で，電流は4.30 Aまで増加し，給電コイル両端電圧の最大値は72.2 Vまで達しています．給電基板への供給電流は直流電源装置で0.7 Aに制限されていますが，共振動作によってコイルに流れる電流は非常に大きくなります．この電流はFETスイッチを流れるため，FETに大きな負担となります．そのため，この実験ボードでは供給電源側で電流制限が必要になっているのです．

発振周波数を共振周波数より低く設定すると入力電流は下がり，再び電源電圧12 Vで出力が得られるようになります．**図26**(**e**)は発振周波数が135 kHzのとき，**図26**(**f**)は125 kHzのときの各部の動作波形です．発振周波数から離れるにしたがって，コイル電圧，コイル電流ともに小さくなっていることがわかります．この領域ではコンデンサのインピーダンスがコイルのインピーダンスよりも大きくなるので，直列共振回路のインピーダンスは容量性負荷となり，印加電圧に対して電流は位相が90°進みます．

発振周波数と給電コイル電圧との関係を**図27**にまとめました．共振周波数は，偏平コイルのインダクタンスが12.1 μH，共振コンデンサに0.1 μFを使用しているので，$f_0 = 1/2\pi\sqrt{LC}$より144.7 kHzとなります．

取扱説明書に記載された起動条件であるVR_1を右いっぱいに回した状態では発振周波数は200 kHz近辺で，このときの給電コイル電圧は電源電圧に近い14.5 Vでしたが，発振周波数を徐々に下げて共振周波数に近づくにつれてコイル電圧が上昇します．発振周波数が152 kHzになると給電コイル両端電圧は72.2 Vにまで達し，さらに共振周波数に近づくと電源装置の出力電

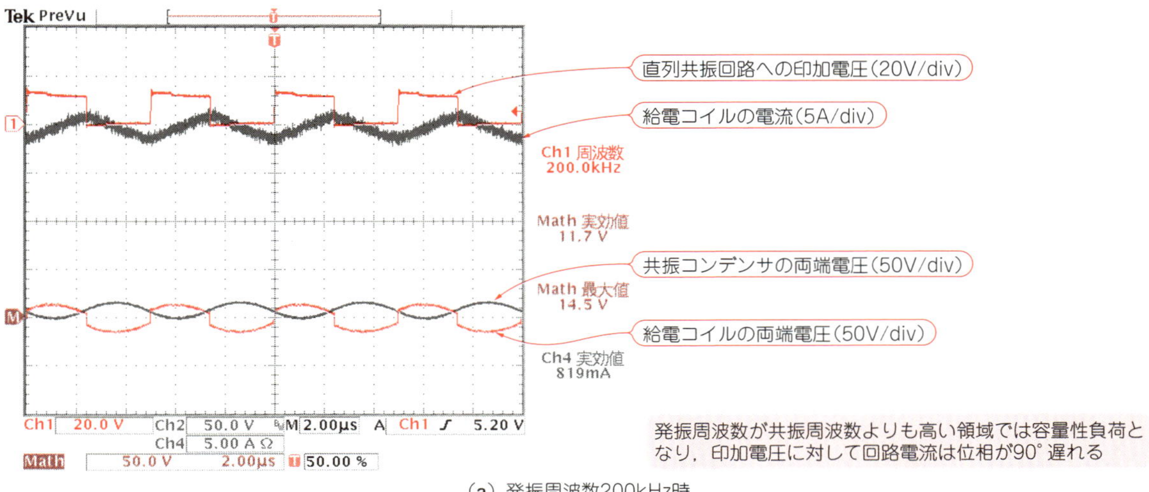

(a) 発振周波数200kHz時

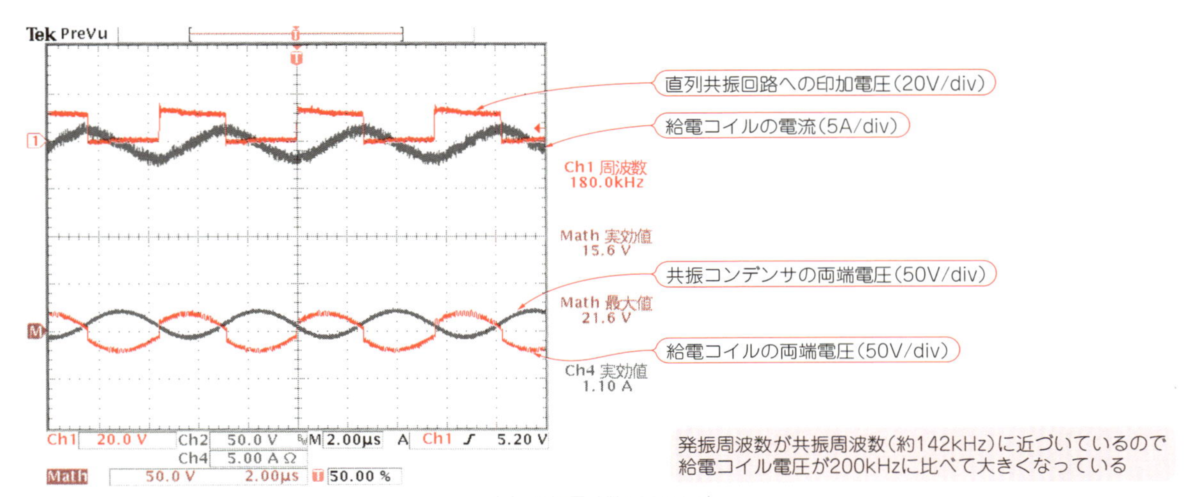

(b) 発振周波数180kHz時

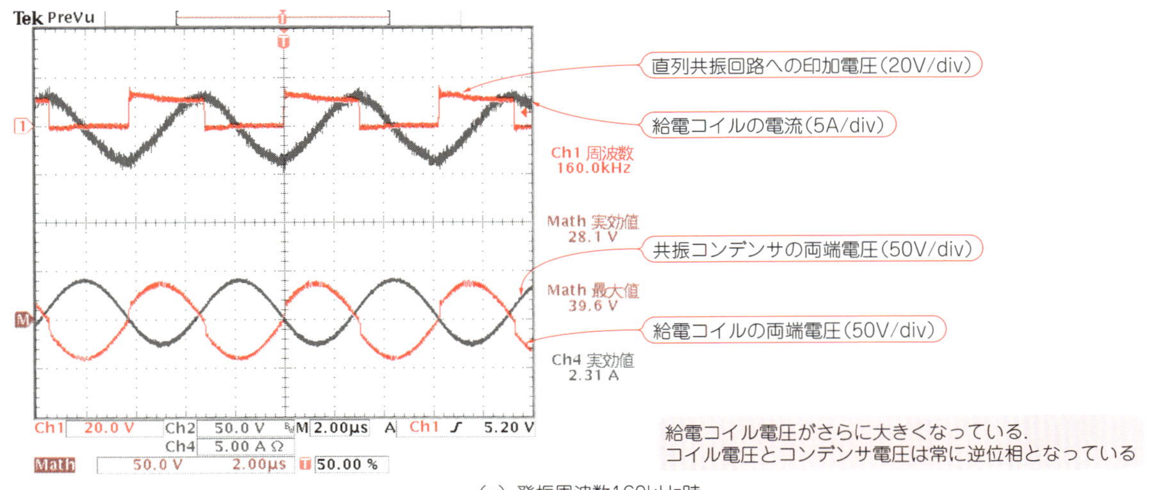

(c) 発振周波数160kHz時

図26　給電コイルの各部の波形

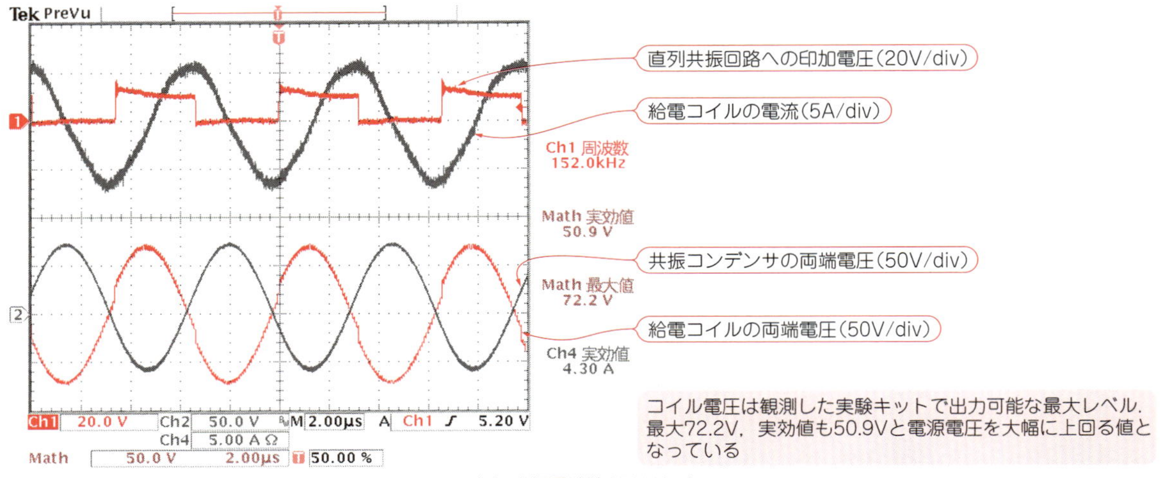

(d) 発振周波数152kHz時

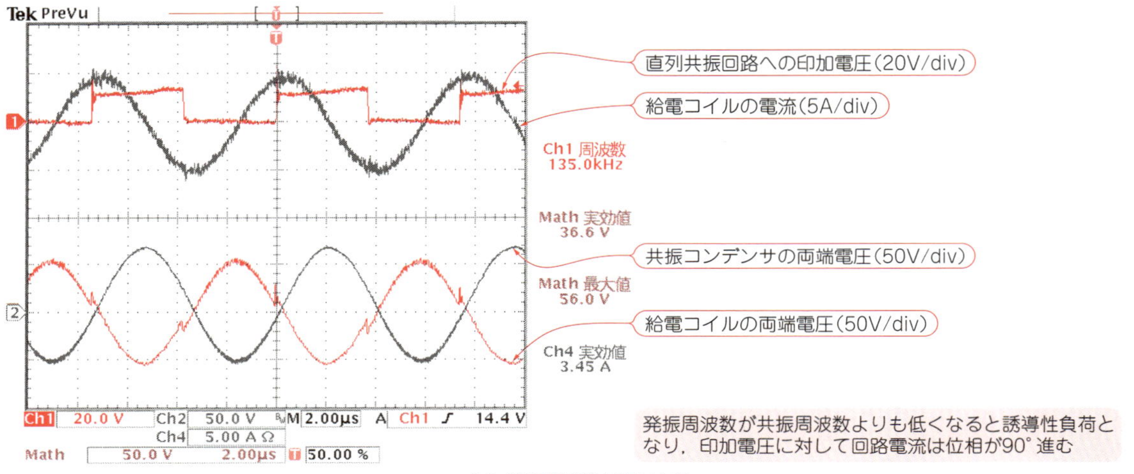

(e) 発振周波数135kHz時

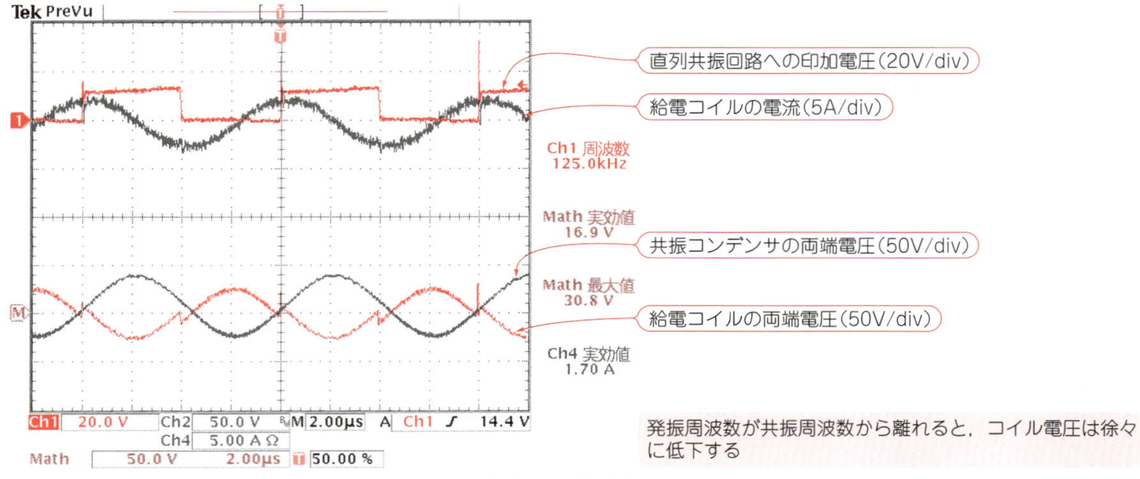

(f) 発振周波数125kHz時

図26 給電コイルの各部の波形(つづき)

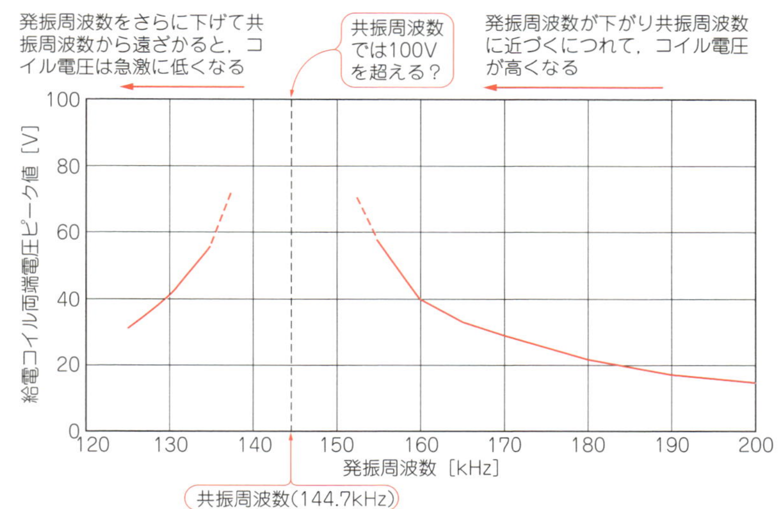

図27　発振周波数と給電コイル電圧との関係

流が制限されて正しく動作しなくなります．

発振周波数をさらに下げて共振周波数よりも低い値に設定すると再び正常に動作するようになり，コイル電圧は低下していきます．電流制限されている区間の中央付近が共振周波数に相当していることがデータから読み取れます．

給電基板を構成する素子を大電流を駆動できるものに変更すれば，共振周波数では100 Vを超える高電圧を発生させることができるはずです．

● 実験ボードを動作させるときの注意点

共振周波数付近では入力電流が大きくなり，給電基板の部品を破壊する恐れがあることは紹介しました．ほかにも，入力電流が増えることで給電基板の入力段に接続された電解コンデンサのリプル電流も大きくなるため，この状態で長時間動作させたり，供給電流を制限せずに動作させると電解コンデンサが発熱して破損する恐れがあるので，必ず供給電源で電流を制限しなければなりません．ACアダプタで実験ボードを駆動する場合には，0.7 Aで出力が制限されるタイプのものを使用するようにします．

実測値からもわかるように，給電コイルには非常に高い電圧が発生します．感電事故を防ぐため，動作中はコイルや基板には決して触れてはいけません．また，高電圧によって絶縁破壊の恐れがあるので，給電基板/受電基板ともにスペーサなどを利用して作業台から離した状態で実験するようにします．

偏平コイルは，直径0.2 mmのエナメル銅線を11本撚り合わせたリッツ線で構成されています．表皮効果の影響がないと仮定すると，コイルの導体断面積の合計は0.346 mm^2です．トランスやコイルの銅線径を決定する目安として1 mm^2当たりに流れる電流の大きさ

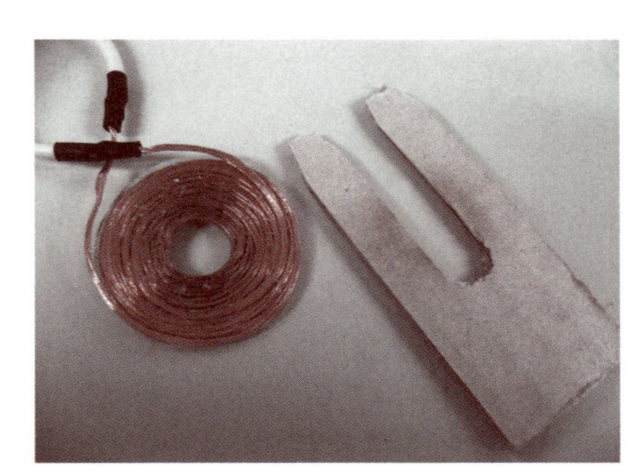

写真8　発熱により変色した給電コイルとスペーサ
給電コイルに取り付けてあるリード線は電流波形の観測用

を表す「電流密度」が用いられます．単位はA/mm^2で，トランス・コイルの構造にもよりますが，一般に3～5 A/mm^2となるように銅線径を決定します．

電流密度が5 A/mm^2を超えるようになると，コイル自体が巻き線抵抗によって発熱し，エナメル銅線の絶縁が破壊してコイルが短絡する恐れがあります．コイルを構成する銅線は正の温度係数をもつため，絶縁破壊に至らないまでも銅線の温度が高くなると導体抵抗が上昇し，ますます発熱が増えるので注意が必要です．

発振周波数とコイル電圧の関係を調べた実験の際も，152 kHzで4 Aを超える電流が流れていましたが，この状態で波形観測をしていたところ給電コイルの電流密度は11.5 A/mm^2に達しており，ごく短時間の運転であったにもかかわらず**写真8**のようにコイル間に挟んでいた絶縁紙が変色するほど給電コイルは発熱してしまいました．

● 受電基板を近づけてワイヤレス給電の性能を観測する

それでは，受電基板にコイルを取り付けて給電基板と磁気結合させ，ワイヤレス給電でどれくらいの電力が送られているのか，効率はどれくらいあるのかを調べてみることにします．

まず，受電基板は共振させずに受電コイルだけをつないだ状態で，出力特性を観測します．測定条件は次のとおりです．

- 電源入力：DC 12 V(0.7 Aで電流制限)
- 発振周波数：200 kHzから入力電流が制限されるまで変化させる
- 給電コイル：直列共振(0.1 μFの共振コンデンサを直列接続)
- 受電コイル：非共振(受電コイルのみ)
- 負荷：実験キット付属のランプを“UN REG”端子に接続
- コイル間距離：1 mm～19 mmまで厚さの異なるスペーサを挿入して可変

図28のように，給電基板の入力と受電基板のランプ部分に電圧計と電流計をそれぞれ接続し，入出力の電力を計測できるようにしておきます．

コイル間距離を0 mm，1 mm，3 mm，8 mm，14 mm，19 mmと6段階に設定し，発振周波数を200 kHzから下げて周波数ごとの出力電力，効率を測定したところ**図29**のようになりました．

$$効率[\eta] = \frac{V_o + A_o}{V_i + A_i} \times 100[\%]$$

図28　実験ボードへの計測器の接続

測定結果から，次のことがわかります．

(1) コイル間距離が近いほど，出力電力，効率ともに大きくなる

(2) 発振周波数が共振周波数に近づくほど，出力電力，効率ともに大きくなる

コイル間距離は二つのコイルの結合度合いに直結します．コイル同士が接近していれば，給電コイルで発生した磁束の多くが受電コイルに鎖交し，より多くの電力を伝達することができるので，コイルが密着した状態の0 mmがどの周波数でも最も大きな出力電力と高い効率となり，コイル間距離が10 mm以上離れた状態ではほとんど電力が伝達されなくなります．

発振周波数が共振周波数に近づくと，給電コイルの両端電圧は上昇し，より多くの磁束を発生させます．給電コイルで発生する磁束が多くなると受電コイルに鎖交する磁束も増えて，より多くの電力を伝えることができ，測定結果もこれを裏付けています．

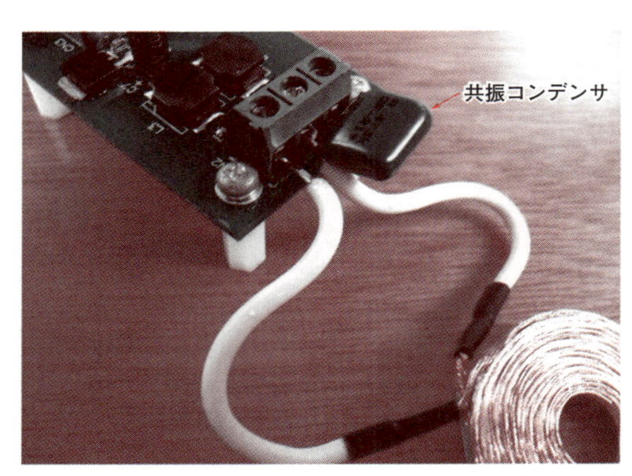

写真9　受電基板を直列共振させるときのコンデンサの接続方法
未使用端子を利用して共振コンデンサと受電コイルを直列に接続する．給電コイルに取り付けてあるリード線は電流波形の観測用

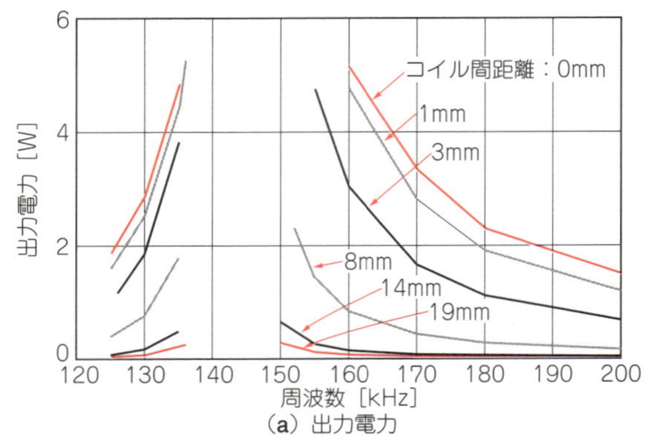

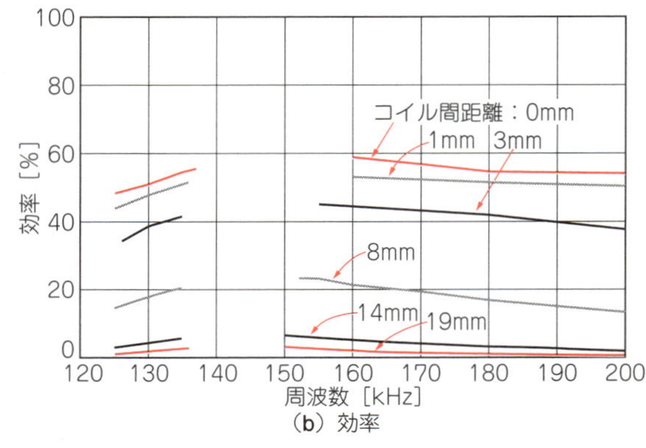

図29　受電基板が非共振のときの出力特性(給電基板のみ直列共振)

● 受電コイルを直列共振させる

次に，受電基板のコイルに実験キット付属の0.047μFのフィルム・コンデンサを直列に取り付け，直列共振させたときの出力特性を観測します．受電基板のコイル接続端子は中央の端子がどこにもつながっていない3極の構成となっていて，**写真9**のようにこの端子を使って簡単に直列接続が実験できるようになっています．測定方法は，受電コイルの共振条件が異なる以外は，先ほどの共振なしのときと同じ条件とします．

直列共振のときの出力電力，効率の測定結果は**図30**です．共振させていないときと比較するために，**表2**，**表3**にコイル間距離が3 mmと8 mmのときの測定値をまとめてみました．直列共振させたほうがすべての条件で効率が2～6％良くなっており，出力電力も大きな値が得られています．

しかし，直列共振させることによって若干の性能向上が認められたものの，少々物足りない感じがします．直列共振が本来の実力を発揮するのは，この実験ボードでは再現できない発振周波数が共振周波数付近の領域です．共振周波数では給電コイルで生じている現象と同様に，受電基板の直列共振回路のインピーダンスが非常に小さな値となり，より多くの電流を出力することができるようになります．

今回実験した共振コンデンサ容量が0.047μFでは，給電基板の共振周波数とは異なる周波数ですが，受電側の直列共振回路のインピーダンスはコイル単体のときよりも低下しているので，出力電力の上昇が観測されています．共振コンデンサの容量を給電基板と同じ0.1μFに変更すると，さらに大きな出力電力が得られるようになります．

表2 コイル間距離による出力電圧の比較

(a) コイル間距離 3 mm

発振周波数 [kHz]	共振なし [W]	直列共振 [W]
200	0.68	0.78
180	1.11	1.30
170	1.67	1.90
160	3.04	3.39

(b) コイル間距離 8 mm

発振周波数 [kHz]	共振なし [W]	直列共振 [W]
200	0.16	0.23
180	0.28	0.41
170	0.44	0.64
160	0.85	1.23

表3 コイル間距離による効率の比較

(a) コイル間距離 3 mm

発振周波数 [kHz]	共振なし [%]	直列共振 [%]
200	37.9	40.8
180	42.0	45.0
170	43.4	48.0
160	44.5	48.7

(b) コイル間距離 8 mm

発振周波数 [kHz]	共振なし [%]	直列共振 [%]
200	13.2	19.3
180	16.8	22.9
170	19.4	25.5
160	21.3	28.4

● 受電コイルを並列共振させる

今度は，並列共振させたときの出力特性を観測します．実験キット付属の0.047μFのフィルム・コンデンサを受電基板のコイルに並列に取り付けますが，受電基板のコイル接続端子のところにコイルと一緒に接続するだけで準備は完了です(**写真10**)．

図31が測定結果となりますが，非共振の場合や直列共振のときとは少し様子が違います．最も大きな違いは，電源装置による電流制限のポイントが変化しているところです．コイル間距離0 mmや3 mmでは動作が制限される周波数が低くなっていることがわかります．

これは単純にパワーが取れるようになったのではなく，共振周波数が変化したことによって起こる現象です．給電コイル自体のインダクタンスは変わっていませんが，受電コイルと並列にコンデンサが接続されたことで**図18**の等価回路における相互インダクタンスMが変化し，あたかも給電コイルのインダクタンスが変化したような形となっているのです．

この現象は二つのコイルの結合が密となるコイル間距離が狭いときに顕著に見られ，コイル間距離が大きくなって結合が緩やかになり相互インダクタンスが小さくなると，給電コイルのインダクタンスのうちL_1-

写真10 受電基板を並列共振させるときのコンデンサの接続
共振コンデンサを受電コイルと同じ端子に取り付ける．給電コイルに取り付けてあるリード線は電流波形の観測用

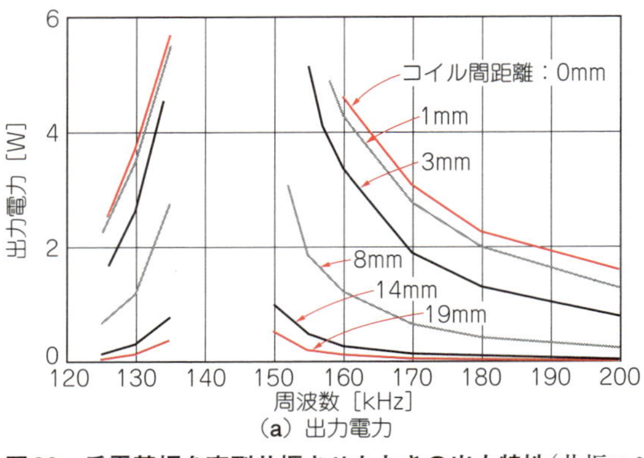

(a) 出力電力

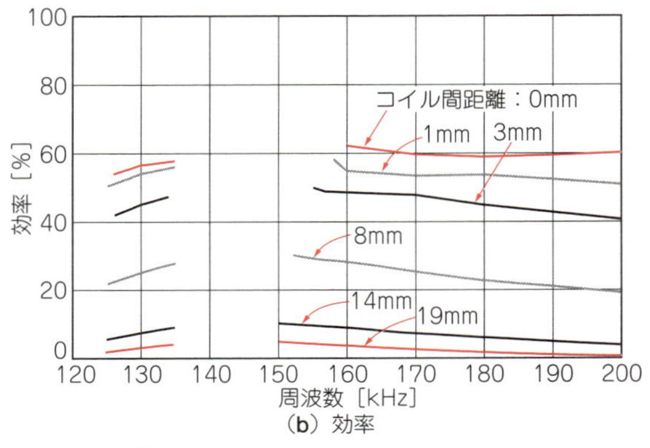

(b) 効率

図30　受電基板を直列共振させたときの出力特性(共振コンデンサ：0.047μF)

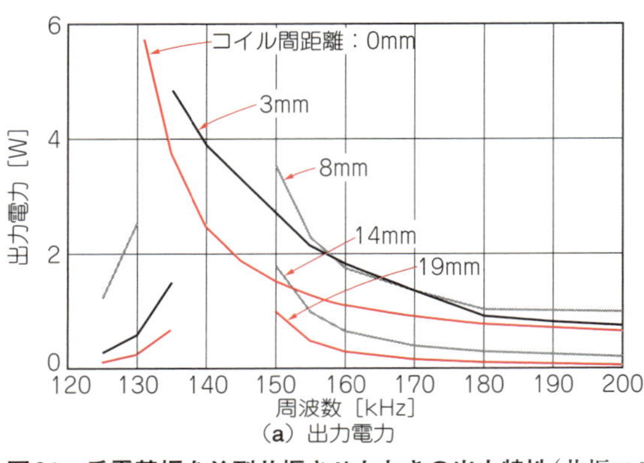

(a) 出力電力

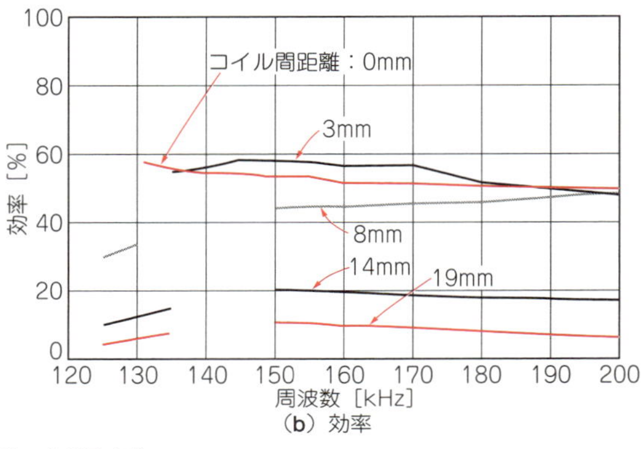

(b) 効率

図31　受電基板を並列共振させたときの出力特性(共振コンデンサ：0.047μF)

Mが支配的となり，受電基板に取り付けられた共振コンデンサの影響が小さくなります．**図31**のグラフでも，コイル間距離が大きい8 mmやそれ以上のときには，共振させていないときとほぼ変わらない周波数特性をもつことが見て取れます．

効率，出力電力は直列共振よりもさらに向上しており，特にコイル同士が離れたところでは顕著になっています．

● 負荷特性

ところで，実際にワイヤレス給電を使うときには，負荷は一様ではありません．ここまでは実験キット付属のランプを負荷として動作を確認しましたが，他の負荷条件ではどのような動きをするのでしょうか？そこで，ランプを抵抗負荷に置き換えて抵抗値を変化させて，それぞれの出力特性を見てみることにします．発振周波数は160 kHz固定，コイル間距離を5 mmとしたときの出力特性を観測してみました．

図32は負荷抵抗を変化させたときの出力特性です．共振させないときと直列共振では負荷抵抗の値が小さいほど出力電力は大きくなっていきますが，並列共振では高抵抗ではより大きな電力を得られているのに，数Ωを境に低い抵抗値では出力電力が低下しています．

直列共振では共振周波数においてインピーダンスが最小となり，並列共振では最大になります．受電基板における共振回路のインピーダンスは，電源インピーダンスとして考えることができます．電源インピーダンスが無視できるくらい小さな値であれば，負荷電流は必要なだけ取り出すことができます．実際の回路では部品や配線のロスがあるので電源インピーダンスはゼロになることはありませんが，非常に小さな値であり，実用上問題となることはほとんどありません．ワイヤレス給電実験ボードで直列共振させた場合も，これと同様のことがいえます．

ところが並列共振では，電源インピーダンスはある程度の値をもちます．この場合，負荷電流が電源インピーダンスよりも十分に大きい(負荷電流が小さい)ときは問題ないのですが，負荷電流が電源インピーダンスを下まわり，より大きな電流を出力させようとすると，電源出力電圧(実験ボードでは受電基板の共振回路電圧)が負荷電流と電源インピーダンスの掛け算で低下してしまい，その結果出力電力も下がってしまいます．並列共振時に負荷抵抗の値を小さくすると出力電力が低下する現象は，このインピーダンスの不整合

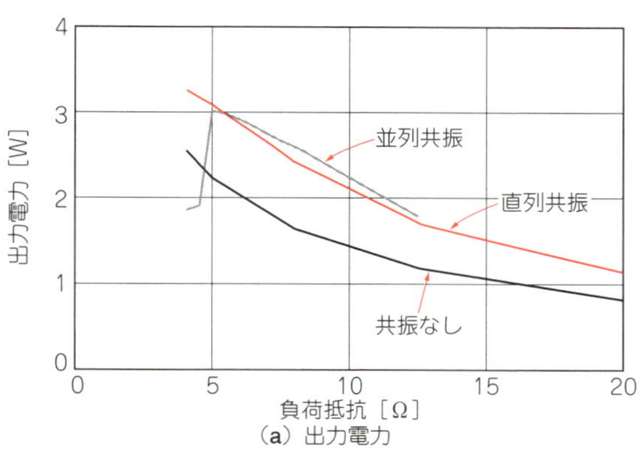

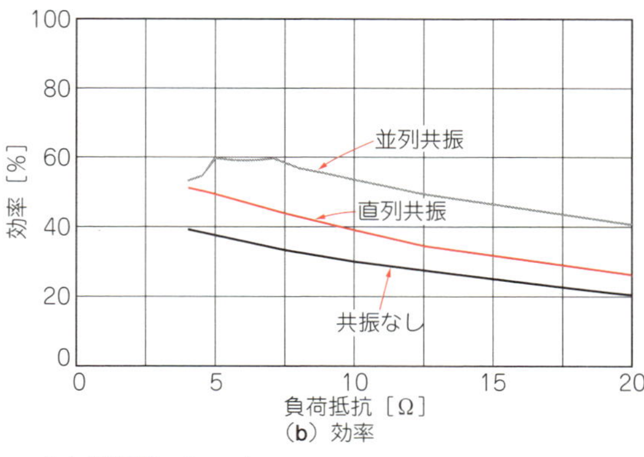

図32　負荷抵抗を変えたときの出力特性（発振周波数：160 kHz，コイル間距離：5 mm）

によって生じた現象です．

● より遠くへ，より大きく

ワイヤレス給電は，電源から離れたところにケーブルを使わずに電力を伝達する技術です．配線がないことで，設置場所の自由度が上がる，ガラスなどの障害物があっても新たに加工することなく通電させることができる，給電側と受電側の基板をそれぞれ絶縁物で覆うことができるので防水性や防塵性に優れるなどの利点があり，ワイヤレス給電の技術は今後ますます活躍の場を広げていくことでしょう．

ここで紹介した実験キットは，まずはワイヤレス給電の基本を体感することを目的に作られたものなので，近接した場所に数Wの電力を送るごく小規模のワイヤレス給電システムとなっていますが，ちょっとした工夫で性能を向上させることができます．

一つめは記事中で紹介したように，素子定格を上げて共振周波数付近でも部品破壊がないように改良することです．共振周波数付近では直列共振回路のインピーダンスが極端に低下して多くの電流が流れ，コイルに発生する電圧が高くなって発生磁束数が増し，たくさんの電力を給電することができるようになります．スイッチング素子であるFETやダイオードの電圧/電流定格，電解コンデンサのリプル電流，給電側/受電側それぞれのコイルの電流定格，高電圧となる部分の電極間距離など検討すべきところは多くありますが，ひとつひとつ確認しながら改良していくことでワイヤレス給電をより深く知ることができることでしょう．

二つめはコイルを大きくすることです．コイル間の結合による電磁誘導方式のワイヤレス給電では，給電側コイルで発生した磁束がどれだけ受電側コイルに鎖交するかが鍵になります．コイルの直径を大きくして発生磁束ができるだけ多く受電側コイルの中を通るようにすれば，結合係数が大きくなり，より多くの電力を給電することができるようになります．高周波電流が流れるので表皮効果の影響が少なくなるようにリッツ線を使うことは必須ですが，コイル自体が大きければ位置ずれにも強くなり，基板に追加工することなく簡単に性能を向上させることができます．

基板やコイルをそのままに磁束を増やす方法もあります．コイルの節で紹介したように，鉄心を入れると磁束が通りやすくなり空芯コイルに対して格段に磁束数が増えます．また，トランスの項で励磁電流について触れましたが，これは磁界を作り出すための電流であり，鉄心を挿入することで磁束が発生しやすくなると励磁電流は小さくなります．

実験キットでは0.7 Aの電流制限をする必要がありましたが，励磁電流が小さくなればそのぶん受電基板に多くの電力を送ることができることになります．ワイヤレス給電の性質上，磁路全体を磁性体で構成することは不可能ですが，コイルの外側に磁性材料を置くだけでも効果があります．スイッチング・トランス用のフェライト・コアやノイズ対策に用いられる磁性体シートなどを使って，違いを見てみるとよいでしょう．

実用化されているワイヤレス給電には，ここでは紹介しなかったコンデンサの原理を応用した電界結合方式や，共振条件を精密に整合させて遠距離の電力伝送を可能にした電磁共鳴方式など，実験ボードで採用されている電磁誘導方式以外の方法もあります．

電界結合方式は給電側と受電側に平板電極を用いて高周波電流を流すもので，電極の配置を工夫することで位置ずれに強いワイヤレス給電を実現しています．

電磁共鳴方式は電磁誘導方式の一種と考えることができるもので，共振周波数を正確に一致させて，音叉が遠く離れたところでも共鳴するように電磁エネルギーを遠くまで伝送させるもので，2 m離れたところに60 Wの電力伝送に成功した研究事例もあります．

このように，ワイヤレス給電にはいろいろな方式/技術が提案されていますが，そのいずれもがとても基本的な電磁気学の理論に基づくものです．回路素子の

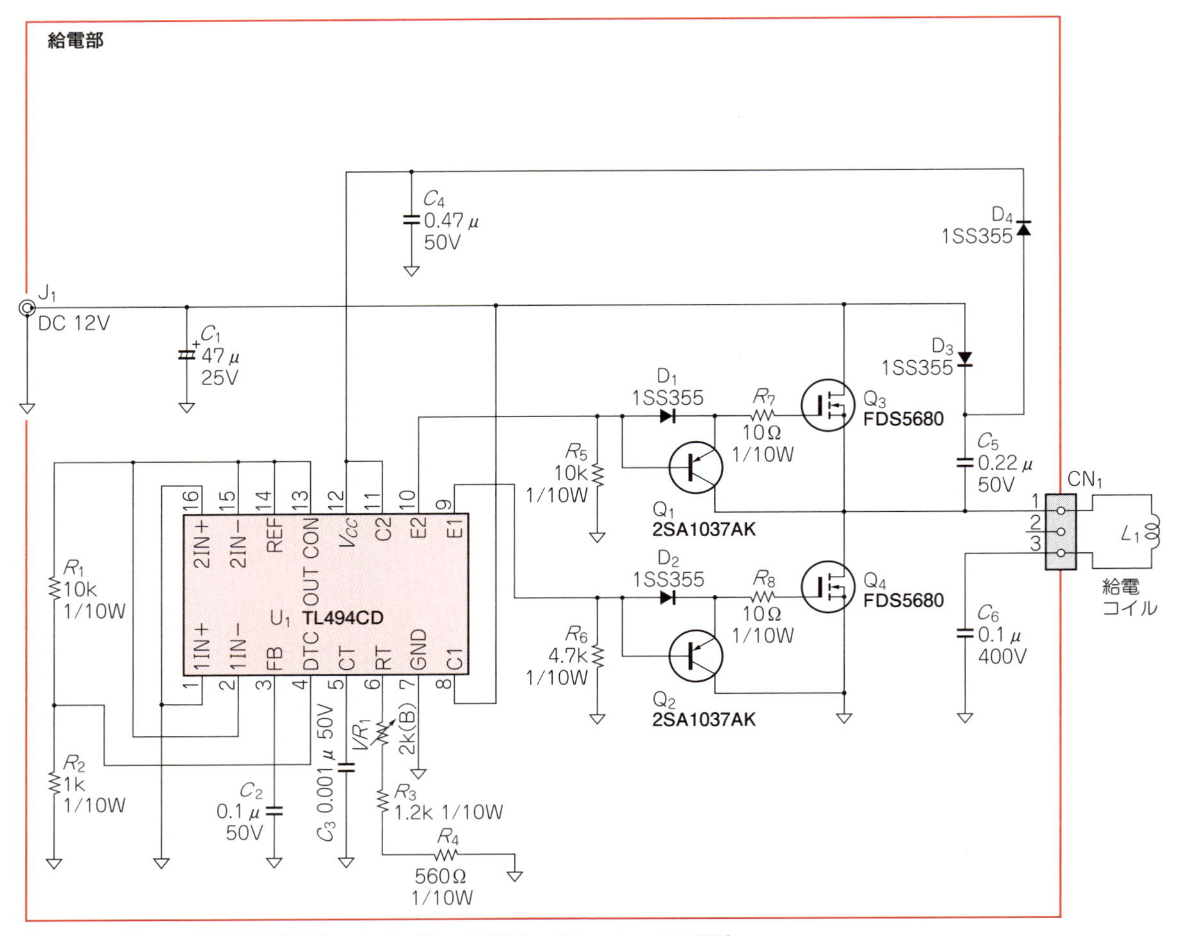

図33　ワイヤレス電力給電実験キット オプション扁平コイル・セットの回路

交流回路におけるふるまいや，電磁気学の基礎をあらためて見直すことで，ワイヤレス給電をより身近に，より深く理解することができるようになるでしょう．

実験キットの回路

本稿で使用している「ワイヤレス電力給電実験キット オプション扁平コイル・セット」の回路を**図33**に示します．

本キットはCQ出版社のウェブ・ショップから購入することができます．詳細は次ページを参照してください．

● 給電基板部の回路

給電部の高周波アンプは，変換効率を高めるために電流共振(ZVS)方式にしています．

高周波アンプの周波数をL_1とC_6の共振周波数以上に設定し，Q_3とQ_4がOFFからONになる時間を少し空ける(デッド・タイム設定)ことで，MOSFETのスイッチング損失を軽減できる方法をZVS(Zero Volt Switch)動作といいます．

高周波の発振部U_1はPWMコントロールICのTL494を使い，MOSFETのQ_3，Q_4のFDS5680をドライブしています．可変抵抗VR_1によって発振周波数を約130 kHz～200 kHzに調整できるため，定数の異なるインダクタやコンデンサに組み合わせを変えて，共振周波数を変えながら実験ができます．

● 受電基板部の回路

整流回路はカレント・ダブラ方式を使っており，電流が1/2となるためフィルタ・コイルの小型化を可能にしています．出力のCN_3には，非安定(UN REG)と3端子レギュレータICで5 Vに安定化した出力(5 V)の2種が取り出せます．

受電基板の入力端子CN_2に，共振コンデンサを並列または直列に外部に接続することで，直列共振と並列共振動作の実験が容易にできます．

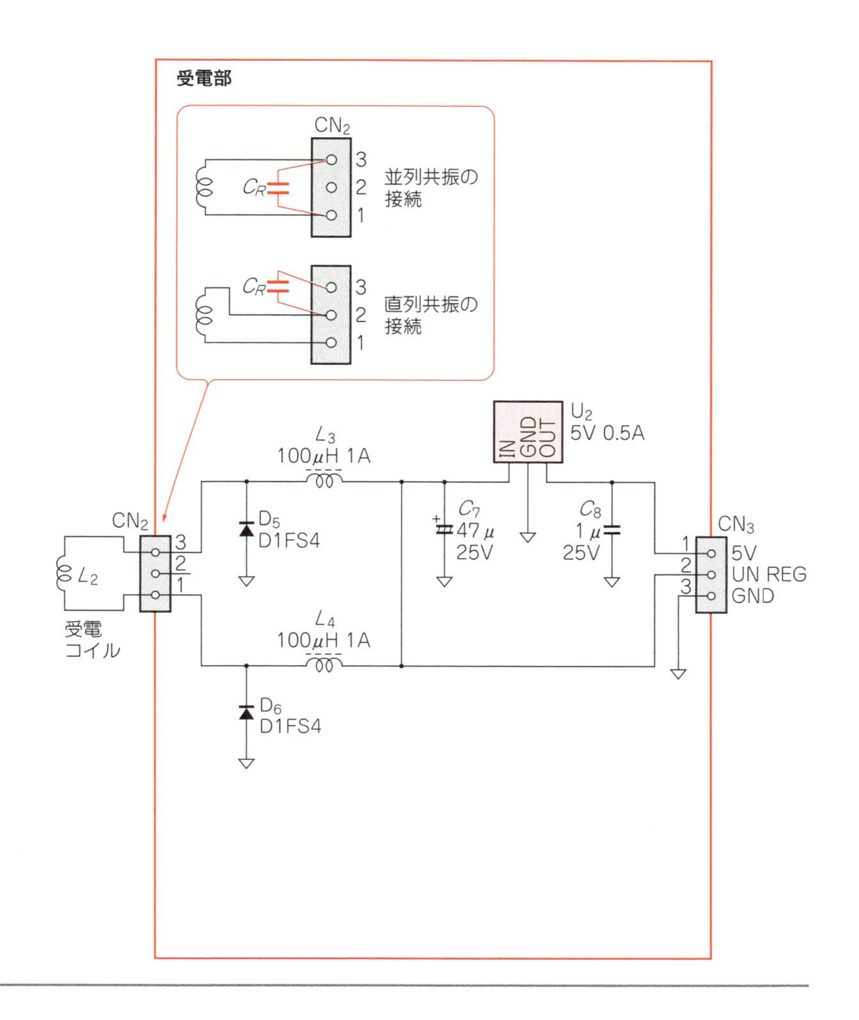

● コイル仕様

実験キットに使用しているキーパーツであるコイル(L_1, L_2)の仕様は下記のとおりです.

形状：直径35 mm，厚さ1.8 mmの薄型コイル
巻き数：25ターン，線径0.2 mmのリッツ線
インダクタンス：12 μH(@100 kHz)
無負荷Q：40以上(@100 kHz)

● 共振コンデンサの接続

実験キットには共振コンデンサ(高周波用フィルム・コンデンサ)が同梱されています.

受電側の端子CN_2へ，共振コンデンサC_Rを図33の右上のように接続することによって，直列共振と並列共振の場合のそれぞれの実験が可能です.

◆ 参考文献 ◆

(1) ワイヤレス電力給電実験キット，オプション偏平コイル・セット，CQ出版社.
http://www.cqpub.co.jp/hanbai/books/I/I000062.htm
(2) 一般用積層セラミックコンデンサGRMシリーズ，WEBカタログ，株式会社村田製作所.
http://psearch.jp.murata.com/capacitor/lineup/grm/
(3) CQ出版エレクトロニクス・セミナー，実習：アナログ基本回路入門-1(テキスト)，CQ出版社.
(4) パワー・インダクタCDRH10D43R，データシート，スミダコーポレーション株式会社.
(5) CQ出版エレクトロニクス・セミナー，実習：電源回路設計入門(テキスト)，CQ出版社.
(6) CQ出版エレクトロニクス・セミナー，実習：アナログ基本回路入門-2(テキスト)，CQ出版社.

第2章

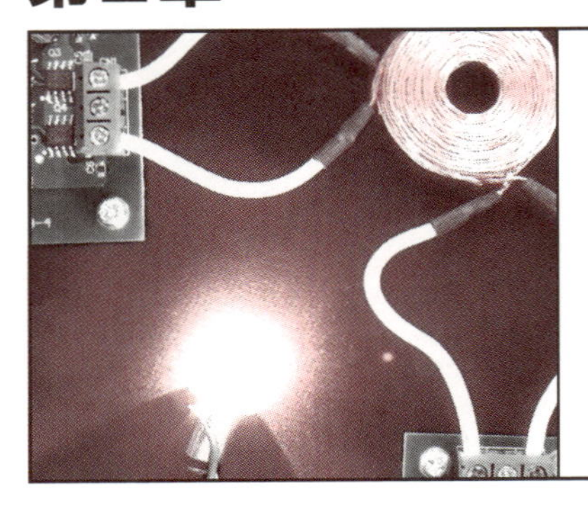

電磁気学のおさらいから始める

プリント基板コイルを使った ワイヤレス給電

高橋 俊輔
Shunsuke Takahashi

近年，電動車両やモバイル機器に搭載されるバッテリへの充電方式として，接続コードや接続端子などを必要としないワイヤレス給電(非接触給電)が注目を集めています．ワイヤレス給電はAC電源をAC電源のまま繋ぐコンセントではなく，AC電源をDC電源として出力するので一種の充電器と考えられます．

私の勤務する大学では，電動バスを充電する30 kWといった大型のEV用ワイヤレス給電システムと，携帯電話やタブレットなどのモバイル機器を充電するための50 W以下の小型ワイヤレス給電システムを研究しています(**写真1**)．

EV用ワイヤレス給電システムは細い絶縁線を多数

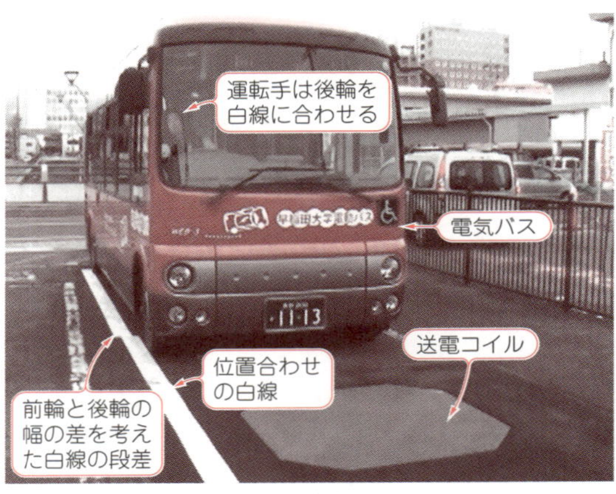

(a) 電動バス

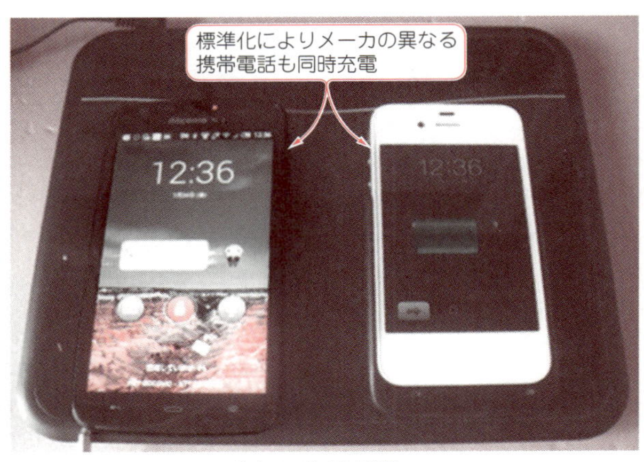

(b) モバイル機器

写真1 電動バスとモバイル機器へのワイヤレス給電
バス用の30 kW以上の大型とモバイル機器用の50 W以下の小型が研究対象

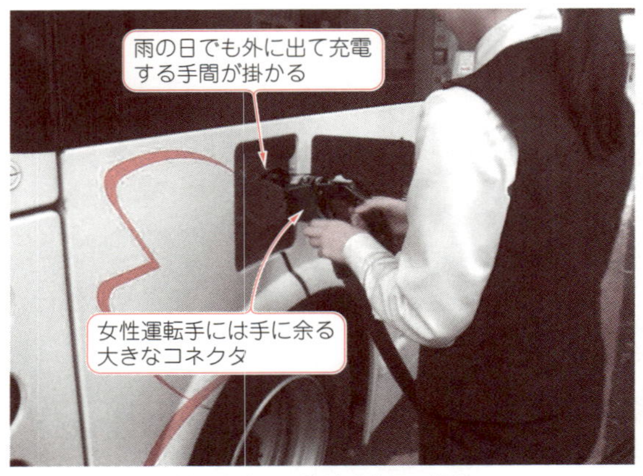

(a) 車外での接触式充電の操作

(b) 車内でのワイヤレス充電の操作

写真2 電動バスでの充電操作
接触式は運転手が外に出て操作が必要，非接触式は車内で操作

撚り合わせたリッツ線を使ったコイルを，またモバイル機器用のものはバルク・コイルと言われるプリント基板などを使ったコイルを研究対象としています．

本稿ではEV用ワイヤレス給電装置についても触れますが，学生たちが研究しているモバイル機器用のバルク・コイルを主として解説していくことにします．

ワイヤレス給電の利点

● ケーブル・ゼロならではの利点

電動バスにワイヤレス給電装置を搭載した場合，**写真2(a)**の接触式充電のように運転手が降車することなく，車内で給電操作を行うことが可能となり，充電プラグ抜き差し時間の省略と，雨天時の給電でもプラグに触らないため感電の心配がなく，運転手の労働環境の改善を図ることができます．

モバイル機器にワイヤレス給電装置を搭載した場合，床を這い回るコード類をなくすことが可能となるだけでなく，小型薄型化しているモバイル機器に差し込む接触式充電コネクタの破損といったトラブルもなくなります．

● しかし，課題もある

特有の課題としては，電磁波を扱うため漏洩電磁界による人体あるいは周辺機器への影響が生じる危険性があります．また，ワイヤレス電力伝送を行う空間に金属性の異物が入り込むと，発熱などを引き起こすこともあります．

送受電コイルの位置がずれると伝送電力が小さくなったり，効率が低くなったりします．さらに送受電方式や，周波数，充電制御方式などの標準化を図らないと互換性が低くなり，いつでも，どこでも手軽に充電できるという利便性が失われます．

ワイヤレス給電とは

● 電磁気学の歴史を簡単におさらい

人類が最初に電磁気現象に触れた記録としては，磁気現象は紀元前6世紀ごろにはすでに小アジアのマグネシア地方で磁石が知られています．マグネットという言葉は，この地名から来ています．同じころにギリシャのタレスが，琥珀を羊皮で擦ると物を引き付ける性質をもつことを見つけましたが，これは摩擦電気(静電気)の発見です．

1600年，英国のギルバートは自著「磁石論」の中で琥珀の力(電気)と磁石の力(磁気)は別物であることを述べています．それ以前は，この2種類の力に明確な区別はされていなかったものを，初めて明確に区別しました．ギルバートは琥珀などに生じる静電気を，琥珀を表すギリシャ語elektronからelectricsと名付けました．これが電気という言葉の始まりです．

しかしながら，電磁気学としてまとまったものは18世紀末から始まったと言えます．簡単に述べると，フランスでクーロンが電気の間に働く力，磁気の間に働く力をクーロンの法則という形でまとめ(1700年代後半)，アンペールによる電流とその周りにできる磁場との関係を表すアンペールの法則，ビオとサバール両者による電流の周りにできる磁場を計算するビオ-サバールの法則，ドイツのガウスによる電荷と電場の関係を表すガウスの法則などで電気と磁気の相互作用が法則化され，英国のファラデーがそれらの現象を「電場」と「磁場」という「場」の考えかたで統一的に理解しました(1800年代前半)．電場と磁場の関係を**図1**に示します．

それらを英国のマックスウェルが，マックスウェル方程式という形で数式を使って見事に定式化(1800年代後半)したものが現在の電磁気学です．

● マックスウェル方程式は難しくない？

マックスウェル方程式は，電場の強度$\boldsymbol{E}(t, \boldsymbol{x})$，磁束密度$\boldsymbol{B}(t, \boldsymbol{x})$，電束密度$\boldsymbol{D}$，磁場の強度$\boldsymbol{H}$，電荷密度$\rho$，電流密度$\boldsymbol{j}$とし，$\nabla\cdot$が発散を，$\nabla\times$が回転を示すとすると，次のたった四つの式だけで電磁気学のすべてを簡潔に表すことができます．

$$\nabla\cdot \boldsymbol{B} = 0 \quad \cdots\cdots (1)$$

$$\nabla\times \boldsymbol{E} + \frac{\partial \boldsymbol{B}}{\partial t} = 0 \quad \cdots\cdots (2)$$

$$\nabla\cdot \boldsymbol{D} = \rho \quad \cdots\cdots (3)$$

$$\nabla\times \boldsymbol{H} - \frac{\partial \boldsymbol{D}}{\partial t} = \boldsymbol{j} \quad \cdots\cdots (4)$$

一見理解しづらい式のように思えますが，式(1)は磁束密度の発散量が0，すなわち磁場には源がないという構造を示す磁束保存の式を，式(2)は磁場が時間変化をするとその周りにぐるっと電場が生じるという電磁誘導を示すファラデー-マクスウェルの式を示しています．

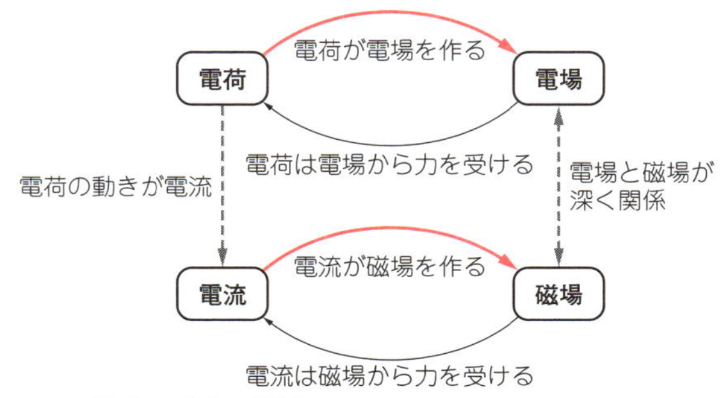

図1　電場と磁場の関係
電場と磁場は電荷を介して切っても切れない関係

また，式(3)は電束密度が源から出て周囲へ発散する量は電荷密度と同じである，すなわち電場の源は電荷であるというガウス-マクスウェルの式を，式(4)は電流と時間変化する電場の周りにぐるっと磁場が生じるというアンペール-マクスウェルの式を示しています．

このように発散と回転の意味を捉えてマクスウェルの方程式を考えてみると，単純でわかりやすい式であることがわかってもらえたと思います．

また$\boldsymbol{E}$，$\boldsymbol{B}$，$\boldsymbol{D}$，$\boldsymbol{H}$はそれぞれ，

$$\boldsymbol{D} = \varepsilon \boldsymbol{E} \quad \cdots\cdots (5)$$

$$\boldsymbol{B} = \mu \boldsymbol{H} \quad \cdots\cdots (6)$$

の関係にあり，εはその媒質の誘電率，μは透磁率で，真空中ではそれぞれ真空の誘電率ε_0および透磁率μ_0となります．ρと$\boldsymbol{j}$の間には以下の電気量保存則が成り立ちます．

$$\frac{\partial \rho}{\partial t} + \nabla \cdot \boldsymbol{j} = 0 \quad \cdots\cdots (7)$$

● 電磁波の伝わりかた

電磁界の発生源から誘導される電界，磁界の空間分布は，正弦振動による電磁界の時間的変動を基本として考えられ，マクスウェルの方程式の式(4)，アンペール-マクスウェルの式に示されるように，電界の振動によってそれに直交した方向の誘導磁界が生じ，その誘導磁界の振動によって磁界に直角方向に新たな誘導電界の振動が生じる，ということを繰り返し，電界→磁界→電界で波長を形成します．誘導電界，誘導磁界の強度が十分で，この電界→磁界の繰り返しが遠くまで続いていくものが，電波あるいは電磁波と呼ばれるものです(**図2**)．

電界からどの程度の大きさの磁界が誘導されるかは媒質の性質で決まりますが，それは電界と磁界の大きさの比$\boldsymbol{E}/\boldsymbol{H}$で表されます．

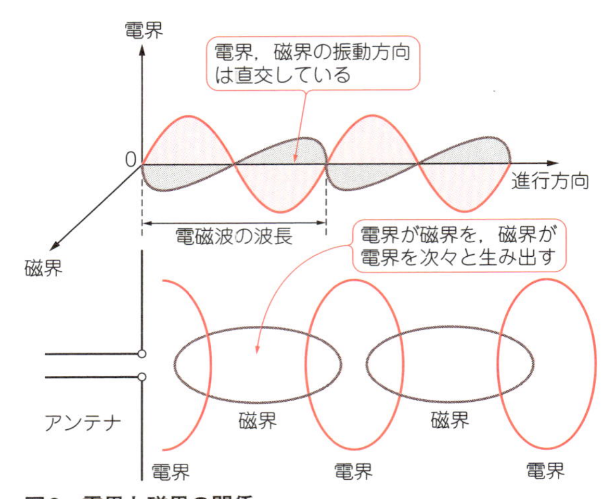

図2　電界と磁界の関係
電界の変化が磁界を，磁界の変化が電界を生み出す

$$Z_0 = \frac{\boldsymbol{E}}{\boldsymbol{H}} = \sqrt{\frac{\mu}{\varepsilon}} \quad \cdots\cdots (8)$$

これは電気回路における電圧と電流の比V/Aという電気インピーダンスの定義と等価になり，特性インピーダンスZ_0と呼ばれ，物理的次元および単位はインピーダンスに一致し，単位はオーム(Ω)です．真空の場合は，光速をCとして，

真空の透磁率　$\mu_0 = 4\pi \times 10^{-7}$ [H/m]
真空の誘電率　$\varepsilon_0 = 1/(\mu_0 C^2) = 10^7/4\pi C^2 = 8.85 \times 10^{-12}$ [F/m]

ですので，

$$Z_0 = 4\pi C \times 10^{-7} \fallingdotseq 120\pi \fallingdotseq 376.7 \ [\Omega] \quad \cdots\cdots (9)$$

となり，自由空間インピーダンスと呼ばれます．

● 近傍界と遠方界

時間的に変動する電界あるいは磁界が存在する場合，それに伴う誘導界が生じますが，その空間分布は数波長を超えるまでは球面波であり，発生源である電界や磁界の性質の影響を受けます．

図3に示すように，これらの空間領域を近傍界と呼び，電磁エネルギーが貯蔵されているだけで外に向かってのエネルギーの流れがないので，非放射域とも言います．この領域はエネルギーが貯まっているだけなので，エネルギーを取り出すためにはコイルを置くだけではだめで，繰り返しすくい取るポンプ操作の働きをする周波数が重要となります．

一方，近傍界の外側は遠方界と呼ばれ，自由空間インピーダンスは式(9)の376.7 Ωに一定で，平面波となり，電磁波によってエネルギーが自然に運ばれる領域で放射域とも呼ばれています．この領域はエネルギーが流れているので，エネルギーを取り出すためにはコイルを置くだけでよいのですが，そのままではエネルギーがコイル表面で反射してしまうため，共振回路を使って電磁波に同調させて取り込む必要があります．

両者の境界は電磁波の波長をλ，距離をDとしてD/λは$1/(2\pi)$となります．

● ワイヤレス給電方式

ワイヤレス給電方式は下記のように分類されます．

- 非放射系
  - 磁界結合方式
    - 電磁誘導方式
    - 磁界共振方式
  - 電界結合方式
- 放射系
  - 無線(マイクロ波)方式
  - レーザ方式
  - 超音波方式

● 電磁誘導方式

これはファラデーが見出した電磁誘導の法則に基づき，インダクタンス結合型として対向させたコイルと磁束収束用の磁性体コアを用いて，送受電コイル間に共通に鎖交する磁束を利用するものです．

基本原理は**図4**に示すように，一般的にはトランスと呼ばれる変圧器です．1次側コイルに交流電流を流すとコイル周囲に磁界が発生し，1次/2次コイルを鎖交する磁束によって2次側コイルに誘導起電力が発生します．理想的な変圧器の磁束はすべて主磁束で構成され，漏れ磁束がありません．この場合の1次コイルと2次コイルとの結合の度合いを示す結合係数kは1です．すなわちΦ_2/Φ_1がkとなります．

ワイヤレス給電の場合にも送受電用コイルを鎖交する磁束が伝送の要であり，両コイルの結合度が高いことが望まれます．しかし，大きなギャップによって磁路が切れていて，漏れ磁束があるために，結合係数は1よりもかなり小さくなります．

そこで，電力を効率よく伝達するために，送電側の印加周波数を高周波にしたり，コイルのインダクタンスにコンデンサを並列もしくは直列に接続した共振回路を最適設計したりすることで，送電側と受電側のコア間のギャップを拡げています．

● 磁界共振方式

この方式は，2007年に米国Massachusetts Institute of Technology（MIT）の研究チームが，2 m離れた距離で60 Wの電力を送ることに成功したことで一躍注目を浴びました．**図5**はMITが発表したシステムの概要で，送電側と受電側のコイルを高Qにして電磁的に同じ周波数でLC共振させ，空間に蓄積される磁界エネルギーを通して電力伝送をする磁界共振の技術を活用しています．

送電コイルから放射される磁束を直接受電コイルに鎖交させれば電磁誘導方式となりますが，送電側と受電側のコイルがほとんど鎖交していない結合係数kが0.01以下となるようコイル間距離を十分に離した状態で，磁界共振方式は電磁誘導方式とほとんど同じシス

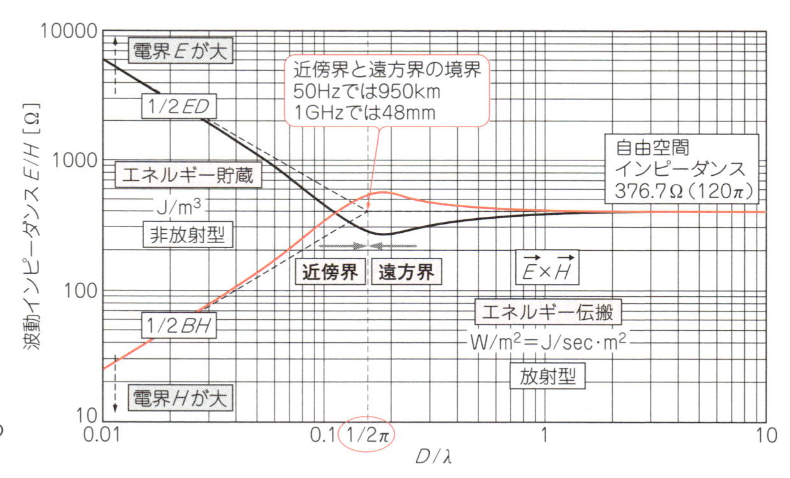

図3 近傍界と遠方界
ワイヤレス給電は非放射系と放射系の両方のシステムがある

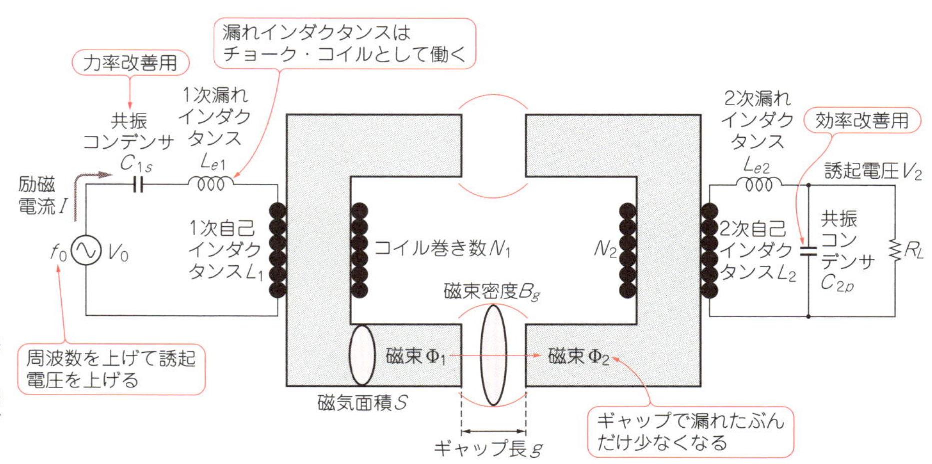

図4 電磁誘導方式の基本原理
基本はトランスだが，漏れ磁束対策で効率を上げるのがミソ

密な電磁結合で変圧器とインピーダンス変換器の役目
結合が弱くLC共振により同じ周波数で磁界共鳴
密な電磁結合
A
S
D
B
k_S
k
k_D
送電側1ターンループ・コイル
受電側1ターンループ・コイル
150W
60W
400W
N=5.25
電球
送電側共鳴ヘリカル・コイル（LのみでCは空間容量）
受電側共鳴ヘリカル・コイル（LのみでCは空間容量）

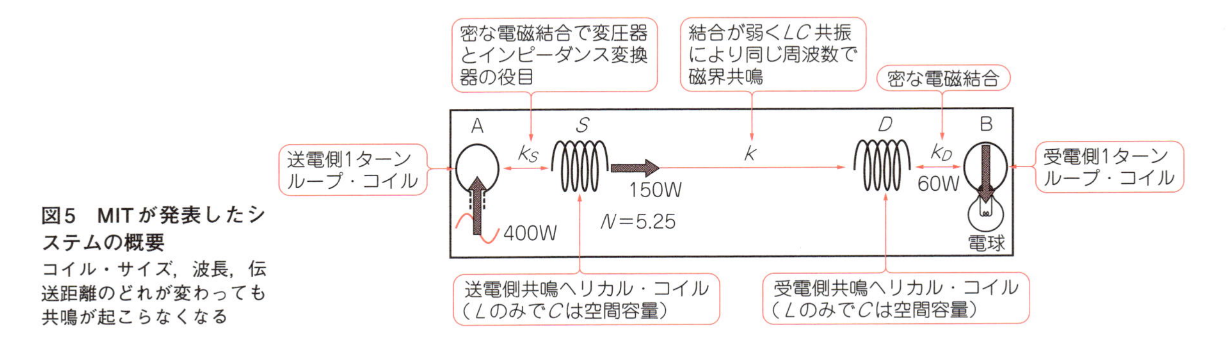

図5　MITが発表したシステムの概要
コイル・サイズ，波長，伝送距離のどれが変わっても共鳴が起こらなくなる

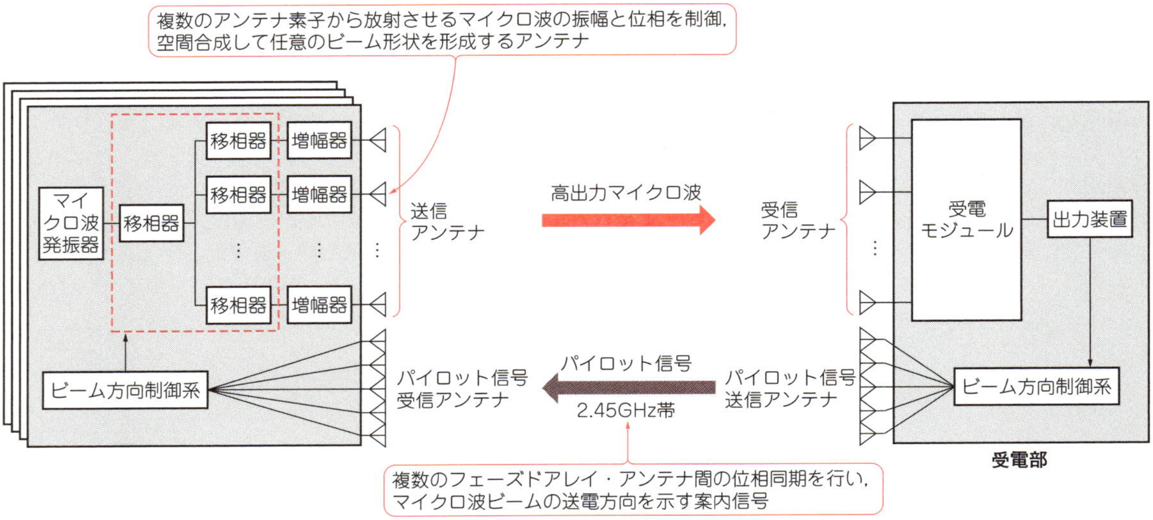

複数のアンテナ素子から放射させるマイクロ波の振幅と位相を制御，空間合成して任意のビーム形状を形成するアンテナ
マイクロ波発振器
移相器
移相器
増幅器
送信アンテナ
高出力マイクロ波
受信アンテナ
受電モジュール
出力装置
ビーム方向制御系
パイロット信号受信アンテナ
パイロット信号
2.45GHz帯
パイロット信号送信アンテナ
ビーム方向制御系
受電部
複数のフェーズドアレイ・アンテナ間の位相同期を行い，マイクロ波ビームの送電方向を示す案内信号

図7　無線方式の概略系統図
マイクロウェーブ通信と基本は同じ

R
C
C
送受電電極間でコンデンサを形成
LC共振用のインダクタンス
L
LC共振をする高周波電源
f, V

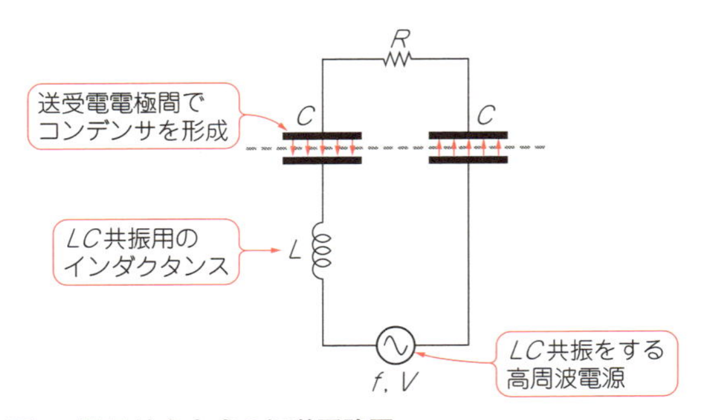

図6　電界結合方式の伝送回路図
コンデンサの極板間に貯まった電界エネルギーで電力伝送

テムを使いながら送受電コイル・サイズと空間波長，空間磁界分布をうまく制御してエネルギーを伝送しています．

伝送量を確保するためにコイル形状，サイズ，波長，伝送距離に一定の制約が生まれ，その制約条件が崩れると共鳴が起こらず，電力伝送ができなくなります．

● 電界結合方式

前述のように，送受電側のLC共振器間のインダクタンスの「磁界」エネルギーを媒介にした磁界結合方式の電力伝送が可能であれば，送電側と受電側に設置したキャパシタンス電極間の「電界」のエネルギーを媒介にした電界結合方式もまた成り立ちます．

これはまさにコンデンサであり，極板間の静電容量（接合容量）に変位電流として交流電圧を印加し，静電誘導の作用によってワイヤレスにエネルギー伝送を行うシステムです（**図6**）．

● 無線（マイクロ波）方式

本来は遠方にまで伝搬する遠方界の電磁波を利用する方式で，2.45 GHzや5.8 GHzの周波数を用いるのが一般的です．マイクロ波の発振源としては電子レンジ用のマグネトロン管が大量に生産されていることから，非常に安価にシステムを構成することができます（**図7**）．

電波自体は原理的に真空中も伝搬する性質をもっていて，どのような遠方にも到達させることができるた

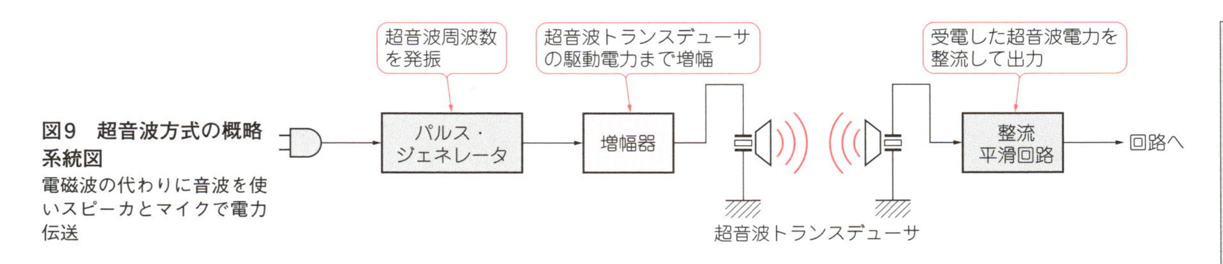

図9 超音波方式の概略系統図
電磁波の代わりに音波を使いスピーカとマイクで電力伝送

め，航空宇宙分野での利用が可能な規模の距離と電力容量でエネルギー伝送が行える反面，電磁波のエネルギーが拡散してしまい伝送効率が上がりません．電磁波による生体への影響など懸念すべき課題もあります．

受電後の直流への整流についても小電力であれば，かなりの高効率を保つことができるため，小電力のワイヤレス給電においてマイクロ波は強力なツールとなると考えられます．EVを含めた大電力のワイヤレス給電系では，逆に受電後の整流の高効率化が課題と言えます．

● レーザ方式

テラHz帯のレーザを送信し，ソーラーセルと同じように半導体で受信し，半導体の光起電力効果を利用して光エネルギーを直接電気に変換して電力伝送する技術です(**図8**)．

遠方界を利用するレーザ光はビームを形成でき，飛散角が小さく，少ない減衰で長距離にまでエネルギーを伝搬できます．したがって，マイクロ波と同様に宇宙エレベータといった航空宇宙分野を中心に研究が進められてきましたが，近年は近距離の移動体もその対象となり，災害監視用無人飛行機/ドローン，月面探査ローバーや一般のロボットなどへの給電が試みられています．

● 超音波方式

超音波を伝送手段とした電力伝送システムで，**図9**のように送電部はパルス・ジェネレータ，増幅器，超音波トランスデューサで構成され，送電部から発生した超音波を受電部で受信することで電力を伝送する技術です．

米国のuBeam社が2014年8月に初期プロトタイプ・デバイス開発を行い，20 kHz以上の超音波を利用して伝送可能距離は7 m程度となっています．

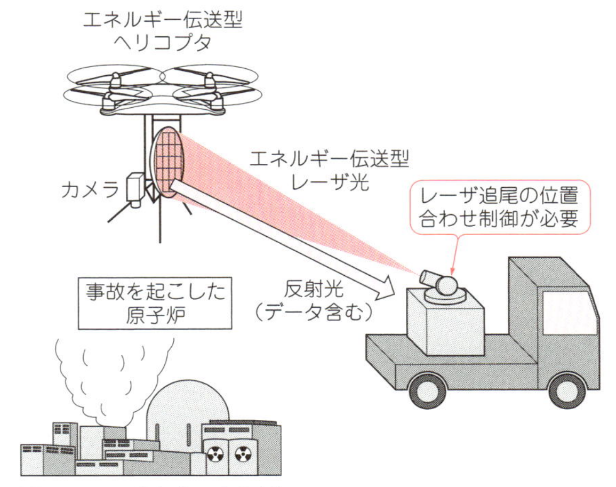

図8 レーザ方式の応用例
太陽光パネルの太陽光をレーザに換えただけ

磁界結合方式を使った回路

● 回路の基本動作

磁界結合方式の基本回路図を**図10**に示します．交流電源を直流に変換してインバータに印加します．インバータは送電コイルL_1とコンデンサC_Sの値で決まるLC共振周波数f,

$$f=\frac{1}{2\pi\sqrt{L_1 C_S}} \quad \cdots\cdots(10)$$

の高周波電流を発生できるようにタイミング制御/ドライバ回路で駆動されます．高周波のインバータ矩形出力は送電コイルと共振用コンデンサに印加され，大きな電気的振動を発生してコイルの周辺空間を磁界エネルギーで満たします．

そのエネルギーを，同じ共振周波数をもつように設計された受電コイルL_2とコンデンサC_Pで受け取り，出力の正弦波を整流/平滑して負荷に供します．

ここで，共振回路に挿入されるコンデンサの配置としてよく使われるものとしては，**図11**の4通りが挙げられます．電源力率改善のために，送電側に直列コンデンサを配置する方式を採る場合もあり，また送電コイルからエア・ギャップに励磁無効電力を供給するための並列コンデンサを配置する場合もあります．

受電コイルでのコンデンサ配置方法についても，直列コンデンサと並列コンデンサがあります．これらは一概にどちらが良いと言えるものではなく，使用する周波数やコイル，ギャップ，負荷などの条件によって決まります．

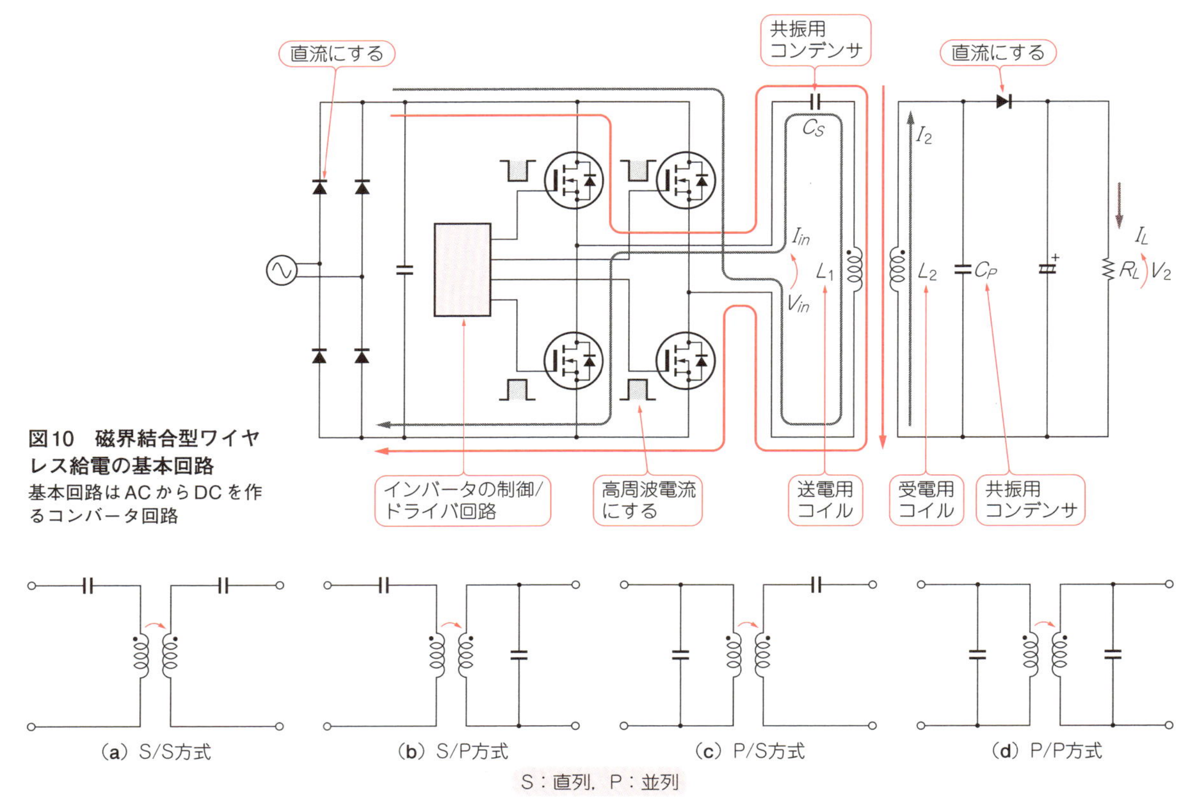

図10　磁界結合型ワイヤレス給電の基本回路
基本回路はACからDCを作るコンバータ回路

図11　コンデンサの挿入位置
直列と並列のLC共振回路を2組並べたもの

また，コンデンサを直並列に配置することもあるため，**図12**のようにLTspiceなどの回路シミュレーションを駆使することによって，周波数特性だけでなく過渡特性を含めた最適な方式を設計することが可能ですが，パラメータが多くなると最適解を求めるにはかなりの時間が必要な場合もあります．

結合係数kとQ値が電力伝送の性能を決める

結合係数kはどうやって求める？

回路シミュレーションをする場合には計算条件として相互インダクタンスMを決める必要がありますが，$M = k \cdot \sqrt{L_1 \cdot L_2}$であるので，代わりに$k$値を入れても同義となります．

コイル間のk値は，JIS C5321に定められた**図13**の測定法によって，自己インダクタンスL_{open}と漏れインダクタンス(短絡インダクタンス)L_{SC}を実測して求められます．必要なギャップを離して送受電コイルを設置したうえで，L_{SC}は送電コイル，または受電コイルを短絡して，他方からLCRメータで実測することにより得られる値です．実測したL_{open}とL_{SC}から

$$k = \sqrt{1 - L_{SC}/L_{open}} \quad \cdots\cdots(11)$$

の式で結合係数kが求まります．k値は送電側から実測しても受電側から実測しても同じ値になります．

しかし，この方法ではインダクタンスを計測するLCRメータが必要なうえ，まずはコイルを作らないとk値を決定することができません．そこで，今までに作成したいくつかのコイル・データからk値を推定するチャートを**図14**に示します．

k値はコイル間ギャップだけではなく，コイル・サイズおよびコイル構造に大きく影響されるため，横軸には使いたいコイル間ギャップg [mm]を，作りたいコイル外径D [mm]で除したg/Dを使うことで無次元化をはかるとともに，コイル構造としては製作しやすい渦巻き型の円形型でコアなしの空芯コイルだけに絞りました．

同じg/D値でも，コイルのわずかな構造の違いでk値はかなりばらつきますが，g/D値からおおよそのk値を求めることができます．

コイルのQ値を大きくするには

共振回路における共振のピークの鋭さを表す値，Q (Quality factor)値は振動の状態を現す無次元数で，式(12)で表されます．

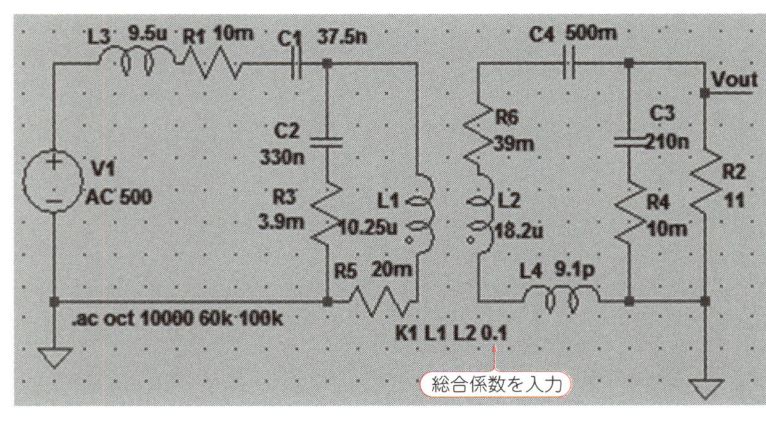

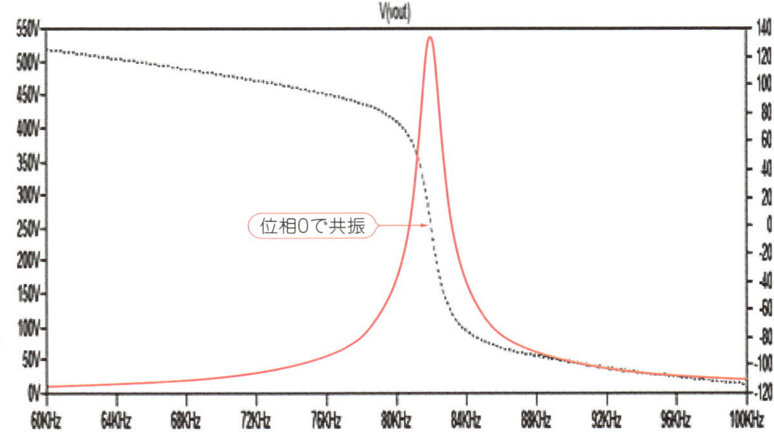

図12　LTspiceによる回路シミュレーション例
構成部品の等価損失などをしっかり把握しないとうまくいかない

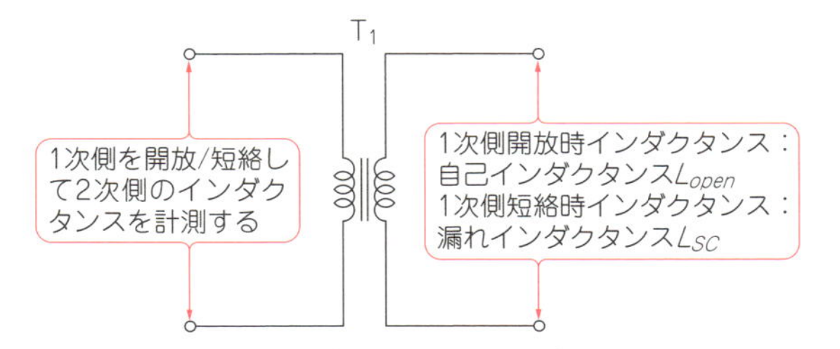

図13　k値の計測方法(出典：JIS C5321)
自己インダクタンスと漏れインダクタンスの比から求められる

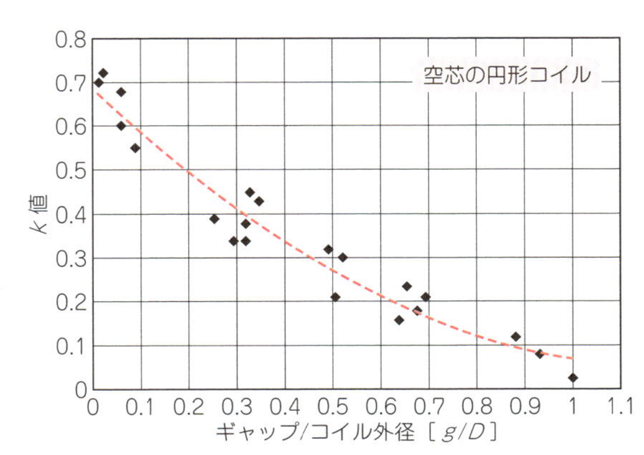

図14　g/D値とk値
実際に製作したコイル径と設計ギャップの比と計測k値の関係

$$Q=\omega_0/(\omega_2-\omega_1) \quad \cdots\cdots(12)$$

ここで，ω_0は共振ピークでの共振周波数，ω_1は共振ピークの左側において振動エネルギーが共振ピークの半値となる周波数，ω_2は共振ピークの右側において振動エネルギーが半値となる周波数で，$\omega_2-\omega_1$を半値幅と呼びます．

インダクタとキャパシタを用いた直列共振回路の場合，Q値は，

$$Q=\frac{1}{R}\sqrt{\frac{L}{C}} \quad \cdots\cdots(13)$$

とも表せます．これはインダクタンスLを大きくするか，キャパシタンスCを小さくする，あるいはコイルに太い導線を使って損失抵抗Rを小さくする，もしくは等価直列抵抗(ESR)の小さなコンデンサを使うことでQ値が大きくなることを示しています．しかし，コイル外径寸法に制限がある場合は，線を太くするほどインダクタンスが小さくなるため，両者の兼ね合いが必要です．

また，角振動数ωは，

$$\omega = \sqrt{\frac{1}{LC}} \quad \cdots\cdots(14)$$

であり，これを用いることで次のように表せます．

$$Q = \frac{\omega L}{R} \quad \cdots\cdots(15)$$

この式の分子は系に蓄えられるエネルギーを，分母は系から散逸するエネルギーを表していて，この値が大きいほど振動が安定していることを意味します．単位時間当たりに入るエネルギー回数，すなわち周波数を高くするか，エネルギーの入れ物であるインダクタンスを大きくするほど，系に蓄えられるエネルギーが増加してQ値が大きくなり，共振系のESRを小さくするほど，系の損失エネルギーが減少してQ値が大きくなることがわかります．

● *kQ*積で効率が決まる！

2006年にMITが磁界共鳴式ワイヤレス給電システムの論文の中で，Figure of Merit(FOM)という概念を持ち出してきました．これはコイルの結合係数kとコイルのQ値の積kQ値が同じならば，コイル間効率は同じであるという考えです．

図15にkQ値と効率の関係を示します．ここで横軸はkQ値を2乗したαを採用し，縦軸はコイル間効率を示します．

例えば，k値が0.6でQ値が40の送受電コイルと，k値が0.1でQ値が240の送受電コイルは，ともにαが576で，そのときの効率は同じ92％になるということです．k値0.6のコイルは，**図14**を用いるとコイル外径Dを1［m］としたときにギャップgは0.08［m］ですので，このg/Dは送受電コイルの磁束がしっかりと鎖交する電磁誘導の世界です．

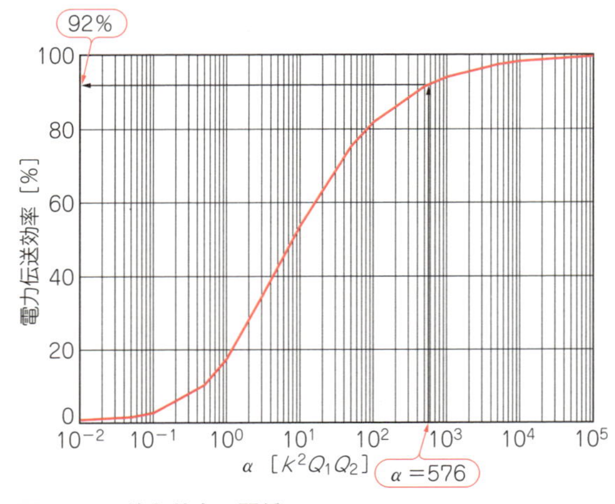

図15　*kQ*値と効率の関係
*kQ*値の2乗数値よりコイル間効率が推定できる

一方，k値0.1のコイルはDを1［m］としたときにgは0.9［m］となり，このg/Dは磁界共鳴の世界ということになります．

FOMからコイル構造，コイル外形，コイル間ギャップ，周波数から目的とするコイルのおおよその伝送効率を求めることができます．

■ コイルのインダクタンスを推定する

空芯の円形コイルを製作するまえに，コイルの構造や寸法からインダクタンスが推定できれば非常に便利です．

導線をぐるぐると巻いたガラ巻きコイル(**写真3**参照)の場合のインダクタンスL［μH］を求める式は，

コイル外半径：r［mm］
コイル内半径：r_i［mm］
コイル幅　　：$d = (r - r_i)/2$［mm］
コイル厚み　：l［mm］(ガラ巻きの場合は≒dと考えてよい)
コイル巻き数：N

として，

$$L = \frac{10\pi r^2 N^2}{(6r + 9l + 10d) \times 10^{-3}} \quad \cdots\cdots(16)$$

です．

蚊取り線香状に平たく単層にぐるぐる巻いた平巻き型コイル(プレーナー・コイル，**写真5**のマット下の導線を参照)のインダクタンスL［μH］を求める式は，

コイル外径　：D_o［mm］
コイル線径　：W［mm］
コイル間隙間：S［mm］
コイル巻き数：N

として，

$$A = \frac{D_o - (NW + (N-1)S)}{2} \quad \cdots\cdots(17)$$

$$L = \frac{N^2 A^2}{279.4D_o - 355.6A} \quad \cdots\cdots(18)$$

です．

コイル線径や巻きかたの若干の違いで実際の数値は変わりますが，ほぼ近い値が得られます．

■ 磁界の収束および遮蔽

● 高透磁率の材料が有効

コイルのk値およびQ値を上げるためには，高い周波数まで磁束をよく収束させる高透磁率で飽和磁束密度の大きな材料，一般的にはフェライトをコアとして使用しますが，酸化鉄を主成分に混合焼結したもののため薄く成型できず，厚く重いものになります．

そこで，モバイル機器用ワイヤレス給電システムでは，フェライトは**図16**のように卓上の送電側コイルの磁束収束用に使われます．集積度が高いモバイル機

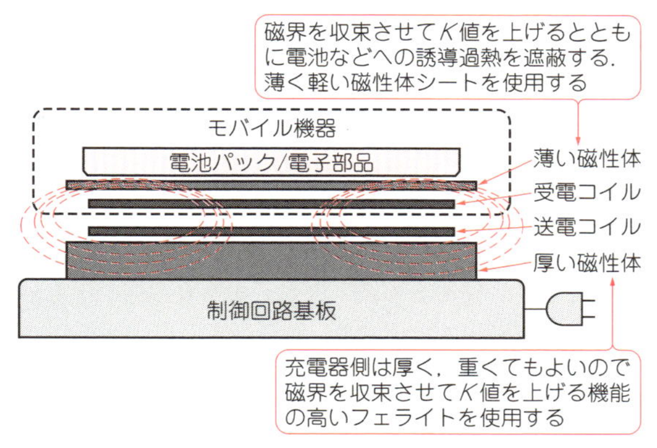

図16　モバイル機器用ワイヤレス給電システムの磁性体
充電器側は主として磁束収束，モバイル側は磁束収束と磁束遮蔽

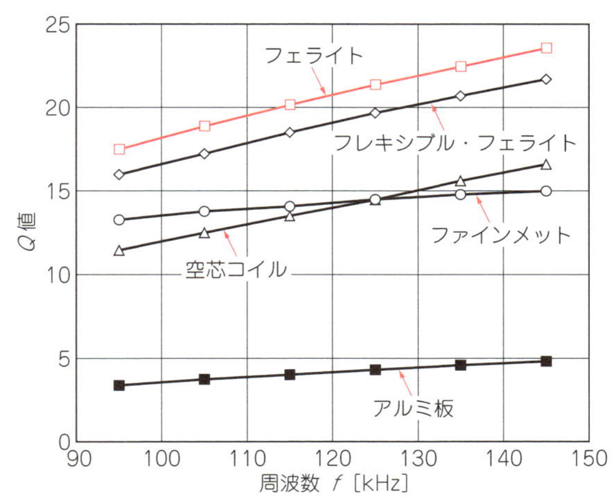

図17　薄型磁性体シートのQ値

器側の受電コイルの内蔵場所は電池パックと本体裏の蓋の間あたりが想定され，優れた磁気遮蔽が求められます．

給電コイルから送られてくる高周波の磁束が電池パックや電子部品の金属面に到達すると，渦電流が発生して異常発熱を起こす恐れがあります．受電コイルと電池パックの間に，高透磁率で高飽和磁束密度の磁性体シートを挿入することにより，磁束収束の効果だけでなく優れた磁気遮蔽効果を果たすことができます．

● モバイル用には薄型磁性体シートで対応

モバイル機器部品への磁束遮蔽用薄型磁性体シートとして，Fe系アモルファスを材料とした日立金属のファインメット(厚み120 μm)および，戸田工業のフレキシブル・フェライト・シート(厚み98 μm)を空芯コイルと組み合わせて使用しました．アルミニウム板(厚さ1 mm)でも遮蔽ができるので対象に入れてみました．基準とするための4 mm厚のフェライトおよび，まったく磁性体を付けない空芯コイルを含む計五つのケースで，周波数に対するQ値を実験計測した結果を**図17**に示します．

やはりフェライトはQ値が高く，送電コイルに使うことで伝送性能を向上できます．アルミニウム板では遮蔽効果はありますが，空芯コイルのQ値を大幅に下げるので使うことができないことがわかります．ファインメットは125 kHz以上では空芯コイルのQ値を下げる現象が見られました．フレキシブル・フェライト・シートは4 mm厚フェライトまではいかないものの非常に高いQ値にできることがわかり，受電コイルに使うことで良好な伝送性能が得られます．

磁界分布は電磁界解析ソフトウェアを使ってシミュレーション解析することもできます．ただ，J-MAGなどの高価なソフトウェアを使えば容易ですが，Sonnet Liteなどの簡易シミュレータでは低い周波数では広い空間のメッシュが切れず，なかなか難しいものがあります．

簡単な回路で作れる

磁界結合型のワイヤレス給電システムは面倒な技術ではなく，**図10**のようなフルブリッジのインバータを使わなくても，小電力で効率を考えなければ，**図18**に示すような日本テクモ(http://www.n-tecmo.co.jp/)が販売するスイッチング方式の小型ワイヤレス給電キットなどを使うことで簡単に実験ができます．

■ 送電回路

IC_1(PWM制御用IC TL494)は送電側の共振回路に加える高周波信号を作っていて，その周波数を決めるのがVR_2です．周波数設定が容易にできるようにVR_2を抵抗で分割しています．

VR_1は共振回路に加えるパルス電流のパルス幅を決めるもので，最大(右回し極限)で約50%(IC_1の13ピンにV_{ref}を加えてプッシュプル・モードに設定して，その片側を使用しているので正確には45%が最大)です．左へ回すとパルス幅が狭くなり，最小(左回し極限)ではパルスがなくなります．共振回路に加える電力を調整するために設けていますが，できるだけ遠くまで電磁波を飛ばすことが目的なので，最大の50%で使用しています．

この基板は実験用のパルス発生器として，いろいろな回路実験に使用できます．送電コイルを抵抗に置き換えると，TP_5とGND間に電圧パルスを出力できるパルス発生器として使用でき，VR_2を変えることによって周波数が，VR_1を変えることによってパルス幅が可変できます．

コラム　表皮効果と近接効果とは？

周波数が高くなるにつれて，導線を流れる電流は導体の表面に集まろうとする表皮効果が現れます．導体内部の高周波電流は表面からの距離が増すと指数関数的に減少し，その割合は$1/e$です．電流が導体表面に集まって導体の中心部に電流が流れないと，導体の有効断面積が小さくなって導体抵抗が増加して損失となり，高周波になるほどその傾向は強まります(**図A**)．導体表面の電流振幅に対して，電流振幅が$1/e$になる距離を表皮の厚さ(深さ)δとすると，

$$\delta = \sqrt{2/(\omega\mu\sigma)} \quad \cdots\cdots(19)$$

また，表面抵抗R_Sは，

$$R_S = \sqrt{\omega\mu/2\sigma} \quad \cdots\cdots(20)$$

で表されます．ここでωは角周波数($2\pi f$)，μは導体の透磁率，σは導体の導電率，fは周波数［Hz］です．そこで，真空中での透磁率を$4\pi \times 10^{-7}$ H/m，銅の導電率を5.8×10^7 S/mとすると，式(19)はδ［m］$= 0.066/\sqrt{f}$となります．この式から，50 Hzでは$\delta = 9$ mmですが，85 kHzでは$\delta = 0.2$ mmとなります．

すなわち，周波数が高いほど，また導電率が小さいほど表皮効果が強くなり，コイル抵抗が大きくなるということです．コイル抵抗が増大するのを防ぐため，径を細くした素線を絶縁して多数撚り合わせ，導体の表面積を増やしたリッツ線を使用します．

また，並行して走る導線の電流は互いの導線が近づくほど，同方向の場合は排斥しあって互いの外周表面付近に，また逆方向の場合は引き合って互いの内周表面にしか流れなくなる近接効果が発生します．これを防ぐには，撚りかたに工夫をして近接効果低減を謳ったリッツ線を使用すると効果があります．

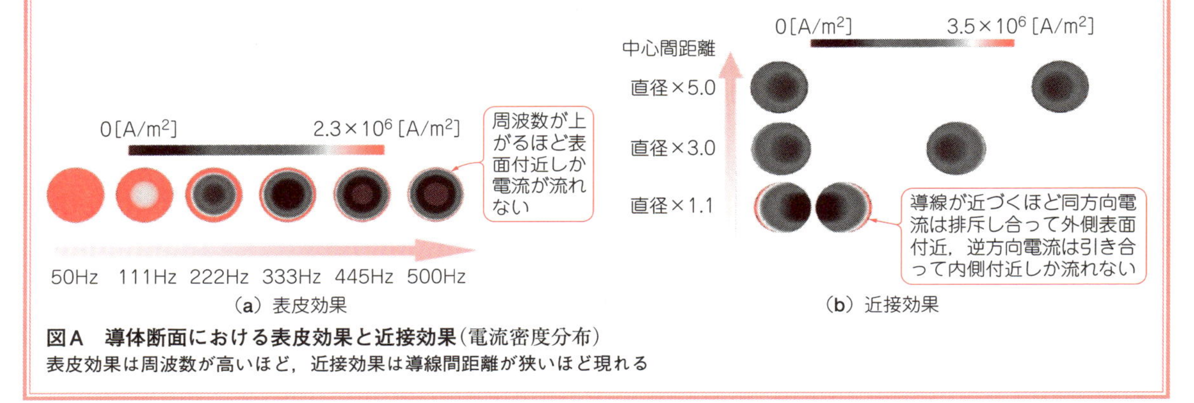

図A　導体断面における表皮効果と近接効果(電流密度分布)
表皮効果は周波数が高いほど，近接効果は導線間距離が狭いほど現れる

基板のパターン変更が必要ですが，IC_1の13ピンを0Vにしてシングルエンド・モードにすれば，0～90%可変とすることも可能です．0～90%可変とし，パルス幅を最大の90%とした場合には，コイルへの印加電力はさらに大きくなると考えがちですが，実験をしてみるとわかるように，きれいな正弦波が得られず，50%が伝送電力最大となります．

電圧の高いACアダプタあるいは他のDC電源を使用できるようにツェナー・ダイオードZD_1でIC電源を7.5 Vにしているので，他の回路の電源と共通に使うこともできます．また，逆流防止ダイオードD_1を装備しているため，電源を逆接続しても回路が壊れないようになっています．

IC_1の8ピンと11ピンにはドライブ用の矩形波が交互に出ていて，その信号を使って2個のLEDを電源表示を兼ねて光らせています．

IC_1の8ピンからの出力をMOSFETの2SK2409のゲート・ドライブ回路であるTr_1のベース回路に入力します．Tr_1はベースに電流制限用，ベース-エミッタ間に電圧安定用の抵抗をあらかじめ接続したディジタル・トランジスタと呼ばれるもので，電流の吐き出し用途のPNP型を使用しています．通常のトランジスタにベース抵抗とベース-エミッタ間抵抗を挿入したものを使用してもかまいません．

MOSFETのゲート・ドライブはTr_1のみでも駆動はできますが，MOSFETがOFFした際にゲート電圧を迅速に下げることができません．そこで，ゲート電圧を急速に下げるためにTr_2を設けています．これでもMOSFETのゲート・ドライブがやや不十分(TP_3の波形が悪いのと，ゲート電圧OFFが遅れる)なため，波形が気になる場合はTP_1とTP_3との間に1 kΩを入れると改善されます．

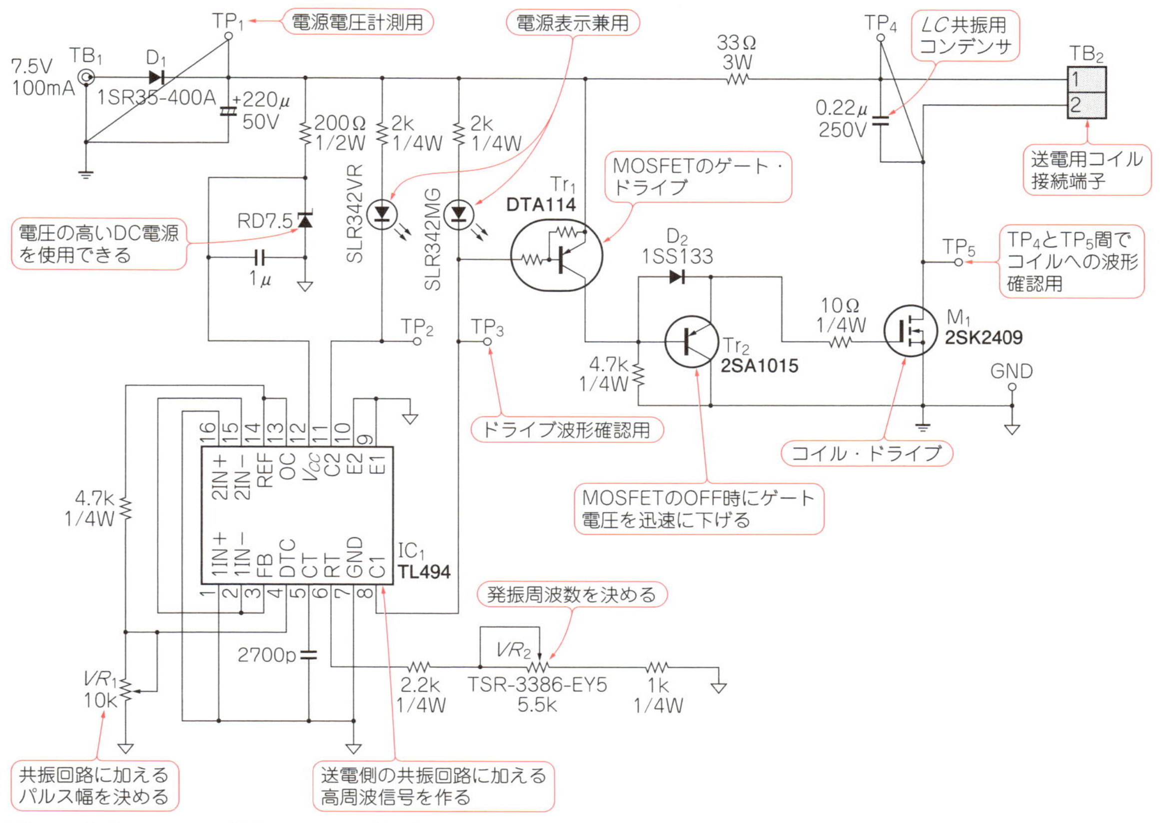

図18　小型ワイヤレス給電システムの送電部回路＊1
FETのスイッチングだけでワイヤレス給電の電源部はできる

● テスト・ポイントの作動状況

▶ TP_1：電源電圧計測用

▶ TP_2，TP_3：IC_1の8ピンと11ピンにドライブ用の矩形波が交互に出ているのをオシロスコープで観測できる．

▶ TP_4，TP_5：コイルへの印加波形をオシロスコープで観測できる．

GNDとTP_4あるいはTP_5間の波形は，矩形波に正弦波が重畳したような形に観測されます．

■ 受電側回路

最も簡単な受電側回路を**図19**に示します．受電側の共振回路も，送電側のLC共振周波数と同じになるようにコイルL_2とコンデンサC_6の値を決めます．

この共振回路の出力は高周波電流なので，例えばLEDを点灯させるのであれば，ダイオードで整流して電流制限抵抗を通してLEDを接続するだけです．負荷や使いかたに応じて全波整流をしたり，FETのようなアクティブ素子を使って整流をすることもできます．

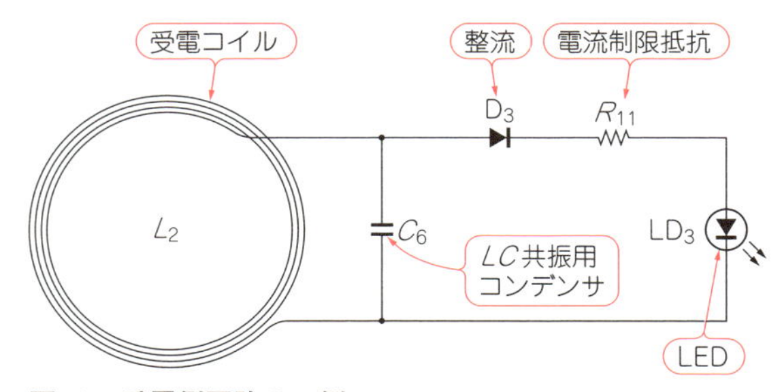

図19　受電側回路の一例
LC共振器の出力を整流するだけ

アイデア次第でこんなことも！

■ 単線，リッツ線を使ったコイルの例

図18と**図19**の送受電部を使い，コイルにマグネット・ワイヤやリッツ線を使った，いろいろなワイヤレス給電の応用例をいくつか示してみます．

＊1：有限会社 日本テクモ(代表取締役社長 片岡 義範)
〒805-0023 福岡県北九州市八幡東区宮の町2-15-16
TEL 093-651-3648，FAX 093-651-6057
MAIL info9@n-tecmo.co.jp

写真3は送受電コイルに単線のポリウレタン電線を使って，中継コイルの効果を示しています．送受電コイル間の電力伝送距離を伸ばすには，

① コイルの結合係数kとQ値を大きくする

② 中継コイルをうまく使用する

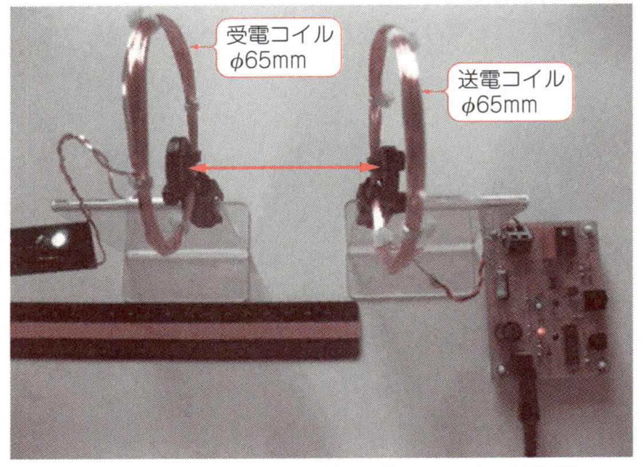

(a) 通常の送受電コイルのみだと，送受電コイル間距離5cm

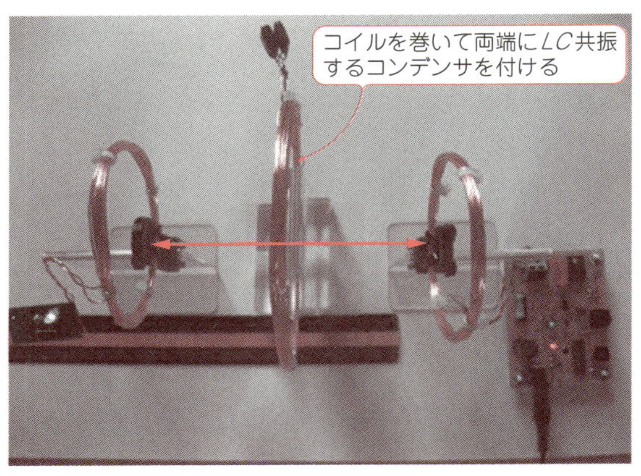

(b) φ103mmの中継コイルを入れると，送受電コイル間距離10cm

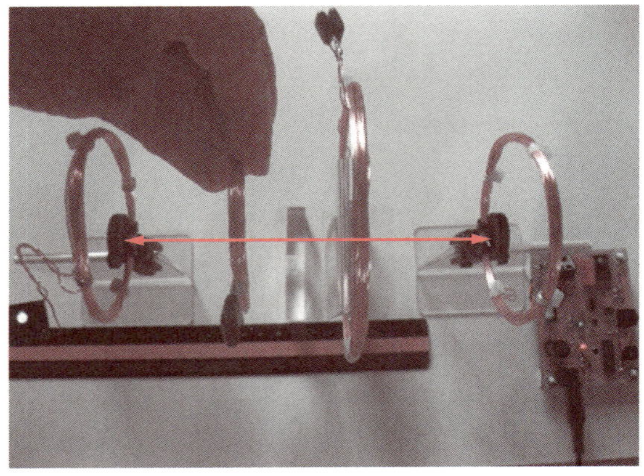

(c) φ103mmとφ60mmの中継コイルを入れると，送受電コイル間距離17cm

写真3　中継コイルのコイル間距離拡大効果
中継コイルの位置でコイル間距離が変わることが実験でわかる

が考えられます．①については前述しましたが，②の中継コイルは円形コイルの両端に送受電コイルと共振する容量のコンデンサを接続したものです．このように簡単に中継コイルの効果を実験することができます．

中継コイルは**写真4**の中央の車両に設置したように，二つのコイルに分けて中間に直列あるいは並列にコンデンサでLC共振させることで遠方まで電力を伝送することができます．

写真5は，テーブル・マット上に置いた水を張ったガラス鉢に入れた受電コイルに繋がれたLEDが点灯している様子です．テーブル・マットの裏側に丸みのある菱形にリッツ線が貼ってあり，送電コイルになっています．送電コイルの面積内ならばどこに置いても点灯しますし，水中でも漏電や感電することなく給電することができます．

バルク(プレーナ)型コイルの例

磁界結合型ワイヤレス給電システムにおいては，高周波での表皮効果や近接効果を考慮して，リッツ線で構成されるコイルが通常ですが，リッツ線コイルでは薄型化が困難，製造工数が増加，特性値がばらつくなどの課題があります．

これらの問題を解決するため，金属薄膜を使ったバルク・コイル，いわゆるプリント基板コイルが使われるようになっています．

● 通常のプリント基板コイル

プリント基板コイルと言うと小電力用と思われるかも知れませんが，実は2011年にパイオニアがEV充電用に3 kW出力のものを開発しています(**写真6**)．85 kHzの銅の表皮深さが約0.2 mmであることを考慮して厚みのある銅箔を使い，また，スパイラル状のコイルを設計する際も近接効果の影響を改善するパターン形成を施すなど，高周波抵抗成分の低減を図っています．

エイト工業の厚銅基板は表面銅箔厚225 μmで，**写真7**のように12.5 mm幅で30 A，3 mm幅でも10 Aを流すことができるため，コードレス・キッチンとしてフード・プロセッサのような数百Wの機器を，プリント基板コイルを使ってワイヤレス給電化するのは容易と思います．

伝送周波数10 kHz以上で50 W以上の出力のワイヤレス給電システムは，電波法100条他の規定により設置する場所を管轄する総合通信局に設置許可申請を行って許可を得ない限り使用することができません．アマチュアがワイヤレス給電の実験を行うのならば50 W以下で行うことが最適であり，その場合にはプリント基板の銅箔厚は通常の35 μmや70 μmで十分です．ということは，CADなどでコイル形状を作成して自宅

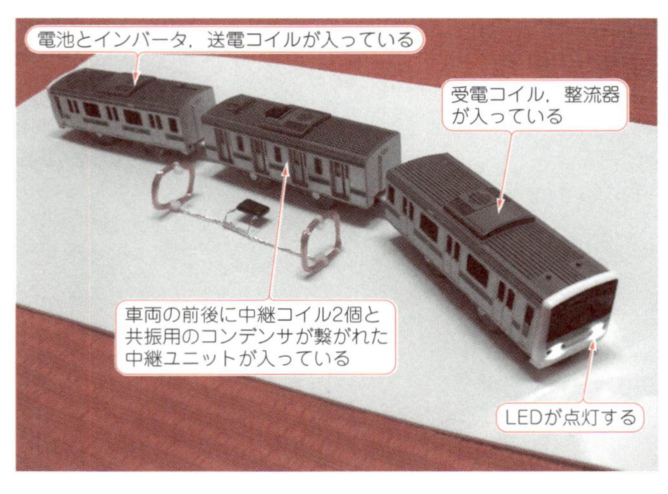

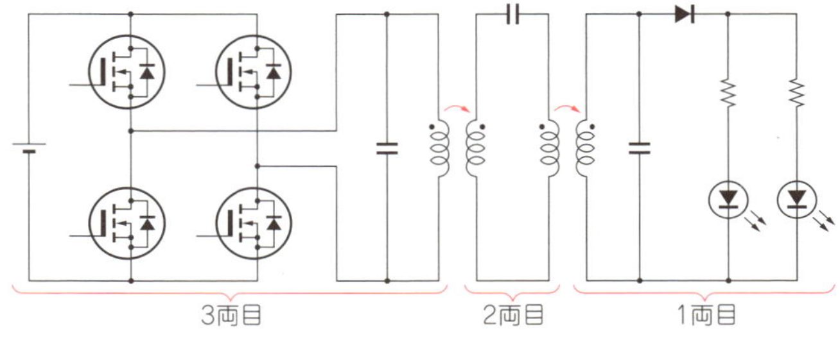

写真4　2重中継コイルによる連結車両への給電
コイルを二つ連成し，コンデンサを直列/並列で共振させる

写真5　テーブル・マットを通して水中給電
テーブルにコイルを埋め込まなくてもLEDの水中花を作れる

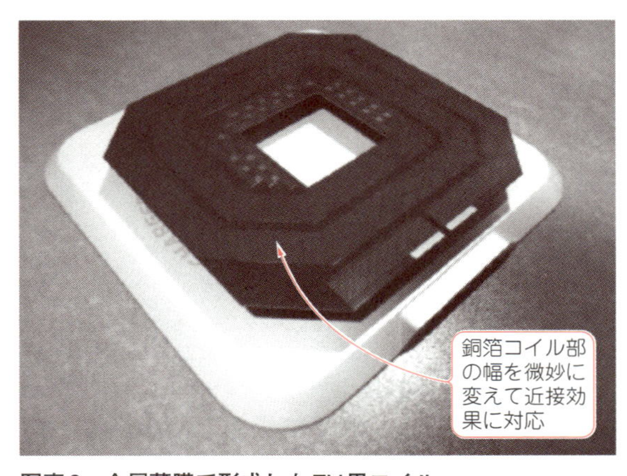

写真6　金属薄膜で形成したEV用コイル
プリント基板コイルでも3kWの電力伝送ができる

で容易にプリント基板コイルを製作することができます．

プリント基板コイルの薄さをモバイル機器に利用することはすぐにできますが，そのアプリケーションの一つを紹介します．研究室の入口もそうですが，今やマンションや自宅の玄関扉にもキーレスの暗証番号式エントリ方式やさらに進んで暗証番号を打たなくてもよいスマート・エントリ方式が広く使われるようになりました．これらの電子錠の電源にはほとんど電池が使われています．電池は商用電源に比べて非常に高価な費用が掛かり，また材料資源の浪費になりますが，**写真8**のように薄いプリント基板コイルにより，それらがセーブされます．ただし，停電対策は考慮する必要があります．

● フレキシブル基板コイル

給電面が平面でない場合や非常に薄いコイルが欲しい場合には，**写真9**のようなフレキシブル・プリント基板でコイルを作ることもできます．写真のものは両面基板を使ってコイルを作っています．

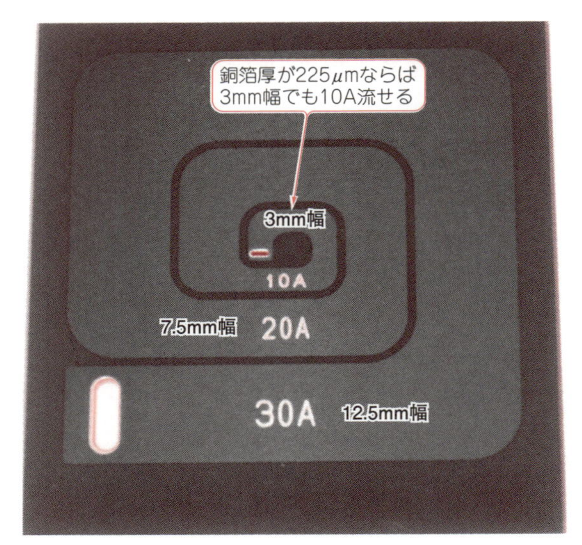

写真7　厚銅基板の電流と線幅
3 mm幅のプリント基板コイルでも10 A流せる

その応用として，円筒容器の内外面に円筒形状に巻き付けたコイル間での給電状況も示しています．例えば，真空容器とか高圧の引火性ガス容器に設けたガラスあるいは樹脂製の窓を通して，内部の機器に給電するということもできます．

● 銀ナノ・ペースト印刷基板コイル

プリント基板コイルをエッチングで作るのは自宅でもできますが，版下の製作，感光，現像，エッチングとかなりの手間が掛かります．

最近，プリンタで印刷でき，導電性を発現できる焼結温度もかなり低い銀ナノ・ペーストがDICなどから入手できるようになりました(**写真10**)．また，特殊用紙が必要ですが，印刷するだけで過熱をしなくても導電性を発現するものも，三菱製紙から出ています．これならばCADソフトウェアでコイル・パターンを描き，通常の印刷コマンドで印刷するだけでコイルを作ることができます．

ただ，まだ印刷厚さが数μmと薄く，損失抵抗が大

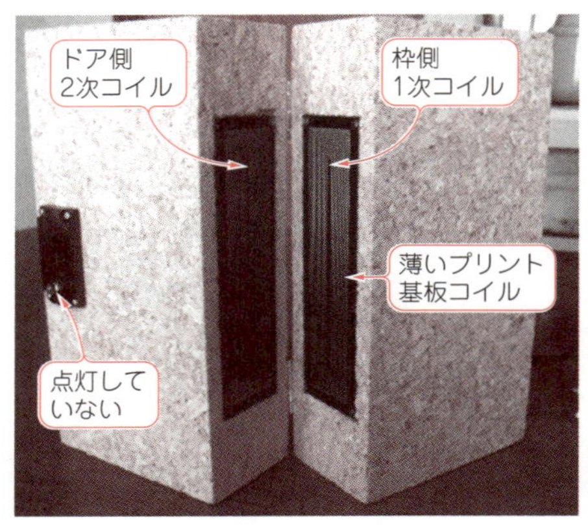

(a) ドア開放時の無給電状態

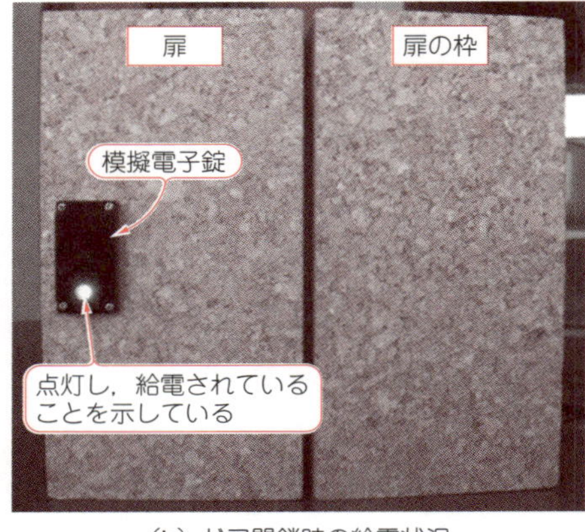

(b) ドア閉鎖時の給電状況

写真8　電子錠への給電
細長いプリント基板コイルならば幅の狭いドアにも給電

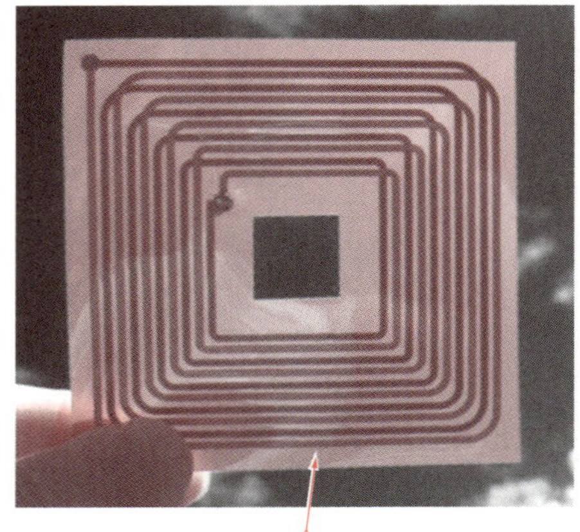
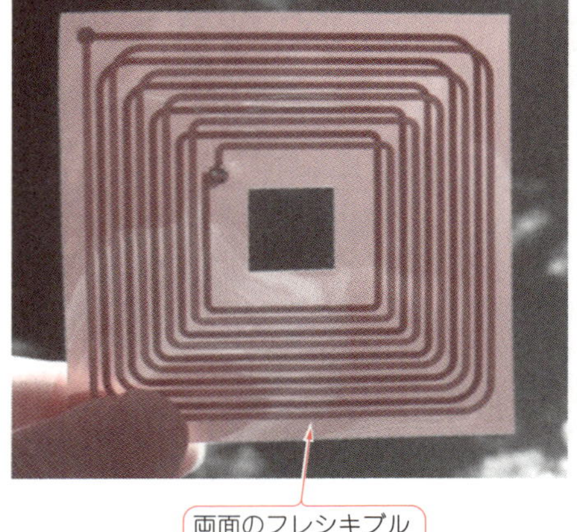

写真9　フレキシブル基板コイル
密閉円筒容器にも外部から給電できる

きいため，磁界結合型のように送受電コイルに電流を流すものではQ値が上がらず，非常に小電力でギャップがほとんどないものしか現状では使える状況にはありません．しかし，電界結合型のように送受電コイルに電圧を掛けるものでは，十分に使えます．

ワイヤレス給電の将来的な展開

● ロボット

海洋研究開発機構は異業種中小企業の優れた技術力を結集して，市販ガラス球(外径36 cm，内径33 cm)を耐圧容器に使い，水深8000 mで深海底の3Dビデオ撮影や採泥を行うことができる水中探査機として，取り扱いが容易で低コストの「江戸っ子1号」を開発しました．

内蔵電子機器の電源である2次電池充電用コネクタ穴をガラス球に開けると，耐圧性の劣化，コストの増加が懸念されるため，ツクモ電子が**写真11**のように内径110 mm，外径145 mmの送受電コイルを約25 mmの間隔でガラス球の内側と外側に配置して充電を行うワイヤレス給電システムを開発しています．25 kHzのスイッチング電源による電磁誘導式で12 Wを給電し，充電時間は6～8時間です．

● 計測機器

現在，建設構造物は高度成長時代のスクラップ&ビルドの考えから大きく転換して，維持管理技術により健全な状態を保ちながらの延命化が重要視されてきています．これらの多くは目視観察による日常点検が行われていますが，内部の腐食や締結ボルトのゆるみと

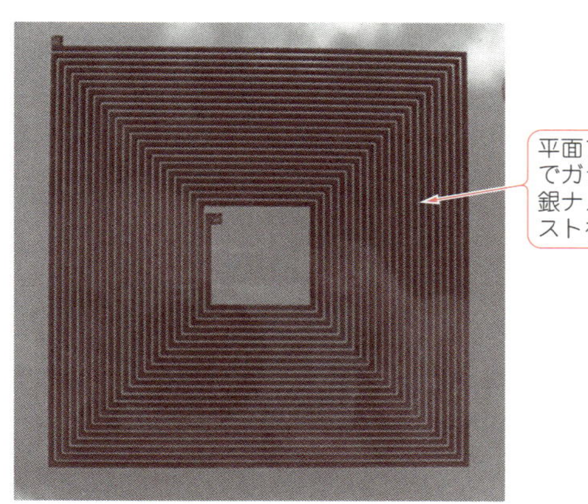

写真10　銀ナノ・ペースト印刷基板コイル
自宅のプリンタでも印刷実行，すぐにコイルができる

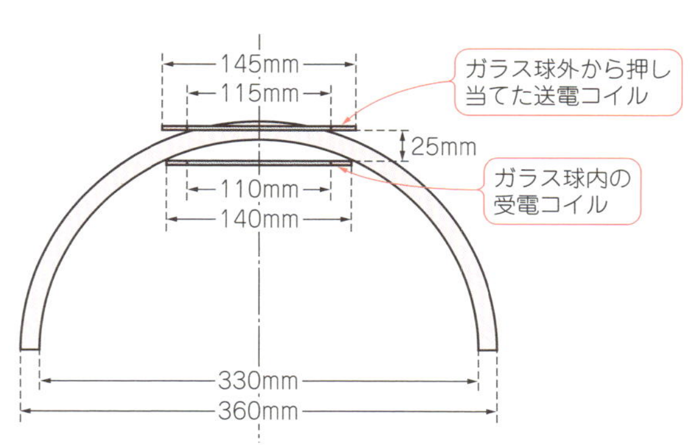

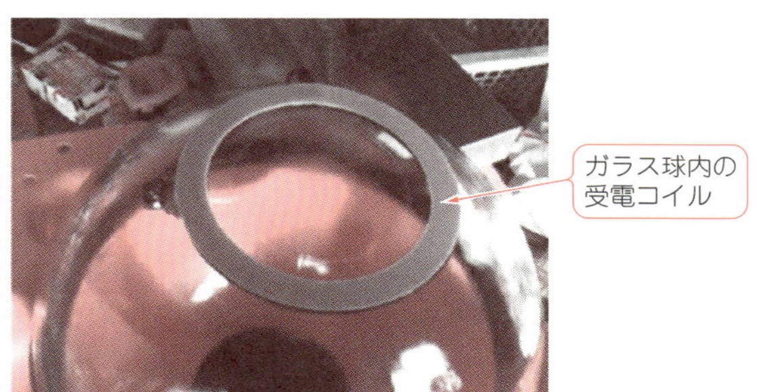

写真11　江戸っ子1号の送受電コイル
耐圧性を損なわずにガラス球の内外面で給電できる

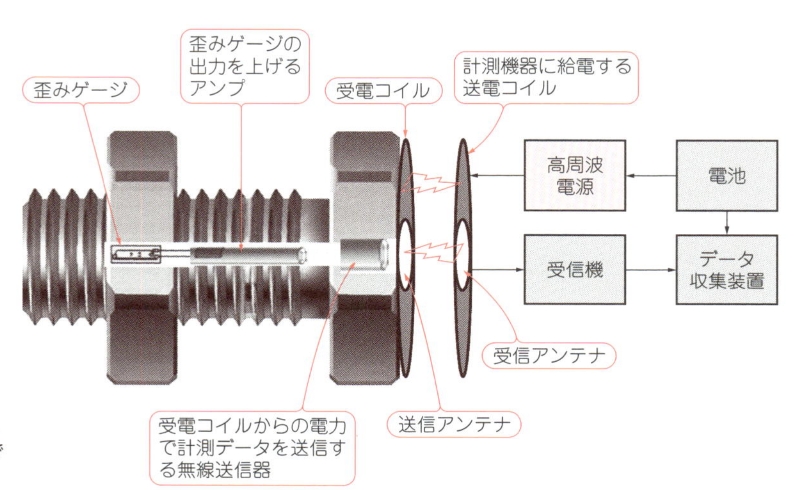

図20　ボルト軸力計測システム
電池レスでボルトの軸力を非接触で収集できる

いったものは目視点検では把握できません．さらに高所での目視点検には，安全の観点から限りがあります．

そこでセンサ計測部，通信部を構造物内部に埋設して計測するシステムが考えられ，一例としてトンネル内の地中ひずみ分布を計測してトンネル周辺山地のゆるみ領域を判断するため，ロック・ボルトの軸力を計測するシステムが実際に設置されていますが，有線型センサのためケーブル劣化の懸念があります．しかし，建設構造物は数十年にわたって使われるものであるため，電池などを埋め込むことはできず，バッテリレスのメンテナンス・システムが求められています．

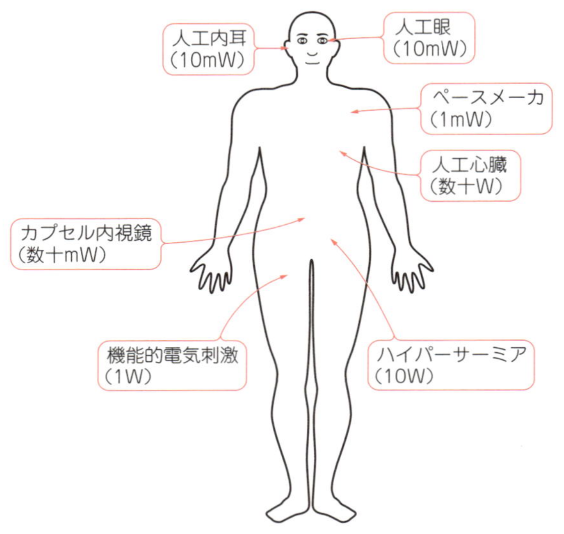

図21　植え込み医療機器と消費電力
ワイヤレス給電式植え込み医療器の消費電力

そこで**図20**のように，ボルト側には軸力を計測する歪みゲージ，増幅器，送信機と磁界共鳴式ワイヤレス給電の受電部を埋め込み，計測システム側にはワイヤレス送電システムと歪みデータを受け取る受信機，表示器から構成されるワイヤレス・ボルト構造体軸力計測システムをボルト・メーカのサンノハシが開発しています．

これは，計測側の送電コイルからボルト頭部に設けられた受電コイルに向けて電力を伝送し，受電した電力を使って軸力データを計測システム側に送信して，計測システムにてデータ処理や記録，表示を行うシステムです．IDをボルトごとに埋め込んで，一度に多数の軸力データを採取し，IDを元にボルトごとの軸力管理も可能です．

● 医療機器

医療の分野において体内埋め込みを想定した医療機器に，ワイヤレス給電が使われています．

現状の植え込み医療機器の電力は体内に内蔵された電池を利用するもので，電池寿命が切れるまえに再度手術で交換をする必要があり，患者への負担が大きいものです．しかし，体内植え込み機器に皮膚を通して有線でエネルギーを送ることは，感染防止などの日常のケアの大変さなどから何としても避けたいところであり，皮膚を貫通させることなく，ワイヤレスでエネルギーを送ることができれば，この分野の治療が大いに進むことになります．

図21に研究が進んでいるワイヤレス給電式植え込み医療機器と消費電力の関係を示しています．この中でハイパーサーミア，機能的電気刺激と人工内耳は実

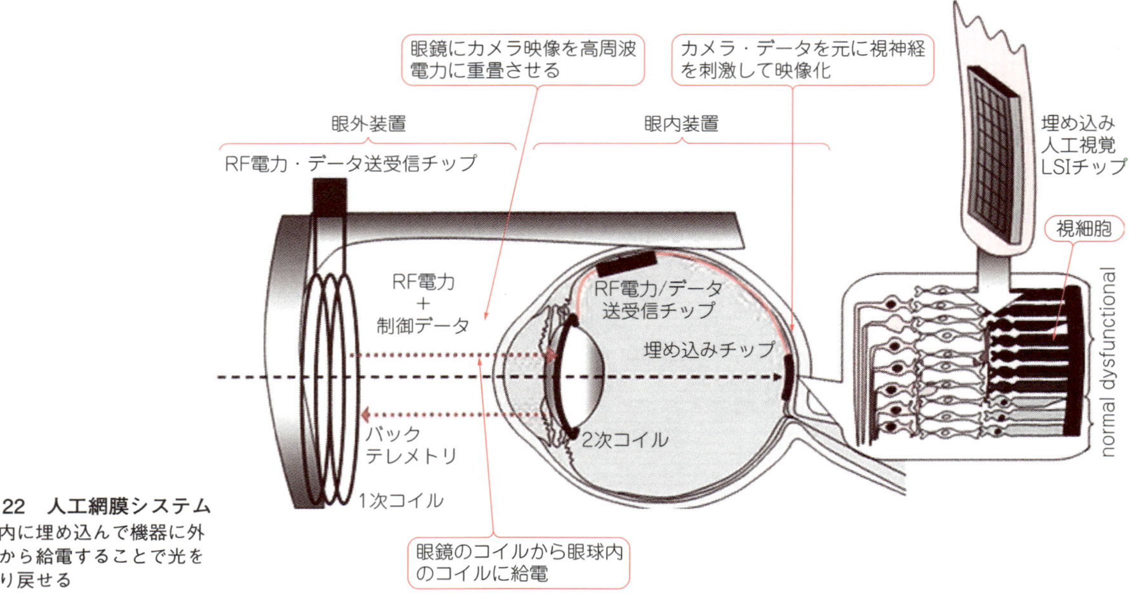

図22　人工網膜システム
眼内に埋め込んで機器に外部から給電することで光を取り戻せる

用化が進み，製品も出されています．

水晶体皮質や核が濁る白内障の治療は，水晶体を取り出して人工水晶体を装着することで光を取り戻せます．しかし，網膜にある光受容器が徐々に機能しなくなる網膜色素変性症や加齢黄斑変性症は失明が必然です．これらの病気に対して，人工器官を網膜に埋め込み，眼鏡に装着した極小の外部カメラとつなぐ人工眼の開発が進められています．**図22**に示すように，カメラによる画像をプロセッサ装置によって電気信号に変えて眼内の人工器官へ送信し，さらに器官から視神経へデータを送って脳に映像を見せる仕組みで，人工器官を作動させる電力は眼鏡に装着した送電コイルから眼内の受電コイルに伝送します．

先日，TVで全盲の男性が人工眼を埋め込む手術を受け，初めて妻の顔を見たとの海外ニュースを見る機会がありました．実際に見えている画像はモザイクが掛かったように粗いものでしたが，妻の顔を見て喜ぶ男性の輝くような笑顔は本当に素晴らしいものでした．

◆ 参考文献 ◆

(1) 小林王義：バルクコイルを用いたモバイル機器用ワイヤレス給電装置の設計手法に関する研究，早稲田大学大学院博士学位論文，2014/10

(2) 小林王義，羅皞，高橋俊輔，紙屋雄史，大聖泰弘：電磁誘導型非接触給電装置に用いるバルク導体コイルの結合係数k値の向上手法に関する実験的検討，自動車技術会2013年度学術研究講演会前刷集，P5，pp.1-2(CD-R)，2014/3

(3) 小林王義，羅皞，高橋俊輔，紙屋雄史，大聖泰弘：磁界共鳴型非接触給電装置に用いるバルク導体コイルの性能指数Q値の向上手法に関する実験的検討，自動車技術会2013年度学術研究講演会前刷集，P6，pp. 1-2(CD-R)，2014/3

(4) 高橋俊輔：ワイヤレス給電技術者育成のための基礎知識，イルカカレッジ，2012/12/12

(5) http://www.phys.u-ryukyu.ac.jp/~maeno/cgi-bin/pukiwiki/index.php?FrontPage

(6) 宇宙航空研究開発機構：マイクロ波無線電力伝送地上試験／実用化実証デモンストレーション資料，2015/3/8

(7) 河島信樹，武田和也：レーザエネルギーおよび情報供給システム，特許第4928203号，pp1-13，2012

(8) http://www.deepfriedneon.com/tesla_f_calcspiral.html

(9) 漆畑栄一；EV・PHV向けワイヤレス給電システムの概要・開発動向と今後の課題，信学技報，WPT2012-24，pp.23-26，2012

(10) 土屋利雄，松浦正己，三輪哲也，小栗一将：往還型深海探査機「江戸っ子1号」開発計画，第23回海洋工学シンポジウム資料，2012/8

(11) 太田淳：人工視覚システムの開発，キーエンス研究開発サポートサイト，pp2，2014

第3章

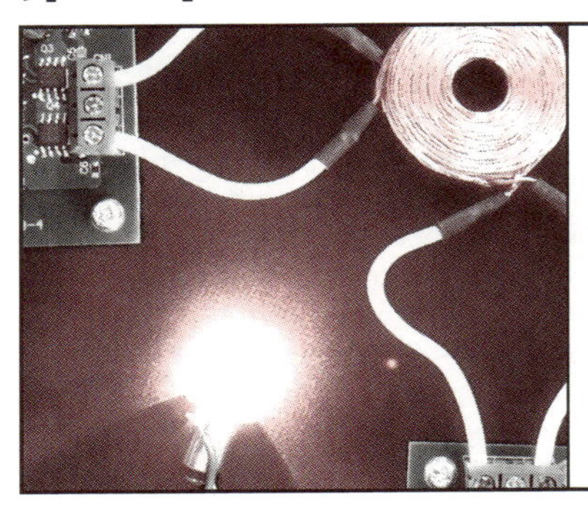

ついに突破口が見つかった
ワイヤレス給電の新方式

磁界共振理論の問題を微修正して効率とロバスト性を改善

牛嶋 昌和／湯浅 肇／荻野 剛
Masakazu Ushijima/Hajime Yuasa/Go Ogino

磁界共振方式の理論式には問題があり，それを修正してみた結果，抜群のロバスト性の改善と効率の改善が得られました．今まで，なぜこの解決法が見つからなかったのかの疑問に応えます．

ワイヤレス給電の課題

ワイヤレス給電の最大の課題は，送電コイルと受電コイルとの距離や位置関係が変化した場合にも，高い効率で送受電できるようにすることです．

位置の自由度のことをロバスト性といい，位置の自由度が高いことをロバスト性が高いといいます．

一般にワイヤレス給電では効率を良くすればロバスト性が低くなり，ロバスト性を高くしようとすれば効率が悪くなり，必ずどちらかが犠牲になります．効率を常に高く保ちながらロバスト性を高く確保することは，容易なことではないとされてきました．

本回路では，2次側の共振コンデンサから拾った共振電流位相を1次側に帰還することによって，この問題を解決しました．

共振周波数の変化を自動追跡することによって，ロバスト性の高さと高効率(高力率)とを兼ね備えたワイヤレス給電システムができあがります．このような方式を電流共振回路といいます．以下，順を追って説明していきましょう．

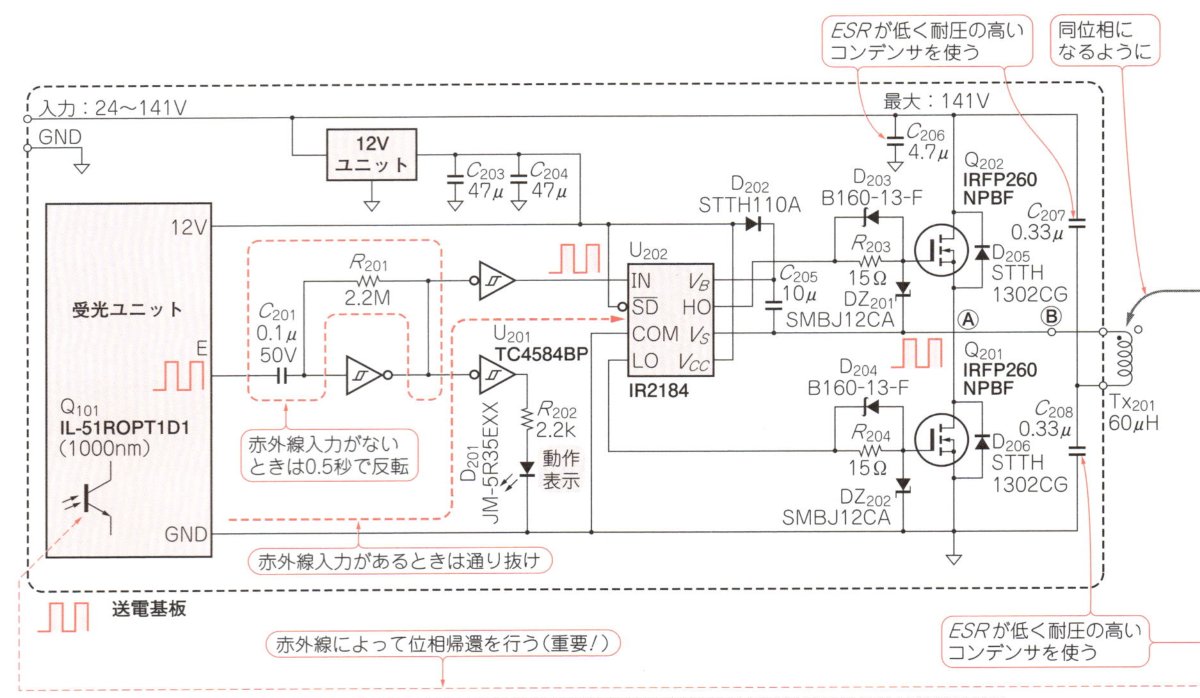

図1　電流共振方式を使ったワイヤレス給電システムの回路

回路の説明

● 自動的に共振周波数を追跡する

ロバスト性を低くする最大の原因は，コイル間の距離や位置関係が変化すると共振周波数が変化するためです．この共振周波数の変化を自動追跡することができれば，ロバスト性を高くすることができます．

回路を**図1**に示します．このワイヤレス給電回路は，概ね250 Wくらいまで使える設計をしてあります．

本回路ではどのようにして自動追跡しているかというと，2次側の共振コンデンサC_{401}，C_{402}に流れる電流位相を1次側に帰還して，送電コイルと受電コイルとを同期させています．これが鍵です．

実際には共振コンデンサC_{401}，C_{402}には大きな共振電流が流れるため，並列に小さな容量C_{403}を取り付けて，その電流位相を検出して帰還します．Ⓒ点とⒹ点に流れる電流の位相は等しくなります．

電流の位相検出を簡単にするために，今回はツェナー・ダイオードDZ_{401}を使いました．この方法は，電流位相が矩形波になって検出できる点が便利です．この部分の位相は，検出抵抗とOPアンプなどで増幅して検出することもできます．その場合は十分にスリュー・レートの高い高速OPアンプ(例えばNJM13404など)を使用してください．

● 受光ユニットについて

この赤外線信号は受光ユニット(**図2**)のフォト・トランジスタQ_{101}で受光します．この部分のフォト・トランジスタの応答性は悪いので遅延が生じます．また，このQ_{101}はL-51ROPT1D1(1000 nm)を使いましたが，フォト・トランジスタの品種の選定に注意してください．後述するLEDと波長を合わせる必要があります．

受光回路の感度はR_{102}で調整します．受光部の配光特性の角度がシャープ過ぎる場合は，トレーシング・ペーパなどで拡散させると角度が広くなります．

また，赤外線の強度が足りないときは，LEDを2～3個直列にして使います．

● 起動回路の部分について

この回路では，2次側に受電コイルがない場合は，U_{201}のシュミット・トリガ発振回路によって，約0.5秒間隔でゆっくりとハーフ・ブリッジのQ_{201}，Q_{202}が反転を繰り返します．その際にはほとんど消費電流が増えません．2次側に受電コイルが近づいた場合，Q_{201}，Q_{202}が反転を繰り返すと，そのパルスによって受電回路の共振コンデンサC_{401}，C_{402}に共振電流が流れ始めます．

すると，その共振電流位相が赤外線の位相信号となって1次側に伝わり，コンデンサC_{201}を通じてU_{201}を駆動します．その状態になると，U_{201}は受電コイル側

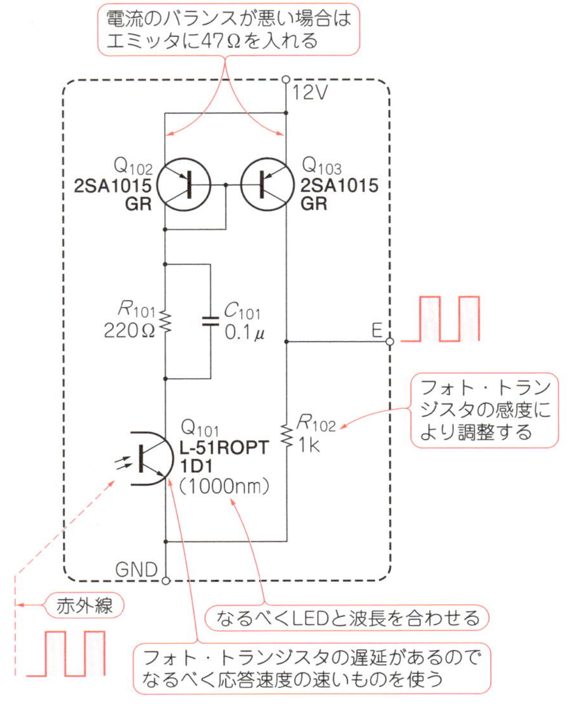

図2　受光ユニットの回路

の共振周波数で反転するだけのシュミット・トリガ・インバータとして働いている状態になります．

● **ハーフ・ブリッジ駆動部**

今回はハーフ・ブリッジの駆動にハーフ・ブリッジ・ドライバのIR2184を使いました．このICは十分なゲート駆動能力をもっています．

アプリケーションによっては少しオーバースペックかもしれませんので，小さな電力のスイッチングであれば，ほぼ同じロジックのIR2104でもよいでしょう．

● **1次側の共振コンデンサの働き**

本回路では基本的に1次側の共振が不要ですが，磁界共振の共振コンデンサに相当する部分に直流遮断コンデンサC_{207}，C_{208}があります．

これは通常は共振しないのですが，コイル間の距離が遠ざかった際には共振コンデンサとして少しだけ働きます．見かけ上は従来の磁界共振とまったく変わらない構成になります．

動作として大きく違ってくるのは送受電コイル間を近づけた場合で，位相帰還がかかっていると動作周波数が高くなります．この状態ではC_{207}，C_{208}は共振コンデンサではなく，ただの直流遮断コンデンサとして働いています．

● **主電源と12 Vユニットについて**

今回は実験用に，主電源の電源電圧を幅広く変えられるようにしています．そのために駆動回路のIC電源として12 V電源が別個に必要です．そこで，12 Vの電源生成に一般的な3端子レギュレータは使用せずにLinkSwitchを使いました．**図1**で「12 Vユニット」と書かれた部分がそれで，簡単な構成でスイッチング・レギュレータができます(**図3**)．

LinkSwitchにはたくさんの種類がありますが，ここではLNK306Dを使います．U_{301}がそれです．このICはAC 100 Vラインから直流電源を得ようと思うときなどにとても便利です．回路定数はLNK306Dのデータシートにあるものをそのまま使っています．

主電源はAC 100 Vの商用電源を整流した141 Vにも使えるように設計してありますが，いきなり商用電源に接続するのは危険ですので，最初は必ず24 Vのスイッチング・レギュレータなどを用いて実験を行ってください．

また，商用電源を整流して主電源に使う場合には，電源の絶縁やノイズ・フィルタ，また漏電遮断器などを準備して，安全性などにも考慮しなければなりません．回路動作に習熟してから，スライダックなどを使って十分な準備をして，少しずつ主電源の電圧を上げて確認しながら進めることが基本です．

● **電流共振回路の動作について**

電流共振回路というのは，帰還回路のループ内に直列共振回路を含むものです．**図4**を見ながら各部の動作を確認していきましょう．

Q_{201}，Q_{202}のハーフ・ブリッジ回路中点のⒶ点の電

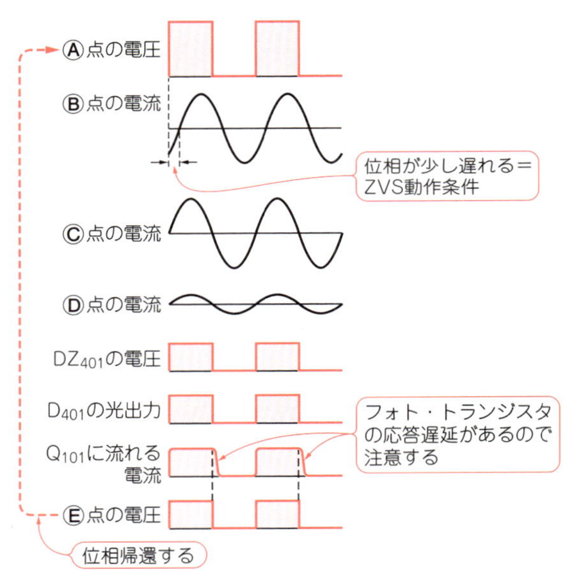

図4　電流共振回路の動作

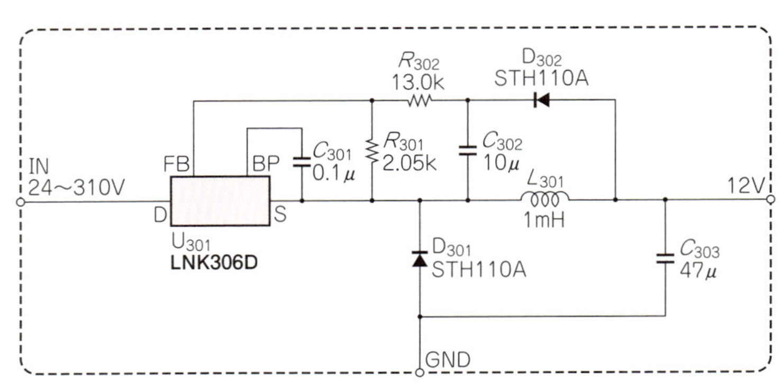

図3　12 Vユニットの回路

圧から見ていきましょう．

この際，2次側が共振周波数で共振している場合，Ⓑ点に流れる電流は正弦波に近くなり，Ⓐ点の電圧位相よりも少しだけ遅れた電流位相になります．これをZVS動作と言うのですが，詳しくは後述します．

2次側の共振コンデンサC_{401}，C_{402}に流れる電流の位相Ⓒを見てみます．共振している際には，この電流位相はⒶ点の電圧位相と同じになります．補助コンデンサC_{403}に流れる電流位相ⒹもⒸと同じ位相になります．そうするとDZ_{401}の電圧波形は矩形波になり，Ⓓの電流位相と等しくなります．

D_{401}が赤外線LEDで，その光出力は矩形波になります．また，その位相は共振コンデンサC_{401}，C_{402}に流れる電流の位相Ⓒと等しくなることがわかると思います．実際にはこの過程で少しずつ位相遅れが生じますが，回路を設計する際にはその位相遅れができるだけ少なくなるように注意します．

次に，この光出力が受光回路のQ_{101}のフォト・トランジスタに入光します．その際に，フォト・トランジスタによる遅延があるので十分に注意してください．

この受光回路の出力がⒺ点の電圧です．そのⒺ点の電圧によってシュミット・トリガが駆動され，その電圧がハイ・サイド・スイッチU_{202}の入力に入り，Q_{201}，Q_{202}のハーフ・ブリッジを駆動します．

このようにして帰還回路が動作します．電流共振回路の動作というものは非常にシンプルなものです．

それでは，なぜⒷ点の電流すなわち1次側コイルに流れる電流位相が少しだけスイッチング電圧よりも遅れているのでしょうか．これがZVS(ゼロ・ボルト・スイッチング)条件というものです．

C_{401}，C_{402}の共振コンデンサのⒸ点の電流位相は，Ⓑ点電流位相よりも少しだけ早いのです．これが電流

コラム１　Qiの共振回路について

“Qi”はワイヤレス給電の統一規格です．Qiは当初電磁誘導のように言われていましたが，すでにv1.1以降は共振を使った方式に移行していますので，これも磁界共振と呼んでもよいでしょう．

磁界共振も電磁誘導の一種で，電磁誘導に共振を組み合わせることによって改良した電磁誘導だという分類が適切でしょう．

その2次側の共振回路部を**図A**に示します[8]．

本文の式(3)で説明しているとおり，L_2の短絡インダクタンスとC_3，C_2の共振コンデンサとで共振回路を構成しています．

Qiでは受電側の機器が小型軽量を追及したものが多いため，受電側の回路はなるべくシンプルにしなければなりません．共振回路としては後述の**図6(a)**と**図6(b)**のハイブリッドとなっています．**図6(a)**の構成ですと，共振のQ値を大きくすることができ，効率も向上しますが，共振回路の特性は負荷に対して定電流になるために受電側の充電制御が厄介です．一方，**図6(b)**の構成ですと，共振回路の特性は負荷に対して定電圧になりますので，充電の制御が容易になります．

定電流特性を強くするか定電圧特性を強くするかはC_3とC_2との比で変えられます．

ところでQiの場合，主たる電力制御は1次側で行います．そのためにQiの仕様では，いまのところ1対1の充電しかできなくなっています．Qiの電力制御は**図B**のように1次側の駆動周波数を制御することによって行われます[9]．つまり共振のピークを最大電力とすると，そのピークの周波数よりも高い周波数で駆動することとし，共振電圧のスロープによって周波数が高くなるほど受電電力が小さくなることを利用します．

このようなことができるのは，Qiの規格として110 kHz～205 kHzという幅広い周波数帯が利用できるからです．

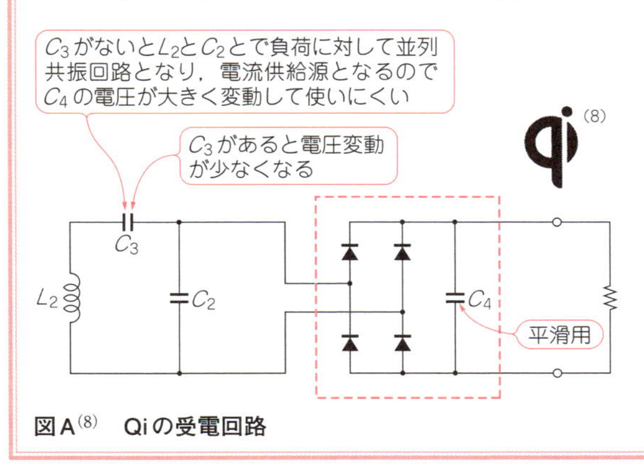

図A[8]　**Qiの受電回路**

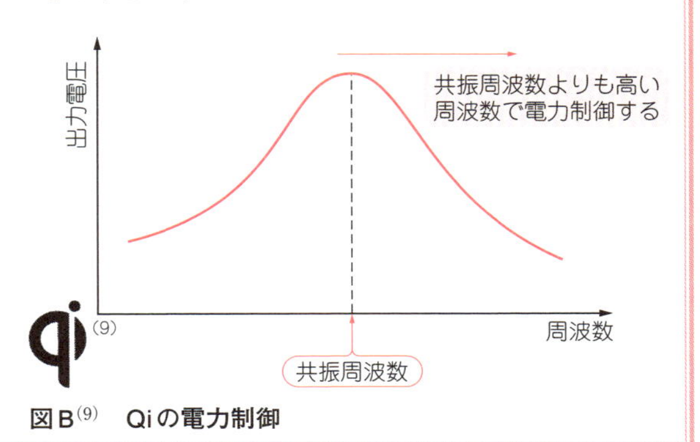

図B[9]　**Qiの電力制御**

共振回路による自動ZVS動作です．なぜそうなるのかは周波数解析を行わないと理解できないので後述します．

● コイルの極性について

一般に，トランスなどのコイル同士の極性で用いられる記号は●で，これは巻き線の巻き始めを表す記号とされます．

しかし，ワイヤレス給電ではコイルの巻きかたによって極性が逆になることもあり，必ずしも「巻き始め＝極性」ではありません．そこで，本回路では特別に○という記号を用いてコイルの極性を表すことにしています．回路図中のTx_{201}とRx_{401}の○記号に注意してください．回路動作がうまくいかない場合，Tx_{201}かRx_{401}のどちらかの極性を逆にすると，うまく動作し始めることがあります．

● 使用したコイルについて

ワイヤレス給電を自作する場合に，必ず必要になるのが空芯のコイルです．コイルから自作してもいいのですが，今回はIHヒータ用の140μHのコイルを改造して60μHにして使うことにしました(**写真1**)．

コイル・データは概ね以下のとおりです。

外径：150 mm
内径：95 mm
巻き線：φ0.35，20束，リッツ線
巻き数：17回，60μH

● 使用した共振コンデンサなどについて

C_{206}，C_{207}，C_{208}，C_{401}，C_{402}には低ESRのコンデン

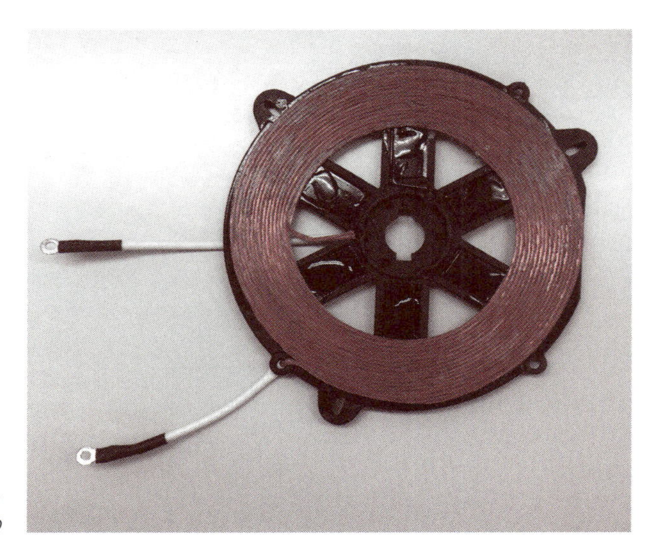

写真1　使用したIHヒータ用のコイル
給電コイルと受電コイルは同じものを使う

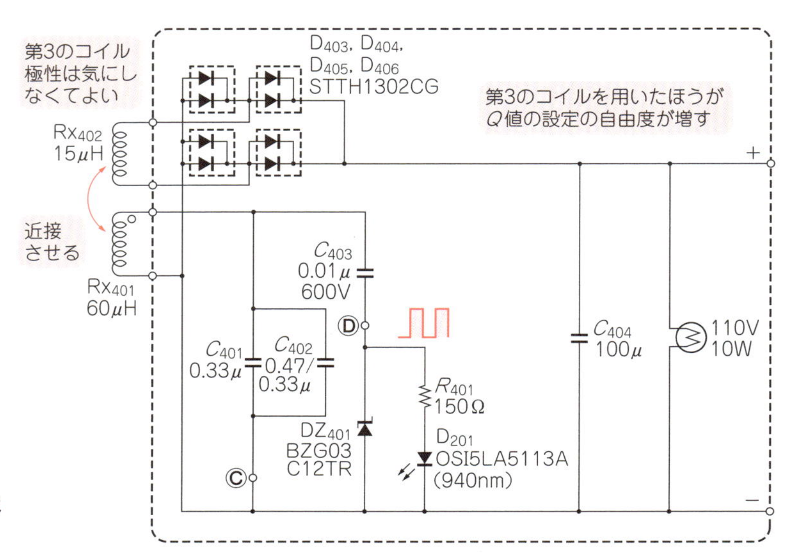

図5　全波整流する場合には第3のコイルを使う

サが必要です．また，なるべく高耐圧のものを使用してください．メタライズド・フィルム・コンデンサがよいでしょう．

● 整流と出力負荷と今後の課題

今回は基本回路の実験であるために，整流は回路構成の簡単な半波整流にしてあります．全波整流化すると，共振回路と整流回路のGNDを分けなければならなくなります．これは**図5**のように，共振回路を独立した巻き線Rx_{402}のようにすれば解決できます．

出力の負荷は単純にフィラメント・ランプにしてあります．今回はレギュレータ回路までは製作していませんので，2次側に伝達された電力の大半が負荷のランプで消費されており，いまのところこの電力がたいへんにもったいない状態です．

ここは大きく電圧が変動する部分ですので，特殊なレギュレータ（コラムB参照）が必要となるところです．「特殊な」という意味は，普通のスイッチング・レギュレータではないということです．2次巻き線に負荷と並列にコンデンサを配置した後述の**図6**(a)のような場合には，共振回路が定電流供給源となるために，スイッチング・レギュレータとは逆のロジックが必要になるということです．

2次側（受電）コイルに負荷と直列に共振コンデンサを配置した**図6**(b)のような場合には，共振回路が定電圧供給源となりますので従来のレギュレータが使えます．

また，今回の回路では2次側共振電流位相を1次側に帰還する際に赤外線による結合を行っています．応用する際には，送電コイルと受電コイルとの間に光を遮るものがある場合は使えないことになります．その場合には，微弱電波などを変調して位相信号を帰還するような方法を考える必要があるでしょう．

コラム2　特殊なレギュレータについて

ワイヤレス給電では，受電した電力によってバッテリを充電するケースがほとんどですが，そのような場合にはレギュレータが必要になります．

共振回路が**図6**(b)の場合には一般的なレギュレータでよいので充電制御は容易ですが，**図6**(a)の構成の場合は注意が必要です．それは，**図6**(a)の共振回路が負荷に対して定電流の特性をもつからです．この場合，**図C**に示すように一般的な降圧レギュレータ回路で降圧しようとした場合に問題が起きます．

たとえば，電圧を1/2にするためにONデューティを50%にしたとします．そうすると共振回路（定電流源）側から見たインピーダンスが2倍になるので，共振回路は2倍の電力を供給しようとして共振回路の電圧が跳ね上がります．供給側電圧が上がるとレギュレータ回路は電圧を下げようとして，さらにONデューティを減らそうとします．これを繰り返したのでは，どこまでいってもレギュレーションができず，供給側電圧が上がり続けて，ついには共振コンデンサがパンクするまでこれが続きます．

したがって，**図6**(a)の場合のレギュレータは通常の降圧レギュレータの回路とは逆の構成が必要になります．

供給側電源が定電流源の場合のレギュレータは，通常のレギュレータとは逆のロジックなのだということをとりあえず認識しておいてください[7]．

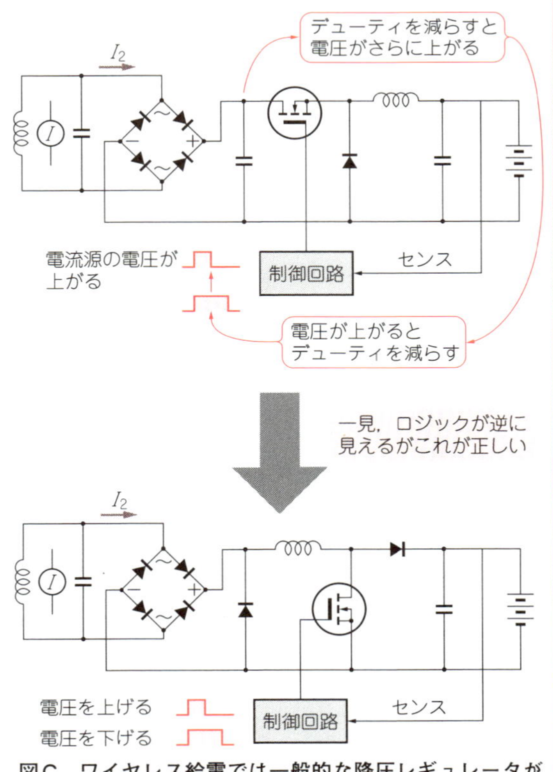

図C　ワイヤレス給電では一般的な降圧レギュレータが使えない

特集　キットで体験！ CとLと非接触パワー伝送の実験

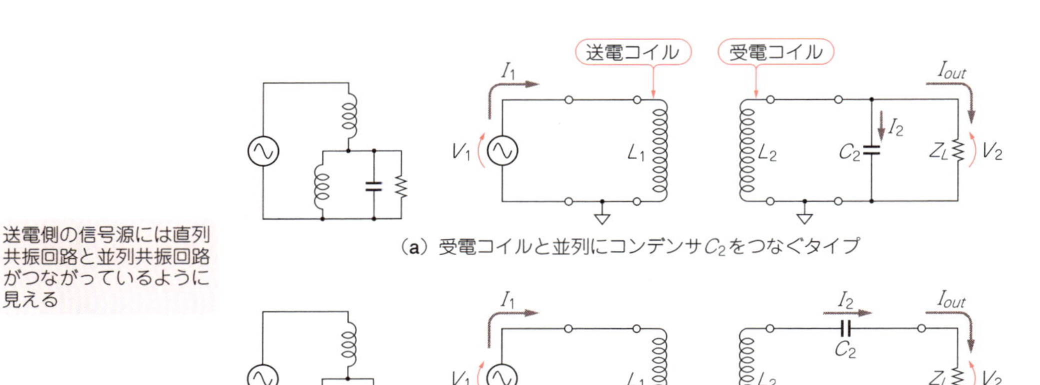

(a) 受電コイルと並列にコンデンサC_2をつなぐタイプ

(b) 受電コイルと直列にコンデンサC_2をつなぐタイプ

図6　調相結合の基本構成

● 回路構成はシンプルだが動作原理はシンプルではない

以上述べたように，本回路の構成は非常にシンプルなものです．しかしながら，このような単純な構成でどうして高効率なワイヤレス給電が実現でき，そして共振周波数の自動追跡ができてロバスト性が高くなるのか，なぜ自動的にZVS動作になるのかが回路図を見ただけではなかなか理解しにくいでしょう．

これを理解するためにはワイヤレス給電の原理から理解する必要があります．以下に，順を追って解説していくことにします．

共振原理の見直しが必要

● 磁界共振は音叉の共鳴とは違う

ワイヤレス給電の磁界共振(磁界共鳴とも言われる)は2006年の有名なMIT Experimentsと言われるものに端を発しています．このときにマリン・ソーリャチッチ(Marin Soljačić)が最大2 mもの電力伝送を実現して，その成果が世界に披露されたときから一挙に話題に上るようになりました．

この実験では1次側と2次側とに共振コイルが置かれおり，そして二つのコイル間に共鳴が起きることによりエネルギーの伝導路(共鳴場エバネセントテール同士の結合)が形成されていると説明されています．

磁界共振はその原理が音叉の共鳴に例えられると信じられ，音叉の共鳴という説明が直感的にも納得しやすかったせいもあるかと思うのですが，そのために磁界共振には1次側，2次側の両方に共振器が必須であるというイメージが定着してしまいました．

● 実は二つの共振器は必須ではない

ところが，磁界共振というものは必ずしも共振回路が1次側と2次側との双方に必須だというわけではありません．

以前から知られているコイル間結合の現象に調相結合(CHOSO coupling；Magnetic flux Phase Synchronous Coupling)というものがあります．これは2次側のコイルに強い共振を起こさせることによって，コイル間の結合が高まるというものです(1)(2)．この場合は1次側の共振が必ずしも必須ではありません．調相結合が起きると効率が向上します．その理由は後述します．

調相結合では，2次側を高いQ値で強く共振させることによって，高効率な中距離伝送が実現できることがわかってきました．そしてこれが，新しい磁界共振の方式の一つとして認識されるようになりつつあります．

調相結合とは何か

調相結合は音叉の共鳴のように二つの共振器が必須だというものではありませんが，磁界共振結合(Magnetic Resonance coupling)の原理の本質部分にあたると考えられます．

● コイル間の結合を強くする調相結合

調相結合では共振回路が2次側だけでもよいので，音叉の共鳴の原理では説明できません．

また，結合が強くなるといっても結合係数kが高くなるわけではありません．

● コイル間の結合に調相結合を利用する

調相結合という言葉や現象があまり知られていないようです．解説すると次のようになります．

図6に調相結合の基本回路図を示します．調相結合は非常に簡単な構成であり，疎結合になった1次コイ

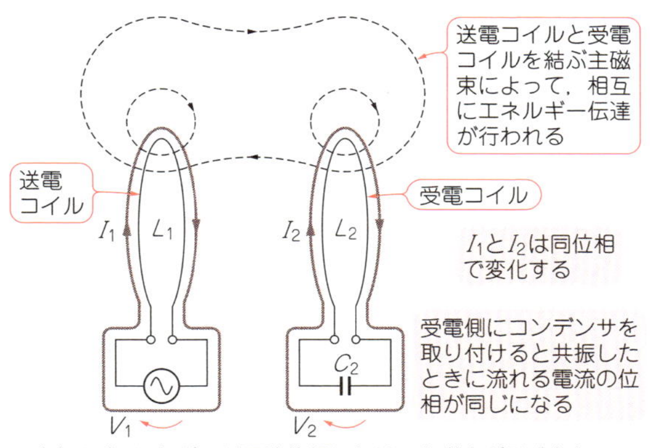

(a) L_1とL_2とが同じ電流位相になり，主磁束が形成される

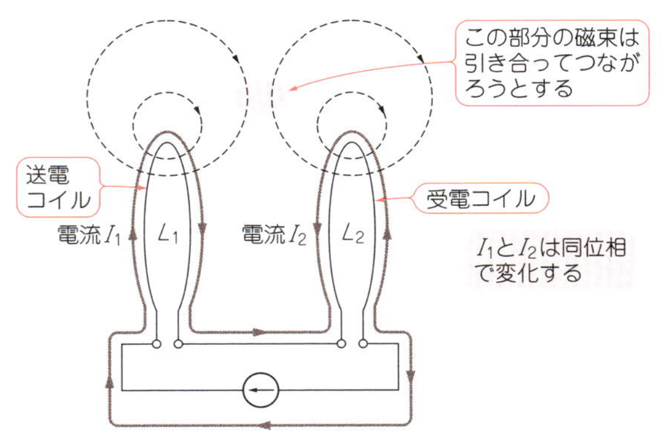

(b) 各コイルの周辺に同位相の磁束が発生しようとする

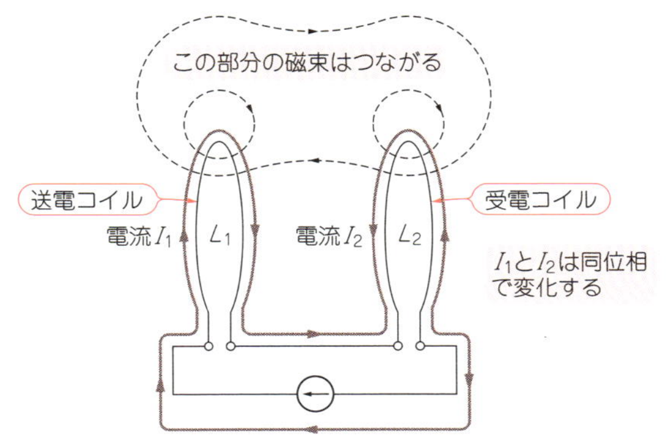

(c) 磁束は(a)のようにならず，各コイルの磁束の一部がつながる

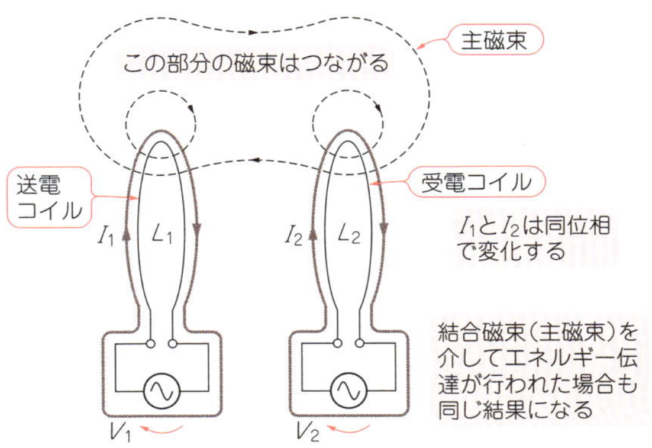

(d) L_1とL_2とが同じ位相で駆動されれば主磁束が形成される

図7　調相結合が起きる原理

ルと2次コイルとがあり，その2次側に共振コンデンサを接続しただけです．そして，2次側の共振周波数で1次側から駆動してあげると調相結合が起きます．

負荷に対して並列にコンデンサを配置した**図6**(**a**)と，負荷に対して直列にコンデンサを配置した**図6**(**b**)があります．このどちらでも調相結合が起きます．

調相結合の実用化は早くから行われており，1995年頃から**図6**(**a**)のタイプが液晶のバックライトに，**図6**(**b**)のタイプが構内搬送機の給電に利用され始めています(3)．

● 磁束の位相が揃うと調相結合が起きる

調相結合の調相とは，コイルとコイルとの間の磁気位相が揃うという意味です．

図7(**a**)に，調相結合が起きるときの磁束の状態を示します．この場合，1次側のコイルだけが駆動され，2次側のコイルには共振コンデンサが接続されています．

後述しますが，2次側のコイルとコンデンサとが特定の条件で共振する周波数において，二つのコイルの電流の位相が揃う現象が起きます．そうすると調相結合が起きます．調相結合が起きると，1次側のコイルと2次側のコイルとの両方を通り抜ける(両方のコイルに鎖交する)磁束が生じます．この磁束のことを主磁束と言います．主磁束はコイル間の電力伝送を媒介する重要な磁束です．

この主磁束の形成こそが，ワイヤレス給電にとって最も重要なことになります．

それでは，調相結合が起きる原理を順を追って見ていきましょう．

複数のコイルがあり，それらのコイルを流れる電流の位相が皆揃っている場合を考えます．**図7**(**b**)は二つのコイルの間が導線でつながれている場合です．この場合は磁束の位相も揃うので，**図7**(**b**)のように各コイルを中心にして同位相の(同期したといってもよい)磁束が発生します．

しかし，実際には同じ位相の磁束は引き合って**図7**(**c**)のようにコイル間同士に磁束の結合が起きます．これが最も基本的な調相結合です．**図7**(**c**)はコイル同士が直列に導線でつながっているのですから，電流の位相が揃うのはあたりまえですね．そして電流と磁束とは比例しますから，電流の位相が揃うと磁束の位相も揃います．これもあたりまえです．

なんだ，そんなの昔からあったじゃないかと言えばそのとおりで，電気工学などの教科書にも載っています．それを調相結合と呼んでいなかっただけです．

それでは，二つのコイルが**図7**(**d**)のように別々に駆動されるような場合はどうでしょうか．この場合であっても，コイルを流れる電流の位相が揃ってさえいれば調相結合が起きます．

つまり調相結合というのは，磁束の位相が揃ったコイル同士に主磁束の形成が起きる現象のことを言うのです．そして，この主磁束を介して電力伝送が行われます．

● 調相結合の性質を分析してみよう

ところで，結合係数の低い磁気漏れトランスとかワイヤレス給電の話になると，調相結合が興味深い現象として観察されるようになります．

先ほどの**図6**の回路で2次側の共振回路に共振が起きている様子を，**図8**(**a**)のように1次側からインピーダンス・アナライザで観察してみます．すると，**図8**(**b**)のようなインピーダンス特性が見られます．横軸が周波数で縦軸がインピーダンスです．**図8**(**b**)を見ると，インピーダンスが極大になる周波数とインピーダンスが極小になる周波数があることがわかります．

このインピーダンスが極小になる周波数は直列共振周波数とか単に共振周波数とか呼ばれます．この周波数で調相結合が起きます．一方，インピーダンスが極大になる周波数がありますが，こちらは並列共振周波数とか反共振周波数とか呼ばれます．こちらの周波数では調相結合が起きません．

本稿のワイヤレス給電においては，調相結合が起きるほうの共振である直列共振周波数(共振周波数)を使用します．

この周波数では，**図9**(**b**)のように多くの主磁束が形成されています．これは1次コイルと2次コイルとの間の電力伝送がうまくいくことを意味します．

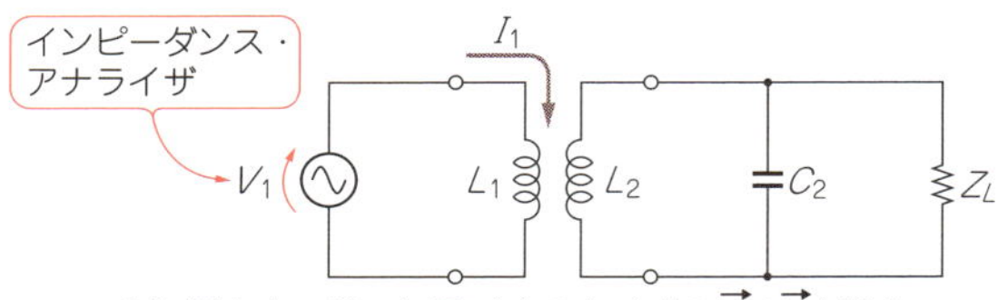

(**a**) 測定ターゲット**図6**(**a**)のタイプで$\overrightarrow{V_1}/\overrightarrow{I_1}$を測定

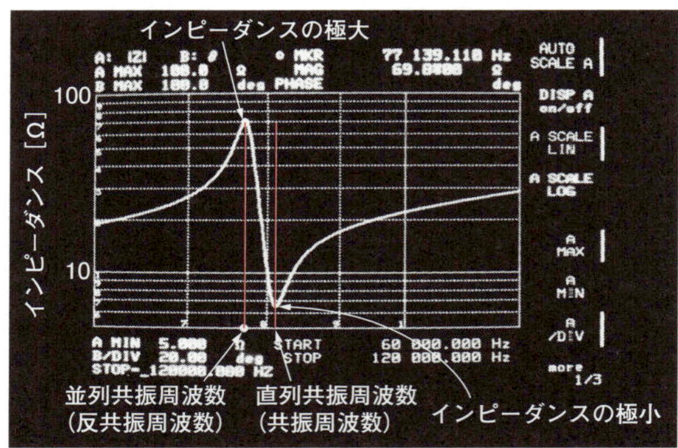

(**b**) 送電側の電圧源(V_1)から見たインピーダンス($\overrightarrow{V_1}/\overrightarrow{I_1}$)

図8　共振が起きている様子を1次側からインピーダンス・アナライザで観察

● 従来の磁界共振では並列共振周波数を使っていたというのが間違いの原因

一方，並列共振周波数(反共振周波数)では**図9**(**a**)のように磁束の位相が90°ずれていて主磁束が形成されません．これでは，1次コイルと2次コイルとがうまく結合することができなくなってしまいます．

これまでに数多く発表されている一般的な磁界共振とは，実は並列共振周波数(反共振周波数)を使ったタイプの磁界共振でした．

このタイプの磁界共振の特徴として，コイル間を近づけて結合係数が高くなると，コイル間の磁束の位相ずれが90°に近づくことになります．また，2次側の共振のQ値を高くしてもコイル間の磁束の位相ずれが90°に近づきます．

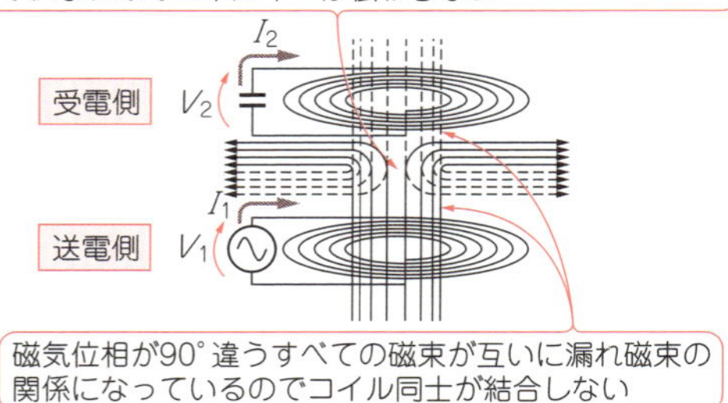

(**a**) 送電コイルを反共振周波数**図8**(**b**)で駆動したときの磁束の様子．結合が起きていない

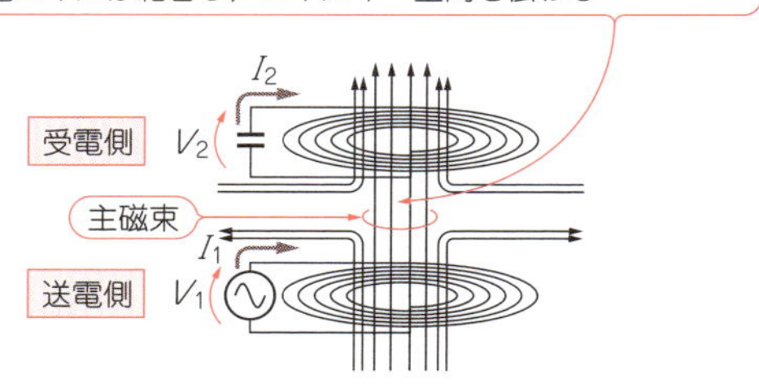

(**b**) 送電コイルを共振周波数で駆動したときの磁束の様子

図9　調相結合が起きる共振周波数と起きない共振周波数

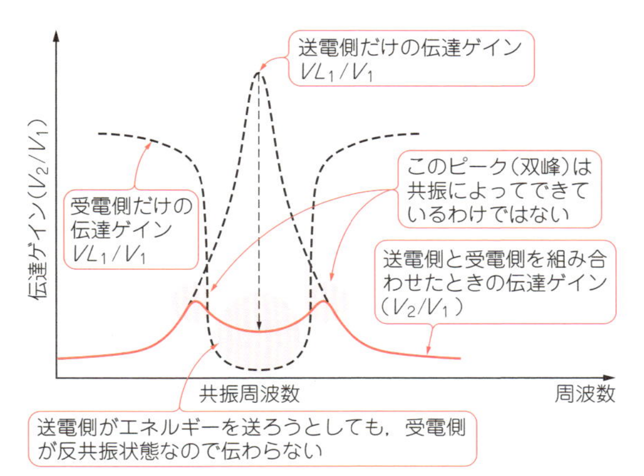

図10　反共振周波数ではエネルギーの伝達がうまくいかない

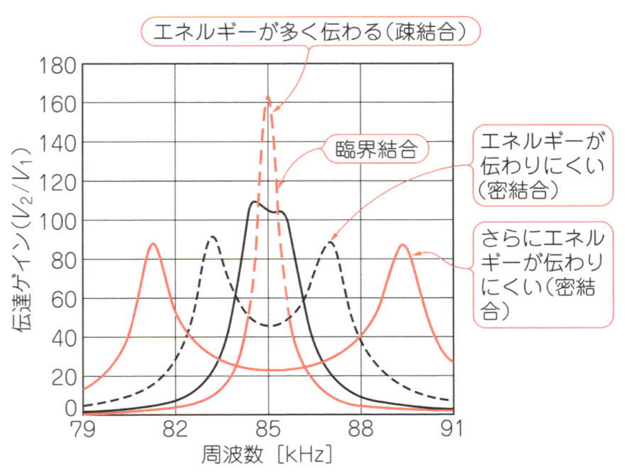

図11　従来の磁界共振に現れる双峰特性のようす

その結果，主磁束が形成されにくくなるので，コイル間の距離を近づければ近づけるほど，また共振のQ値を高くすればするほど，並列共振の中心周波数では電力伝送が阻害されて共振のピーク部分が凹み，その結果が双峰特性となって表れるわけです(**図10**，**図11**)．

この双峰特性の低いほうのピークは見かけ上の共振であって，次に述べる並列共振周波数と直列共振周波数のどちらの共振でもありません．

並列共振周波数と直列共振周波数を分析

● どうして並列共振周波数と直列共振周波数に分かれるのか

図12に，2次側に共振コンデンサC_2を接続した場合のワイヤレス給電の等価回路を示します．これは普通のトランスの3端子等価回路であって，結合係数が小さいだけです．ワイヤレス給電の等価回路は，今までのトランスの等価回路と異なるところはありません．**図12**で，なぜ二つの共振周波数が現れるのかを考えてみましょう．

まず，第一の共振周波数，並列共振周波数は**図12(a)**のように共振コンデンサC_2と$(L_{e2}+M)$との共振です．ここで，$(L_{e2}+M)$とは2次側コイルのインダクタンスL_2のことですから，C_2とL_2とで共振周波数が決まります．すると，並列共振周波数の計算式は次のよく目にする式になります．

$$f_p = \frac{1}{2\pi\sqrt{L_2 C_2}} \quad \cdots\cdots (1)$$

次に，第二の共振周波数，直列共振周波数は，**図12(b)**のように1次側を短絡した場合の1次側L_{e1}とMとが並列合成されて，これに直列に2次側のL_{e2}が直列合成されたインダクタンスL_{sc}と共振コンデンサC_2との共振周波数になります．

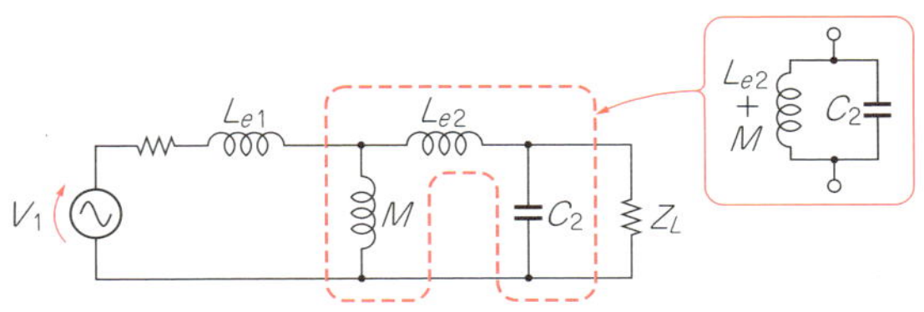

(a) 一つ目の共振周波数(並列)が現れるLCの組み合わせ(破線内)

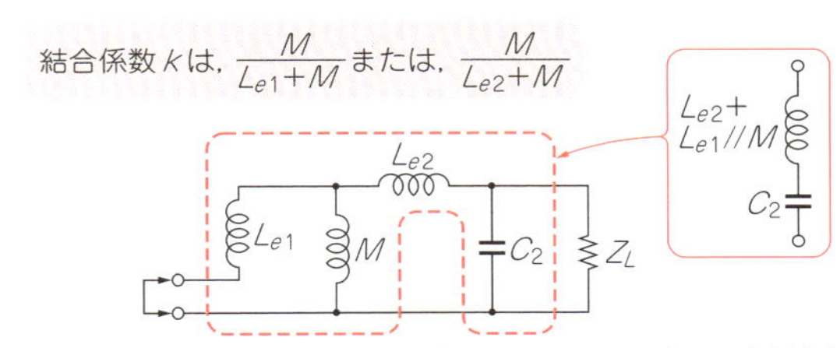

(b) 二つ目の共振周波数(直列)が現れるLCの組み合わせ(破線内)

図12　並列共振周波数と直列共振周波数が現れる理由

L_{sc}を計算してみましょう．**図12(b)**の等価回路にしたがって$L_{e1}=L_{e2}=L_e$としてインダクタンスを並列/直列合成します．

$$L_{sc} = \frac{1}{\frac{1}{L_e}+\frac{1}{M}} + L_e \quad \cdots\cdots (2)$$

となります．

これをL_2の式で表してみましょう．結合係数をkとして，$L_e=(1-k)L_2$，$M=kL_2$ですから，式(2)を代入して，次のようになります．

$$L_{sc} = \frac{1}{\frac{1}{(1-k)L_2}+\frac{1}{kL_2}} + (1-k)L_2$$
$$= \frac{1}{\frac{kL_2+(1-k)L_2}{kL_2{}^2-k^2L_2{}^2}} + (1-k)L_2$$

コラム3　紛らわしい意味の違う二つの漏れインダクタンス

式(3)のL_{sc}は，2次側から見た磁気漏れトランスの等価インダクタンスの一つを表す数値であり，磁気漏れトランスを共振変圧器として利用するような場合にはとても便利な数値として使われます．そのようなところから，磁気漏れトランスの仕様書には，いわゆるトランス工業界の漏れインダクタンスとして記載されていたりします．

ところが，歴史的に見ても学会などでは3端子等価回路(**図12**)のL_{e1}，L_{e2}を漏れインダクタンスとしてきたため，数値も定義も異なる漏れインダクタンスが二つも登場することになってしまいました[4][5]．このことは『グリーン・エレクトロニクスNo.6』の第7章でも触れられており，やっかいな問題になっています．

とくにワイヤレス給電を解説する際には，両方の漏れインダクタンスが頻繁に出てくることにもなりますので，このままでは用語が混乱してしまいます．

そこで，そのような用語の混乱を防ぐために，L_{sc}に関しては短絡インダクタンスという用語がJIS C 5602に定められているところから，ワイヤレス給電の説明においてはトランス工業界の漏れインダクタンスのことは特に「短絡インダクタンス」と呼んで区別することにします[6]．

ワイヤレス給電においては，1次側を短絡した際に2次側から測った短絡インダクタンス値が共振周波数を決める重要なパラメータになります．

$$= \frac{kL_2{}^2 - k^2 L_2{}^2}{kL_2 + (1-k)L_2} + (1-k)L_2$$

$$= \frac{kL_2{}^2 - k^2 L_2{}^2}{L_2} + (1-k)L_2$$

$$= kL_2 - k^2 L_2 + (1-k)L_2$$

$$= kL_2 - k^2 L_2 + L_2 - kL_2$$

$$= L_2 - k^2 L_2 = (1-k^2)L_2$$

$$L_{sc} = (1-k^2)L_2 \quad \cdots\cdots\cdots\cdots (3)$$

このL_{sc}と共振コンデンサC_2とが共振するので直列共振周波数の式は，次のようになります．

$$f_s = \frac{1}{2\pi\sqrt{(1-k^2)L_2 C_2}} \quad \cdots\cdots\cdots\cdots (4)$$

ここで，式(3)のL_{sc}は短絡インダクタンスと呼ばれ，その値を直接測定することも可能です．短絡インダクタンスとは言葉どおり一方のコイルを短絡して(他方のコイルから)測るインダクタンスです．測定する際にはLCRメータを使い，コイル間の距離を固定し，1次側のコイルを短絡して2次側からインダクタンスを測ります[6]．そのようにして測ったインダクタンス値が短絡インダクタンスL_{sc}で，直列共振周波数を決めるインダクタンス値になります．

このように，1次側から見た2次側の共振には並列共振周波数と直列共振周波数という二つの共振周波数があることがわかります．

以上は**図6(a)**について共振周波数が二つ現れる理由を述べましたが，**図6(b)**についても式(1)，式(4)は同じになりますので，やはり共振周波数は二つ現れます．

そして式(4)によって示されるとおり，直列共振周波数は結合係数が大きくなるに従って共振周波数が高くなります．

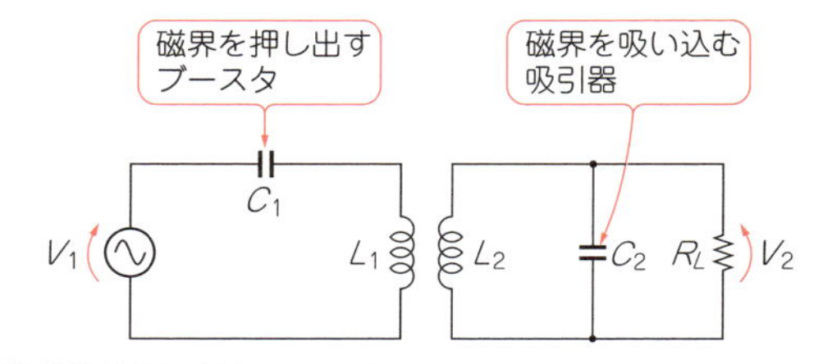

送電側の駆動周波数に対して，L_1，C_1，L_2，C_2を次式の関係になるように決めれば，一番よくエネルギーが伝わる

$$f = \frac{1}{2\pi\sqrt{L_1 C_1}} = \frac{1}{2\pi\sqrt{(1-k^2)L_2 C_2}} \text{ または，}$$

$$\omega_0 = \frac{1}{\sqrt{L_1 C_1}} = \frac{1}{\sqrt{(1-k^2)L_2 C_2}}$$

ここが，$\sqrt{L_2 C_2}$ではない

つまり，L_2，C_2積をL_1，C_1積の$1/(1-k^2)$倍にする．従来の磁界共振とは異なる設定

図13　コイル間距離が固定され，一定の周波数で駆動する場合の設定

このことは，調相結合を利用して電力伝送を行う場合には結合係数の変化，すなわちコイル間の距離や位置関係の変化に従って変化する直列共振周波数を追従する必要があります．

● 主磁束は電力変換の要

並列共振周波数はワイヤレス給電においては役に立たない周波数です．別名「反共振周波数」とも言われる言葉のイメージのとおり，二つのコイルが共振して結合することにおいては**図9(a)**のように，1次側，2次側からそれぞれ90°位相のずれた磁束が発生して主磁束の形成を阻害する働きをしています．

これに対して直列共振周波数では，調相結合によって**図9(b)**のように1次側の磁束と2次側の磁束とが結

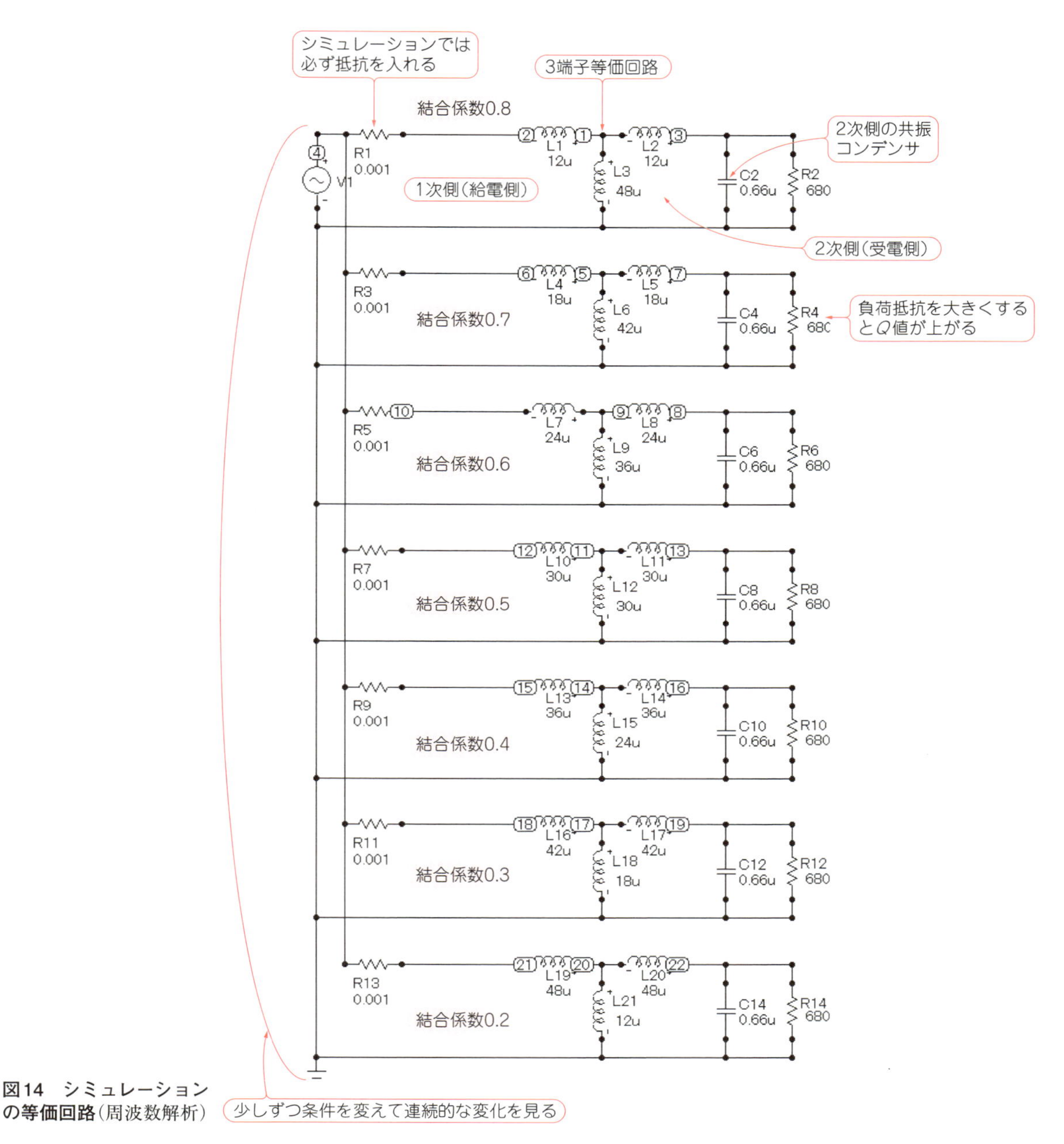

図14 シミュレーションの等価回路(周波数解析)

合して主磁束が形成されます．主磁束は電力伝送の要となる磁束であり，この主磁束を介して1次側と2次側とが電力のやりとりをします．つまり，主磁束ができあがれば給電ができます．

正しい磁界共振の周波数設定

● 従来の磁界共振は設定が間違っていた

本稿のワイヤレス給電回路の製作においては，調相結合が起きるほうの共振周波数［図9(b)］を積極的に利用するようにしています．

従来の磁界共振とはここが大きな違いで，共振周波数を設定するLCパラメータが少しだけ違います．その少しの違いが大きな違いを生みます．

● 調相結合では共振周波数が変化する

ここで問題が起きます．共振周波数(直列共振周波数)は式(4)で示されたとおり，結合係数kによって変化しますから，コイル間の距離が変化すると共振周波数も変化してしまうことになります．

そこで，共振周波数の変化に従って動作周波数が追従していかなければなりません．次の課題は，その機構をどうするかであり，それが重要な鍵になります．

● 共振周波数の正しい設定方法

今までの磁界共振を正しく設定しなおす場合ですが，以下のように設定します．今までの磁界共振では1次側と2次側との両方に共振回路があり，1次側のL_1とC_1の積と，2次側のL_2とC_2の積を同じ値に設定していました．これが間違いです．正しくは以下のようにします．

● 2次側のL_2C_2の積を1次側のL_1C_1の積の$1/(1-k^2)$倍に設定

修正された新しい磁界共振では，**図13**のように2次側のL_2C_2の積を1次側L_1C_1の積の$1/(1-k^2)$倍に設定します．

たったこれだけの設定です．これで，今までの磁界共振の効率が大幅に改善されます．駆動周波数が固定で，コイル間の距離が固定された場合のワイヤレス給電ではこれで十分でしょう．

しかし，コイル間の距離が変わる場合は，結合係数の変化に従って駆動周波数を変えなければならないという課題が出てきます．

その場合，1次側の共振回路がないほうが周波数制御をする場合には有利です．1次側の共振回路は必須というものではありません．

それでは，結合係数が変化した場合に，どのようにして最適な駆動周波数を追跡したらよいのか，その方法を考えてみましょう．

図14に回路シミュレーションに使った等価回路を示します．結合係数は0.2から0.8までの7段階としました．3端子等価回路を一つだけシミュレーションし，結合係数を変えながら7回シミュレーションしてもよいのですが，結合係数の変化とともに共振周波数が変化するようすを見るために，等価回路を7個記述して一度にシミュレーションしてみることにしました．

その結果，結合係数が0.2から0.8まで変化すると，共振周波数が23 kHzから50 kHz付近まで変化するようすが見られます．

着眼する位相は1次側の送電コイルの電流位相，**図1**でいえばⒶ点電圧位相に対するⒷ点電流位相，Ⓒ点電流位相，そして送電コイルと受電コイルの電圧比（ゲイン）の周波数解析です．

● 新方式は回路シミュレーションでも立証が可能

最適な駆動周波数を追跡するために，手始めに調相結合の際の各コイルに流れる電流や電圧について回路シミュレーションをしてみます．使う解析は周波数解析です．

● 共振周波数は大きく変化する

結果は，**図15(a) (b) (c)**のようになります．

結合係数の変化，すなわちコイル間の距離や位置関係の変化によって，共振周波数が大きく変化することがシミュレーションによりわかりました．これだけ共振周波数が大きく変化するのであれば，効率の良いワイヤレス給電を行うためには，共振周波数を追跡するように駆動周波数も変化させることが必須だと言うことです．

一方，周波数を固定したままワイヤレス給電を行う場合は，コイル間の距離や位置関係を予め決めておかなければなりません．周波数を固定したままでは，コイル間の距離や位置関係が少し変化しただけで効率が大幅に低下します．

● 共振周波数では力率が1になる

ところで，**図15(a)**は横軸が周波数になっていて，縦軸に1次側のコイルのスイッチング位相に対する電流位相の位相特性が示されています．並列共振周波数と直列共振周波数のそれぞれの周波数付近で，位相特性が0°を横切る様子が見られます．電流の位相特性が0°であるということは抵抗性で駆動しているということであり，誘導性のコイルを駆動しているにもかかわらずその誘導性が2次側の共振によって打ち消されているのがわかります．つまり，1次コイルを駆動する力率がほぼ1だということです．これは空芯のコイルを駆動しているのですから信じられないと思いませんか．1次側の送電コイルは抵抗として駆動されているわけです．

この周波数で駆動すれば1次コイルには無効電流が流れず，発熱が少なくなることを意味します．つまり効率が最高に良いということです．

● ZVS動作を実現する

図15(b)は2次側の共振コンデンサC_{401}，C_{402}に流れる電流の位相です．この場合も1次側のコイルのスイッチング位相に対する位相です．

ちょうど直列共振周波数のところで電流の位相特性が0°を横切ります．これを上手に使えば，直列共振周波数の検出ができることになります．都合が良いことに，**図15(a) (b)**を比べると，電流の位相特性が0°を横切る周波数が少し違っており，**図15(b)**の0°を横切る周波数は**図15(a)**の電流遅延，すなわち誘導性の周波数です．これはどういうことを意味するかといえば，ZVSができるということです．さらに嬉しいことに力率も1に近いのです．こんな一石二鳥の方法はなかなかありません．

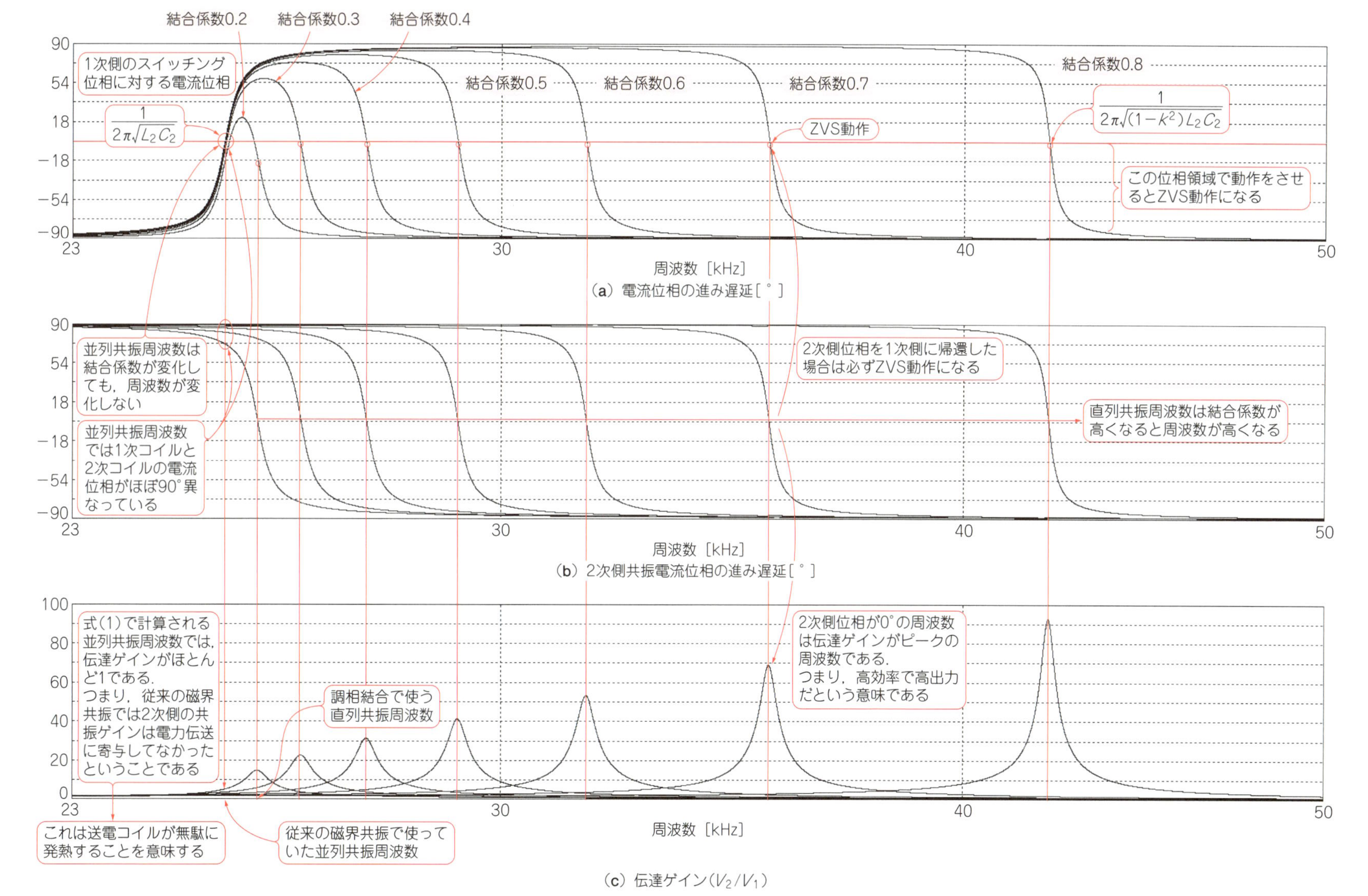

図15　シミュレーションの出力結果

伝達関数のピーク

図15(c)は周波数と伝達関数(伝達ゲイン)との関係です．

図15(b)(c)を比べると，電流の位相特性が0°を横切る周波数は伝達ゲインのピークと一致しています．伝達関数のピーク値はkとQとの積，すなわちkQ積で決まります．

たとえば，kが0.1でもQの値が10であれば$k \times Q = 1$になり，この伝達ゲインのピークの周波数で駆動すれば，コイル間の結合係数が低い場合でもまるで導線がつながっているかのごとく給電ができてしまうことになります．

この場合のQ値は，負荷抵抗をRとして次式で求められます．

$$Q = R\sqrt{\frac{C_2}{(1-k^2)L_2}} \quad \cdots\cdots (5)$$

また，2次側の共振コンデンサに流れる電流の位相は，伝達ゲインのピークも検出できるわけです．これは一石三鳥というさらに嬉しい結果が得られました．結局，2次側の共振コンデンサC_{401}，C_{402}に流れる電流の位相を1次側に帰還してあげるという非常に簡単な方法で，共振周波数の自動追跡が実現できてしまう

コラム4　ワイヤレス電力給電実験キット

今回の記事で製作したワイヤレス給電のキット販売をいたします．キットの外観は**写真A**，**写真B**のようになります．

お届けする際には一部仕様が変更されている場合があります．

キット価格は30,000円を予定しています．

キット内容

送電コイル，および送電コイル基板
受電コイル，および受電コイル基板
24 V ACアダプタ
接続コード
電源ハーネス
送電アクリル台座組み立てキット，およびネジ他
受電アクリル・スペース台座
回路図，説明書

コイルのみ

また，記事中で使用したコイル(**写真1**参照)のみの販売もいたします．こちらは8,000円/2個を予定しています．

コイルの仕様は以下のとおりです．

台座：IHクッキング・ヒータ用ボビン
コイル外径：150 mm
コイル内径：95 mm
巻き線：ϕ0.35，20束リッツ線
巻き数：17 t，60 μH

*　　*　　*

ワイヤレス給電実験キットは受注生産となります．購入を希望される際は，下記メール・アドレスまで，住所，氏名，連絡先を記入のうえ，仮注文をしてください．準備が整いしだい，価格，納品予定時期，本注文の方法をご案内いたしますので，その内容に沿って本注文をしてください．

▶連絡先メール・アドレス
wqc@green-house.co.jp
▶宛先
グリーン・エレクトロニクスNo.19キット案内係
▶グリーンハウスストア・ウェブサイト
https://www.greenhouse-store.jp/

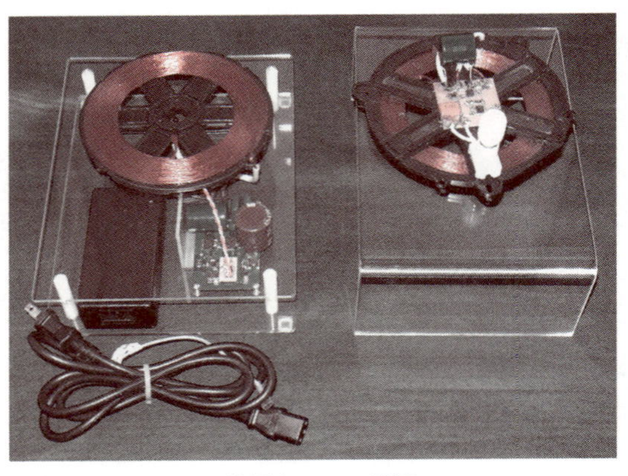

写真A　ワイヤレス給電キットの外観

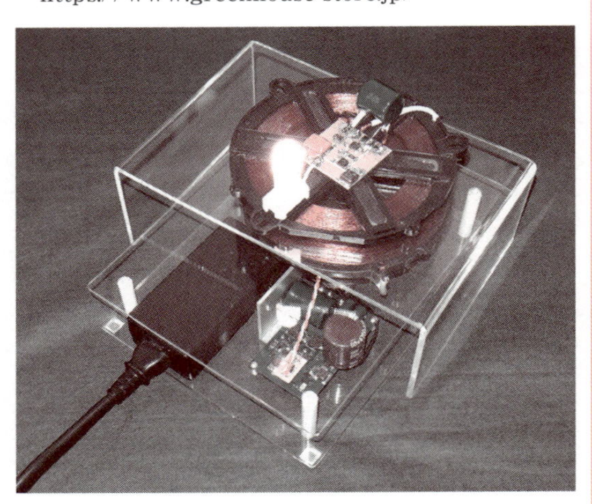

写真B　送電/受電アクリル台とスペーサ

ことになります.

ここで,並列共振周波数の式(1)のほうの伝達関数を見てみると,2次側出力の電圧の上昇に寄与していません.このことから,ワイヤレス給電には利用できない周波数だったということがわかります.それどころか,並列共振周波数は1次側からの電力伝送を阻害して双峰特性にする原因になっています.

今までは2次側LCの共振の式を式(1)に合わせることが主流でしたが,今後は2次側LCの共振の式は式(4)に一新することにしましょう.

まとめ

以上,本稿では従来の磁界共振の式を修正することにより高効率の電力伝送ができることを解明しました.

また,新たな共振の式にもとづく共振周波数の変化という課題に関しては,電流共振回路(位相の帰還)という着眼によってこれを解決し,ロバスト性と効率の良さの双方を両立させる回路の動作を確認しました.

さらに,従来の磁界共振に生じる双峰特性に関しては,独自の見解と解析により新たな解釈を加えることにしました.

この新たな磁界共振の概念が普及することにより,ワイヤレス給電の磁界共振方式普及の阻害要因が取り除かれることによって,ワイヤレス給電の実用化が大幅に進むことにつながれば幸いです.

◆ 参考・引用*文献 ◆

(1) 古川靖夫,圓道祐樹;ワイヤレス給電装置,ワイヤレス受電装置およびワイヤレス給電システム,ワイヤレス給電方法,(株)アドバンテスト,日本国特許庁,特開2011-211895,p.10,2011年.

(2) 牛嶋昌和,湯浅　肇,荻野　剛;電磁誘導と磁界共振の中間的な構成による電力伝送のシミュレーションと実験,信学技報,電子情報通信学会,WPT2014-89,2015年.

(3) 山本建三,北吉晴芳,川松康夫,入江寿一;非接触電力分配システム,(株)椿本チエイン,日本国特許庁,特開平08-308151,p.8,1996年.

(4) 日本工業標準 C 6435:1989,pp.7~8,日本工業標準調査会,1989年.

(5) 平山　博,大附辰夫;"交流回路",電気回路論,Vol.3,pp.94~96,オーム社,2008年.

(6) 日本工業標準 C 5602:1986,pp.34,日本工業標準調査会,1986年.

(7) SURFACE VEHICLE INFORMATION REPORT,J2954,p.69,Society of Automotive Engineers international,may 2016.

(8)* Wireless Power Consortium;How it works Wireless Power Technology,May 9,2016.

(9)* Wireless Power Consortium;Wireless Charging An Introduction,May 9,2016.

Appendix

ZVS動作について

ZVS動作というと,今まではスイッチング素子であるMOSFETやバイポーラ・トランジスタの発熱を防ぐための手法と考えられてきました.しかし,あまりトランスやコイルの巻き線の発熱を減らすものであるという認識がなかったようです.

実際のZVS動作は半導体側の立場から語られることが多く,巻き線側の立場はほとんど考慮されてなかったような気がします.

ここで,巻き線側から見たZVSというものを考えてみましょう.

ZVS動作には力率の良いZVS動作と力率の悪いZVS動作があります.ここでは力率の良いZVS動作について説明します.力率が良いということは1次コイルの発熱が少なくなることを意味します,

一般に,ZVS動作は巻き線を駆動するスイッチング電圧位相よりも巻き線に流れる電流位相が遅れる条件に設定することによって実現されます.

ワイヤレス給電の場合は,直列共振周波数で駆動することにより,力率の良いZVS動作が実現されます.

本文の**図15(a)**に示したのはスイッチング電圧位相に対する1次側コイルの電流位相特性ですが,ZVS動作はこの位相特性が誘導性の場合に実現されます.**図15(a)**の縦軸の真ん中の線が0°ですが,1次側コイルの電流位相が0°を横切る周波数がスイッチング位相に対して電流位相が進みも遅れもない状態,すなわち力率も1であることを意味します.

ただ完全に力率が1の周波数で駆動すると,少しでも駆動周波数が下がった場合には1次側コイルの電流位相が進んでしまうことがあります.そのような駆動状態をハード・スイッチング,または容量性駆動と言い,スイッチング素子の発熱やEMIを伴うために好ましくない駆動状態とされています.

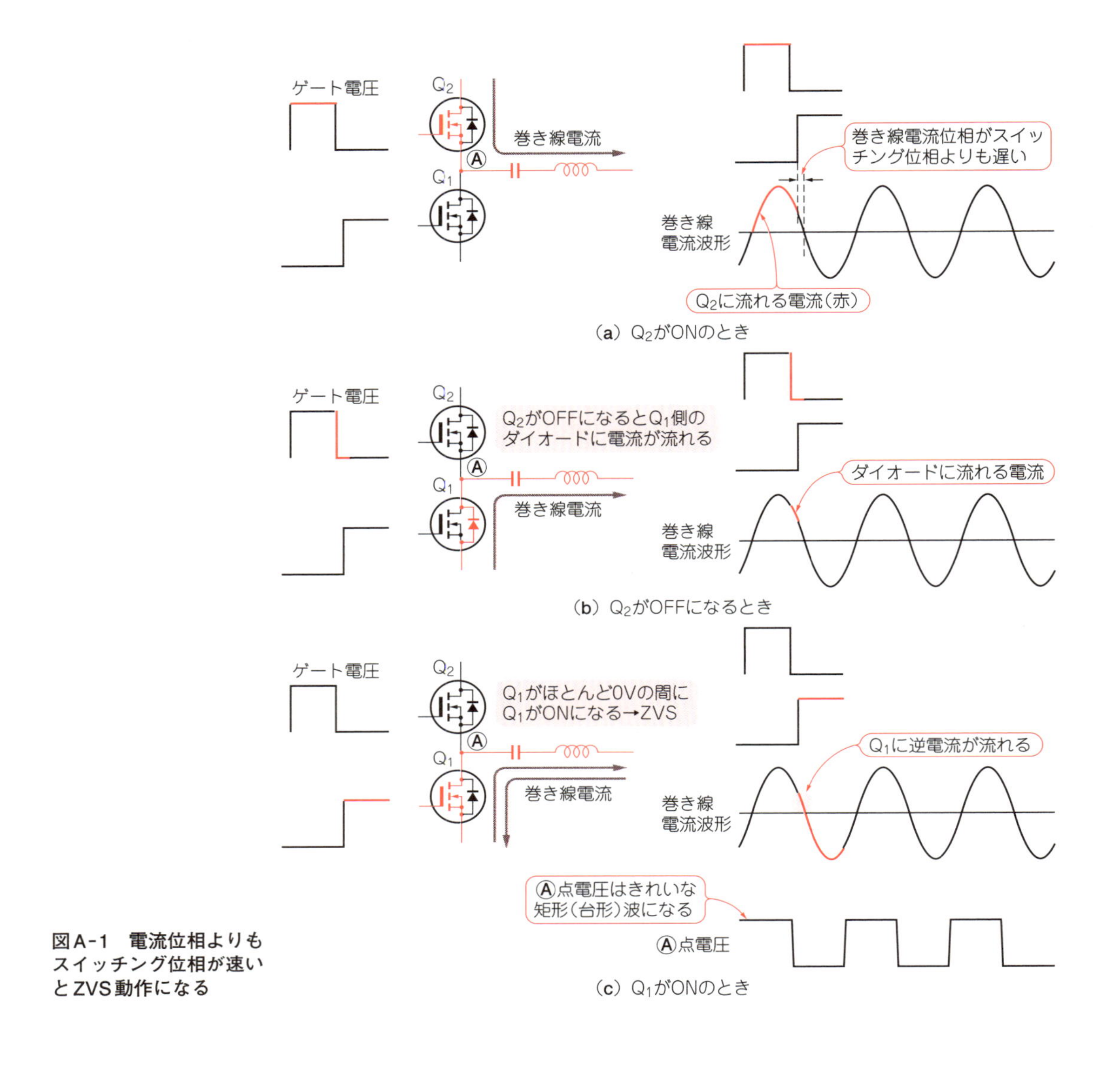

図A-1　電流位相よりもスイッチング位相が速いとZVS動作になる

そこで実際には完全に力率が1の周波数ではなく，少しだけ高い周波数で駆動して1次側コイルの電流位相がスイッチング位相よりも少しだけ遅れるような周波数で駆動します．これをソフト・スイッチング，または誘導性駆動と言い，スイッチング素子の発熱，EMI，1次側コイルの発熱とも少なくなる好ましい駆動状態です．

ただ，力率の良いZVS動作をさせようとすると，**図15(a)**の位相特性を見てもわかるように，少し周波数が変わる(低くなる)だけでもすぐに容量性駆動，すなわちハード・スイッチング状態になってしまいます．

ワイヤレス給電の場合には結合係数kが変化しますので，それに伴い共振周波数(直列共振周波数)も変動します．**図15(a)**からわかることは，周波数を固定して駆動した場合，コイル間を近づけて結合係数が大きくなる場合が問題です．結合係数が高くなると共振周波数が上がります．固定周波数で駆動していた場合，これは容量性駆動，すなわちハード・スイッチングになることを意味します．

ですから固定周波数駆動の場合は，コイル間を近づけたときにハード・スイッチングが起きないようにしなければなりませんので，どうしても電流位相が大きく遅れた状態に設定せざるをえないことになります．これでは力率が悪く，1次側コイルの電流が大きくなって，コイルとスイッチング素子の発熱が多くなってしまします．

力率の良いZVS動作をさせる場合はハード・スイッチングが起きる一歩手前の誘導性駆動の状態，すなわ

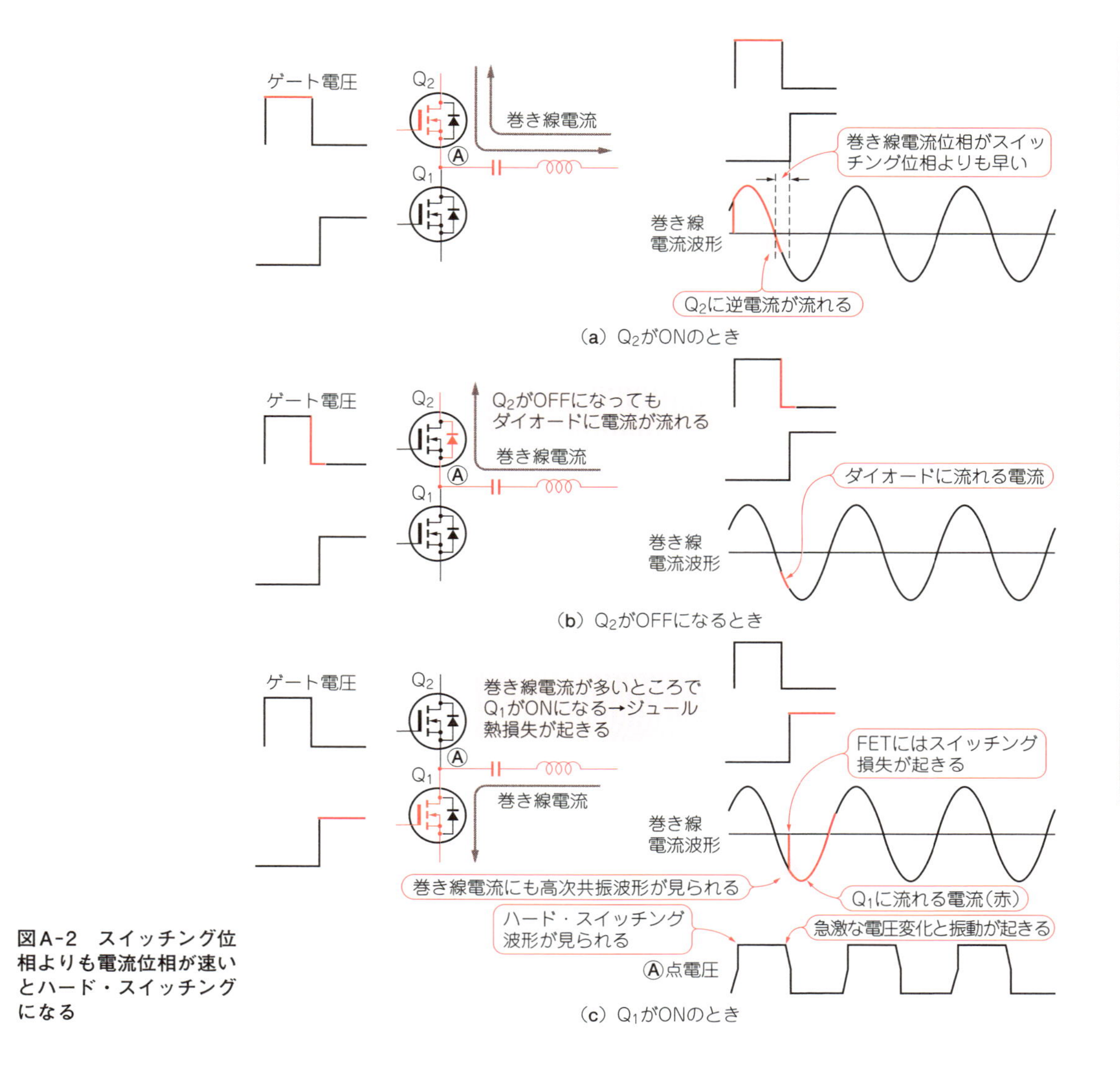

図A-2　スイッチング位相よりも電流位相が速いとハード・スイッチングになる

ち巻き線の電流位相がスイッチング位相よりもわずかに遅れた状態に設定しなければなりません．これには精密な周波数制御が必須であることになります．

図A-1にZVS動作の場合，**図A-2**にZVS動作でなくハード・スイッチングを起こした場合のスイッチング素子Q_1，Q_2に流れる電流と電圧の挙動を示します．

第1章

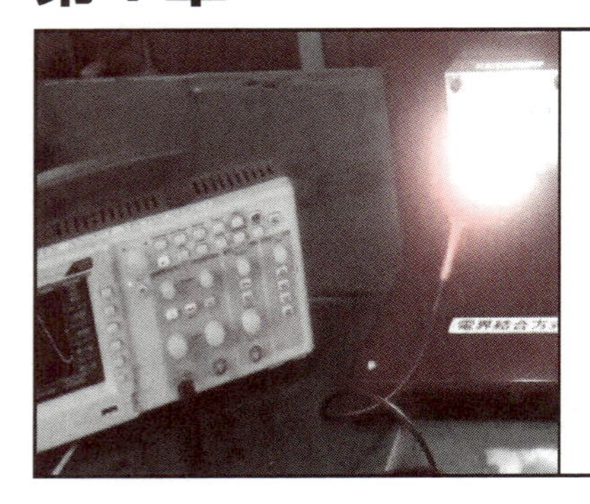

ロバスト性の高いシステム構築が
可能な並列共振方式

電界結合による非接触電力供給の技術

原川 健一
Kenichi Harakawa

現代社会が成立するためには，電気エネルギーは最も基本的な要件です．この電気エネルギーを伝達する方法として，金属同士を接触させる方法(プラグ，コンセント)が最も身近に用いられています．

磁界を用いた電力送電方法としては，電圧変換機能を備えたトランスや，電動歯磨器を充電する非接触給電が身近に使用されています．エネルギー伝送という点では，IH(Induction Heating)調理器も磁界を用いた例です．

一方，電磁波(マイクロ波)も電子レンジとして，食物の加熱用に用いられています．将来は，SPS(Solar Power Satellite)で宇宙空間の静止軌道上の太陽電池のエネルギーを地球に送るために用いられようとしています．

電界結合とは

電気的方法で，もう一つの方法があります．これは，電界を用いる方法です．電界的方法は，メンブレン・スイッチや液晶ディスプレイなどの低消費電力分野では多く使用されていますが，エネルギー伝送分野にはほとんど使用されていません．最近，ノート・パッド用充電器に使用され始めていますが，普及する段階には至っていません．それでは，電界結合方式は使いものにならない技術なのでしょうか．

私たちが検討した範囲では，そのようなことはなく，極めて可能性に富んだ方法と思われます．以下，電界結合方式およびその可能性について述べていきたいと思います．

図1に電界結合の基本回路を示します．電源と負荷の間に金属平板を対向させた接合容量(コンデンサ)が入っていて，このコンデンサを介して負荷に電力を送るものです．電界結合の面白い点は，2枚の金属板を対向させた構造ですので，相互に動かすことができることです．金属板表面に酸化膜などがあっても電力を伝送できるため，接触式とは異なる用途展開ができます．ただし，直流は送電できず，高周波電流の送電のみ可能となります．

金属板間には接合容量があり，この値が大きいほど送電効率が増すため，次の対策のいくつかを取らなければなりません．

(1) 金属板間を近づけること(距離を離す用途には使えない)
(2) オーバーラップする面積を増やすこと
(3) 周波数を高くすること
(4) 接合容量に加わる電圧を高くすること
(5) 金属板間に挟まれる誘電体の誘電率を高くすること

これらをすべて満足する必要はありませんが，用途に応じて(1)～(5)の依存割合を変えていく必要があります．

さらに，電力伝送する回路方式として，直列共振方式，並列共振方式があり，効率的な電力伝送を可能にしています．本稿では，LTspice Ver.4.20hを用いて計算した結果を示しています．各計算結果にはパラメータ値も記しているため，読者による再計算も可能に

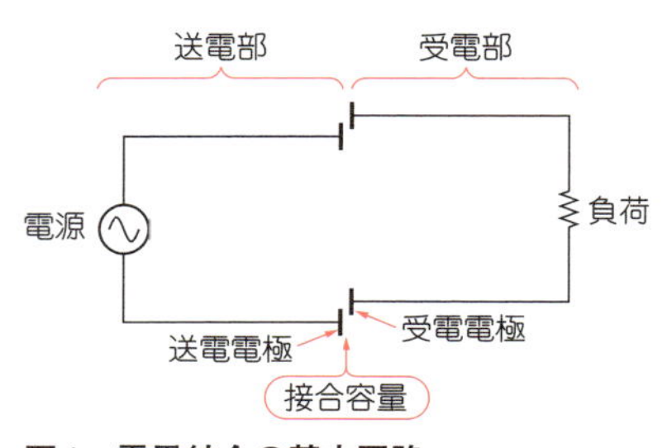

図1　電界結合の基本回路

しています．なお，電源内のインピーダンスを0として計算しています．E級増幅回路ではこれに近い条件のものが実現できるため，ほぼ現実的な値と考えています．

電界結合の回路方式

● コンデンサのみによる結合

最も基本的な回路として，コンデンサのみによる結合回路を見てみます．**図2**にコンデンサ結合回路を示します．

電源の電圧をV，送電周波数をfとし，二つの接合容量を同じ値でCとします．負荷抵抗をRとします．

伝送電力Pは式(1)で示され，電流iは，式(2)で表されます．これからわかるように，送電電力を増大するためには，電源電圧V，送電周波数f，接合容量Cを大きくする必要があります．接合容量部の電圧V_Cは，負荷と接合容量の電圧分配比で決まる値であるため，電源電圧を大きくすれば大きくなります．

$$P = Vi \quad \cdots\cdots (1)$$

$$i = 2\pi fCV_C \quad \cdots\cdots (2)$$

さらに，この回路の特性として次の性質があります．

図2の電源電圧を300 Vとし，負荷抵抗を50 Ωとして，周波数を100 kHz～1 GHzまで変化させたときに，接合容量を100 pF，1 nF，10 nFとしたときの，接合容量部に掛かる電圧の変化を**図3**に，入力インピーダンスの変化を**図4**に，伝送電力の変化を**図5**に示します．

図3の接合容量部電圧の周波数依存性から，次のことが言えます．周波数が低く，接合容量部のインピーダンスが大きいときには，接合容量が二つあるため，送電電圧の半分(150 V)が接合容量に掛かり，周波数の増大とともに接合容量のインピーダンスが低下するため，接合部電圧が低下しています．

以上の結果からは，最大で，電源電圧の半分が接合容量に掛かることがわかります．接合容量が大きいほど，インピーダンスが小さくなるため，降下し始める周波数が低くなることもわかります．

図4には，入力インピーダンスの周波数依存性を示しています．周波数が十分に高い領域では，接合容量のインピーダンスがなくなるため，負荷抵抗の値が入力インピーダンスになります．周波数が低くなるに従い，接合容量のインピーダンスが増大するため，入力インピーダンスが高くなります．接合容量が小さいほど，その傾向が顕著になります．

図5には，伝送電力の周波数依存性を示しています．周波数が十分に高い領域では，接合容量のインピーダンスが無視できて，電源と負荷が直結することになり，1.8 kWの電力伝送が可能になりますが，周波数が低

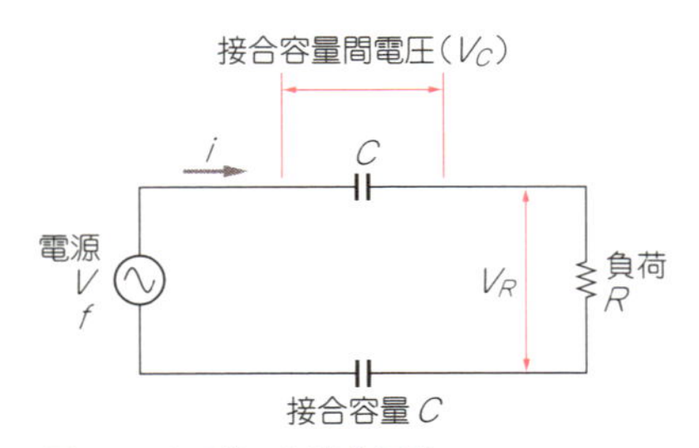

図2　コンデンサ結合回路

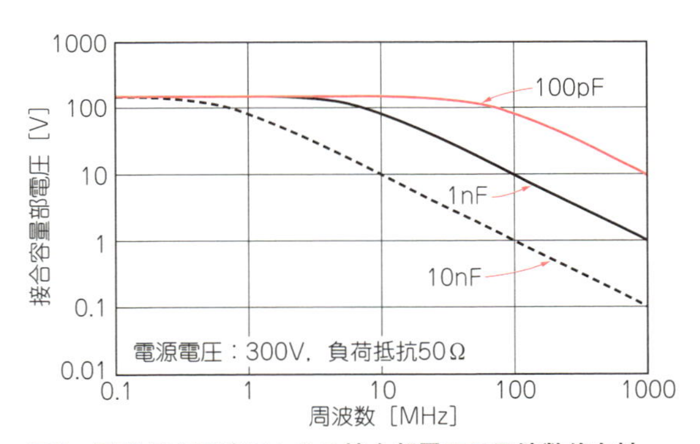

図3　電界結合回路における接合部電圧の周波数依存性

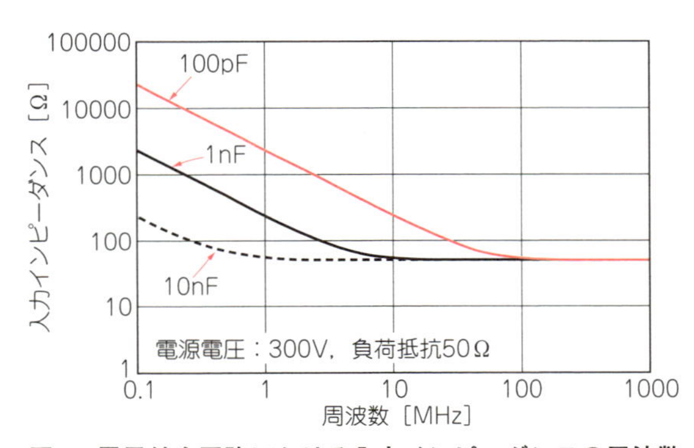

図4　電界結合回路における入力インピーダンスの周波数依存性

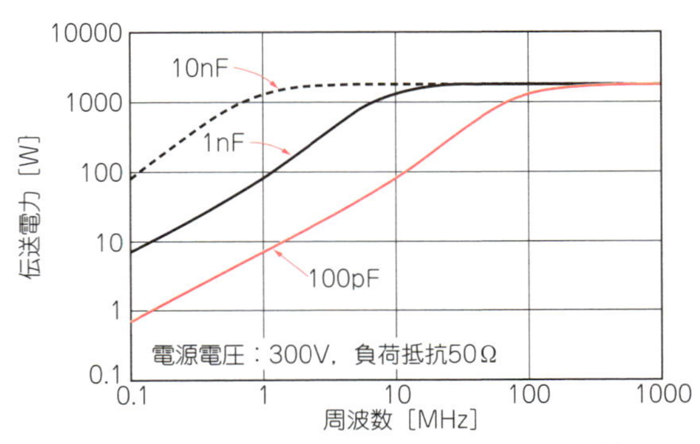

図5　電界結合回路における伝送電力の周波数依存性

くなるにつれて送電電力が低下してきます．これは，**図3**に示すように，接合容量に電圧がかかって負荷に電圧がかからないためです．当然，接合容量が大きいほど，負荷抵抗に電圧が掛けられるため，伝送電力が大きくなります．

これらの結果は，当たり前のことを言っているだけですが，後で述べる直列共振回路および並列共振回路の結果と比較するために示しています．

計算結果からは，いくらでも電力伝送できそうですが，現時点で効率の良い電力伝送用インバータが準備できるのは，10 MHz程度までであるとともに，接合容量が10 nFまで用意できなかったり，容量部損失が無視できないケースもあると思われます．これらの結果を実態に合わせて準用してください．

直列共振方式

図6に，直列共振回路を示します．この回路は，電源の送電電圧をV，送電周波数をfとし，負荷抵抗をR_2とします．その間には接合容量C_1およびC_2がありますが，これらに直列にインダクタンスLが接続されています．このインダクタンスには，直列抵抗R_1があります．

送電電圧を300 V，周波数を1 MHz，負荷抵抗を50 Ω，接合容量を5.06 nFとして，10 μH(直列抵抗0.1 Ω)を入れたときの接合容量とインダクタンスの両端電圧を**図7**に示します．

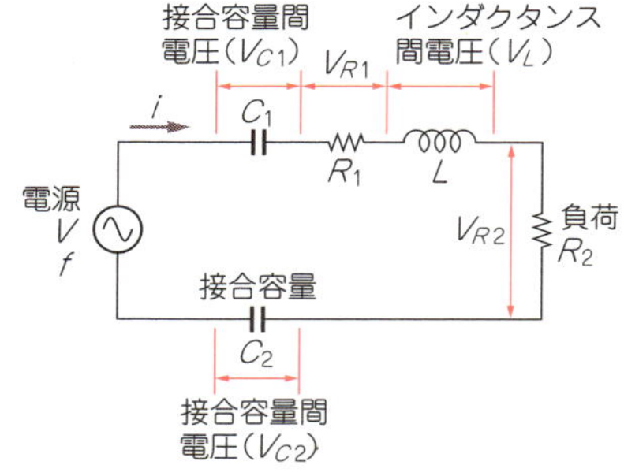

図6　直列共振回路

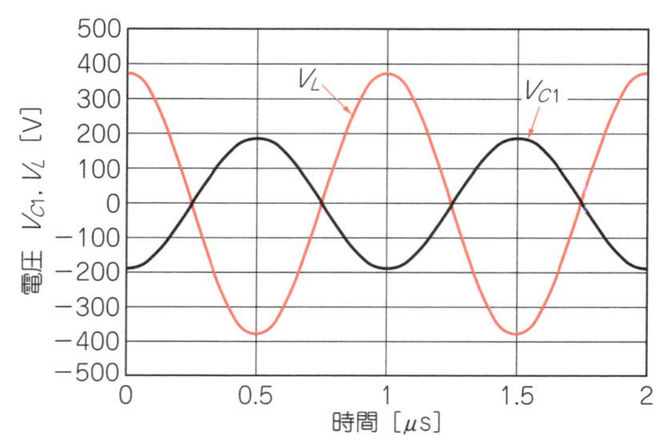

図7　共振時のV_LとV_{C1}の波形

これからわかるように，インダクタンスには376 Vの電圧が，接合容量には188 Vの電圧がかかっており，ちょうど2倍になっています．そして，位相は180°ずれています．

図6より，接合容量は二つあるため，それぞれに188 Vの電圧がかかっていれば，二つの接合容量には376 Vが印加されていて，インダクタンスに掛かる電圧と同じになっています．

この関係をベクトル図で表すと**図8**のようになっていて，インダクタンスに掛かる電圧V_Lと接合容量に掛かる電圧($V_{C1}+V_{C2}$)とは打ち消し合います．インダクタンスも接合容量(キャパシタンス)もリアクタンス成分であり，純粋な虚数成分として扱われます．このため，虚数軸上で描かれます．

これに対して，R_1およびR_2に加わる電圧は，実際に消費される電力になるため，実軸上で表せます．以上から，直列共振回路が共振した状態では，**図9**に示すように，インダクタンスやキャパシタンスが存在しない回路と等価な動作となります．接合容量があって，配線が結ばれていないにもかかわらず，負荷と直結したのと同じ状態になります．ただし，このことは共振周波数において成り立つことです．

このときの，電力と電流波形を**図10**に示します．これより，電流は約6 Aとなっていて，300 Vの電圧で50.1 Ωの負荷に電流を流したときと一致します．このとき送電されるピーク電力は，300 V×6 Aであり，約1.8 kWになります(実際に送電できる電力は900 Wになる)．

このように，**図9**の回路から電力と電流が計算できます．

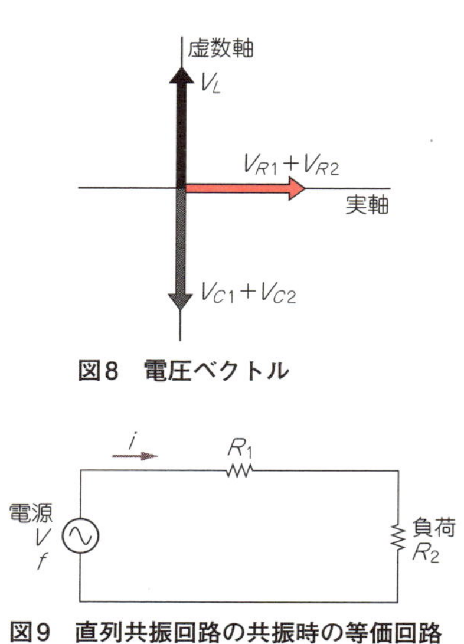

図8　電圧ベクトル

図9　直列共振回路の共振時の等価回路

しかし，直列共振回路としての鋭さを示す値Qの倍数の電圧がインダクタンスや接合容量に掛かっていることを忘れてはいけません．

$$Q = \frac{\omega L}{R} = \frac{1}{\omega CR} \quad \cdots\cdots (3)$$

Qは，式(3)から求められます．今回の場合には，$R = 50.1\ \Omega$，$L = 10\ \mu$H，$f = 1$ MHzとしたため，Qは1.25になります．負荷抵抗を5 Ωとしたときには，$Q = 12.3$となります．**図7**に示したように，インダクタンスには376 Vが印加されていて，電源電圧のQ倍になっていることがわかります．

図11には，負荷抵抗を変えたときの出力の周波数特性を示しています．これより，1 MHzにおいて，それぞれ5 Ω負荷のときには17.3 kW，50 Ω負荷のときには1.79 kWが出力されています．負荷抵抗によってかなり大きな出力差になっています．一方，帯域幅も相当異なっていて，5 ΩのときにはQが大きくて鋭い共振になっていることがわかります．

Qの定義として式(4)に示すものもあります．

$$Q = \frac{f_0}{f_2 - f_1} \quad \cdots\cdots (4)$$

f_0は共振周波数，f_1およびf_2は，半値(ピーク値の半分の値)を示す周波数であり，f_0に対して対称の位置に二つ存在します．**図11**の場合を見ると，負荷抵抗が5 ΩのときのQは$1/(1.04 - 0.96) = 12.5$，負荷抵抗が50 Ωのときには$1/(1.47 - 0.67) = 1.25$となり，式(3)で計算した結果とほぼ一致します．

Qが大きくなるということは，共振回路の効率は良くなりますが，周波数やキャパシタンスが少しずれると伝送電力が急減するという問題が発生します．

図12には，1 MHzで共振している直列共振回路のインダクタンスまたはキャパシタンスの値を1/100にすることにより，共振周波数を10 MHzにシフトさせた例を示しています．キャパシタンスを変えずに，インダクタンスのみを1/100にしたときには，Qが小さくなり，ブロードな特性になります．他方，インダクタンスをそのままにしてキャパシタンスを1/100にしたときには，急峻な特性になります．式(3)から，Qが100倍違うことがわかります．

伝送電力が同じであるならば，Qが小さいほうが，周波数やキャパシタンスの変化に鈍感になるとともに，インダクタンスやキャパシタンスに印加される電圧も低くなります．さらに，インダクタンスも小さいもので済むため，良いことが多そうです．

図13および**図14**には，それぞれ1 MHzおよび10 MHzに共振周波数を有する直列共振回路の入力インピーダンス特性を示しています．それぞれのグラフには，負荷抵抗が5 Ωのときと50 Ωのときを示しています．これからわかるように，共振点では入力インピーダンスが50 Ωおよび5 Ωとなっています．このことは，電源からは負荷抵抗がそのまま見えているということであり，**図9**に示した回路が正しいことを示しています．

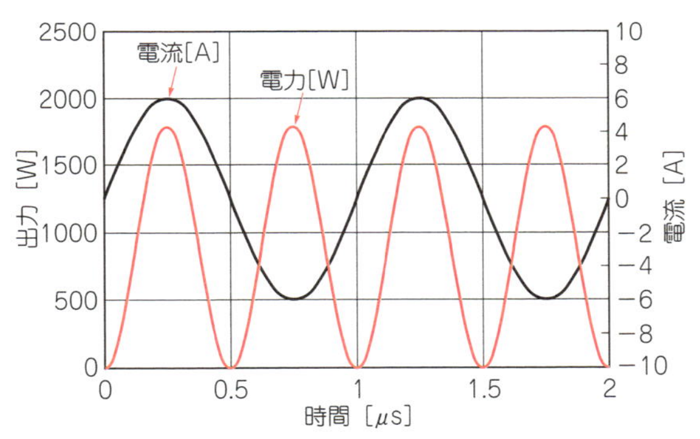

図10　直列共振回路の電力と電流の波形

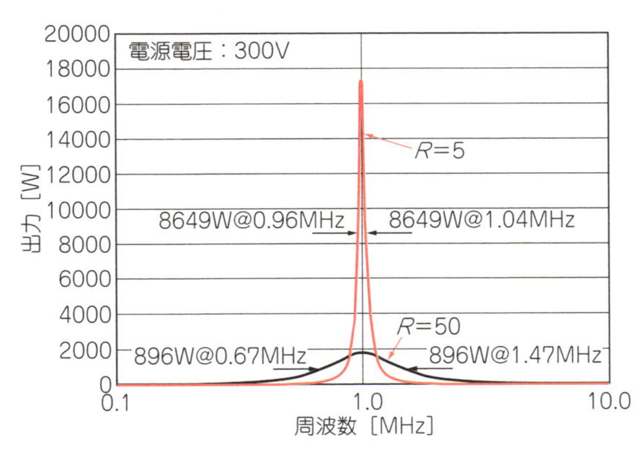

図11　負荷抵抗を5 Ω，50 Ωにしたときの出力

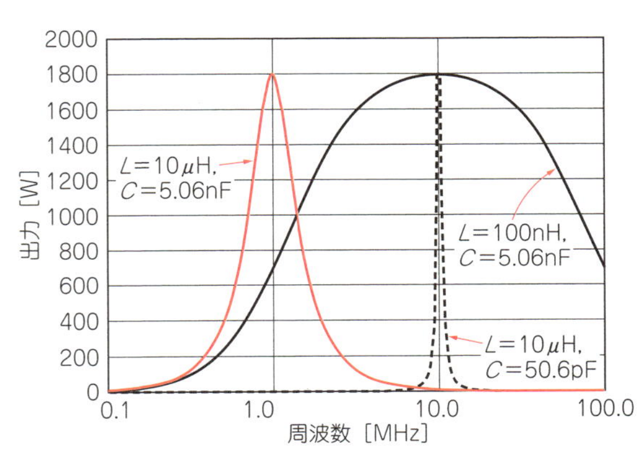

図12　直列共振回路でLまたはCを1/100にした特性
($R = 50\ \Omega$)

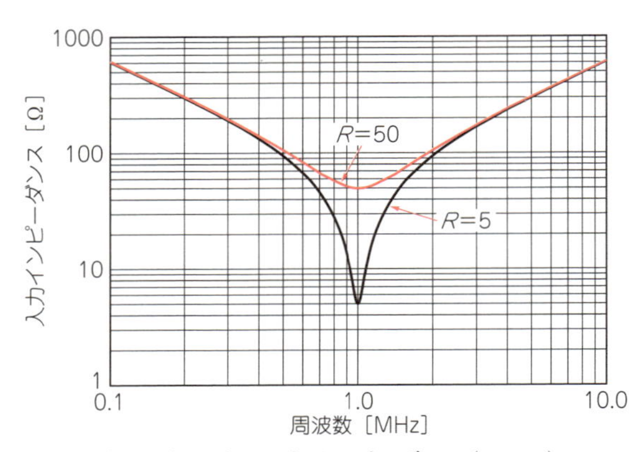

図13　直列共振回路の入力インピーダンス(1 MHz)

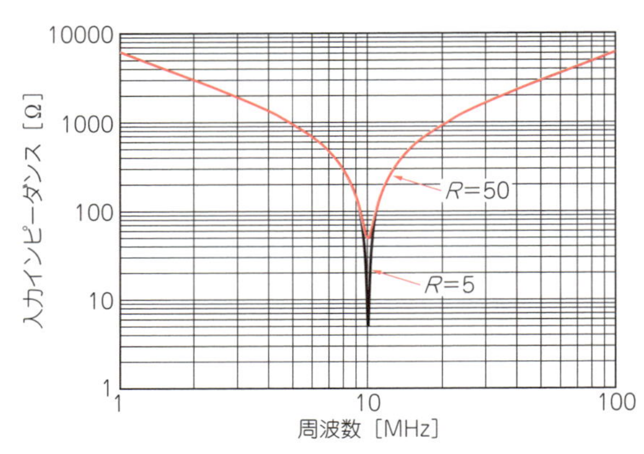

図14　直列共振回路の入力インピーダンス(10 MHz)

並列共振方式

ここからは，いよいよ並列共振回路の話に入ります．**図15**に並列共振回路を示しています．この回路は，左側に電源があってトランスで昇圧して送電し，L_2，C_1の並列共振回路，接合容量C_2とC_3を経て，受電側のC_4，L_3の並列共振回路を励起し，トランスで降圧して負荷に電力を供給しています．この回路は，2007年のマサチューセッツ工科大学による磁界結合方式で2 m離れて電力を送った回路と共振回路やトランスの構成は同じです．異なるのは，伝送媒体が磁界ではなく電界である点です．

本回路については，十分に理解できているわけではありませんが，現時点で知り得たことをまとめて示しています．なお，シミュレーションを主体にして回路の特性を議論しています．各図には，回路の各パラメータも記しているため，シミュレータで追確認することを可能にしています．

図15の回路の基本は，接合容量で送電側と受電側が接続されていること，および受電側の並列共振回路です．**図16**は，その部分のみを取り上げて簡略化した回路です．受電側トランスの2次側には負荷抵抗Rが接続され，負荷側から見て1対nの巻き数比となっているため，n^2Rの負荷が接合容量で接続された回路となっています．

並列共振回路は，共振時にそのインピーダンスが高くなるため，接合容量のインピーダンスが変動しても負荷側の電力分配率が高くなるため，効率的に電力が伝送できます．

接合容量はリアクタンス成分であるため，ベクトル的に記すと**図17**のように示せます．これにより，送

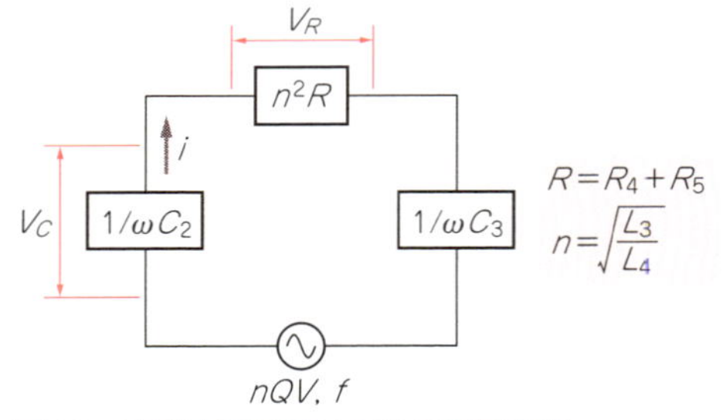

図16　並列共振回路における電圧分配

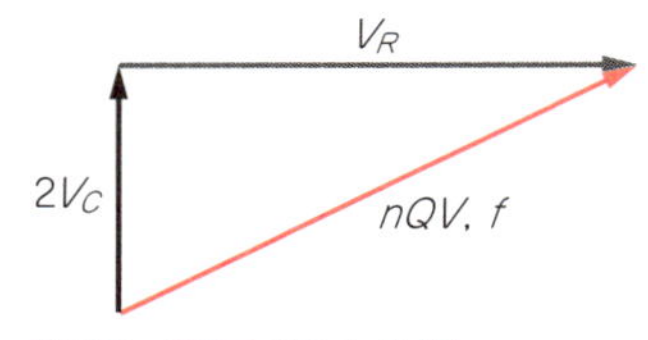

図17　電圧ベクトル図

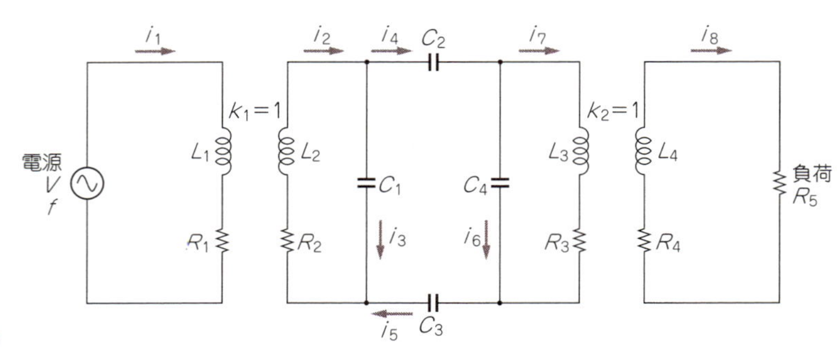

図15　並列共振回路

電側電圧nQVが効率的に受電側に伝送できていることがわかります．

以下，並列共振回路の回路特性のシミュレーション結果を示します．

図18～**図20**には，$V = 300$ V，$f = 1$ MHz，$C_2 = C_3 = 1$ nF，$L_1/L_2 = L_4/L_3 = 0.1\ \mu$H/1 μH，$R_1 \sim R_4 = 0.1\ \Omega$，$K_1 = K_2 = 1$，$C_1 = C_4 = 24.3$ nF，$R = 5\ \Omega$または50 Ωのときの，入力インピーダンス，接合部電圧，出力を示しています．

図18は，入力インピーダンス特性が直列共振とは逆の特性であることを示しています．ただし，負荷抵抗を5 Ωまたは50 Ωにしても，約22 Ωとなっていて，1 MHzで最大ピーク値が得られています．

図19には，結合容量部の電圧を示していますが，5 Ωでは485 V，50 Ωでは664 Vとなり，Qによる電圧上昇がないため，直列共振に比して絶縁耐圧の設計は有利になります．

図20は出力を示しています．1 MHzでピーク値が得られており，負荷抵抗が5 Ωのときが2.12kW，負荷抵抗が50 Ωのときが1.62 kWでした．50 Ωのほうが半値幅が狭く，使いにくいことがわかります．

図21～**図23**は，$V = 300$ V，$f = 10$ MHz，$C_2 = C_3 = 0.1$ nF，$L_1/L_2 = L_4/L_3 = 0.01\ \mu$H/0.1 μH，$R_1 \sim R_4 = 0.1\ \Omega$，$K_1 = K_2 = 1$，$C_1 = C_4 = 2.43$ nF，$R = 5\ \Omega$または50 Ωのときの，入力インピーダンス，接合部電圧，出力を示しています．

図21では，**図18**と同様に，負荷抵抗を5 Ωまたは50 Ωにしても，約22 Ωとなっていて，10 MHzで最大ピーク値が得られています．

図22は，共振周波数を10 MHzにしたときの，負荷抵抗が5 Ωおよび50 Ω時の接合容量に加わる電圧を示しています．負荷抵抗が50 Ωのときには，10 MHzでピーク値の値を示しますが，5 Ωのときにはピーク値ではないため，低い電圧値になります．

図23は出力特性です．負荷抵抗が50 Ωのときが半値幅が狭く，Qが高いことがわかります．このため，

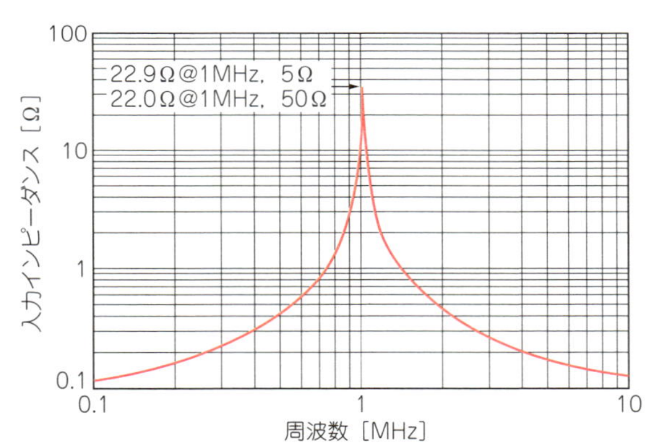

図18　並列共振回路の入力インピーダンス(1 MHz)
シミュレーション・パラメータ　V：300V, f：1MHz, C_2, C_3：1 nF, L_1/L_2, L_4/L_3：0.1 μH/1 μH, $R_1 \sim R_4$：0.1 Ω, K_1, K_2：1, C_1, C_4：24.3 nF, R：5 Ω or 50 Ω

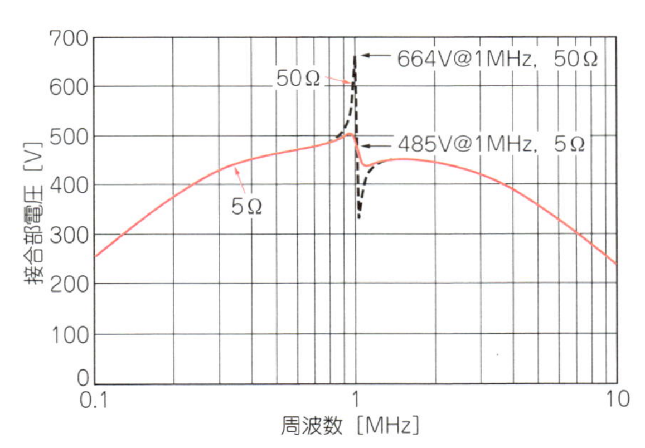

図19　並列共振回路の結合部電圧(1 MHz)
シミュレーション・パラメータは図18と同じ

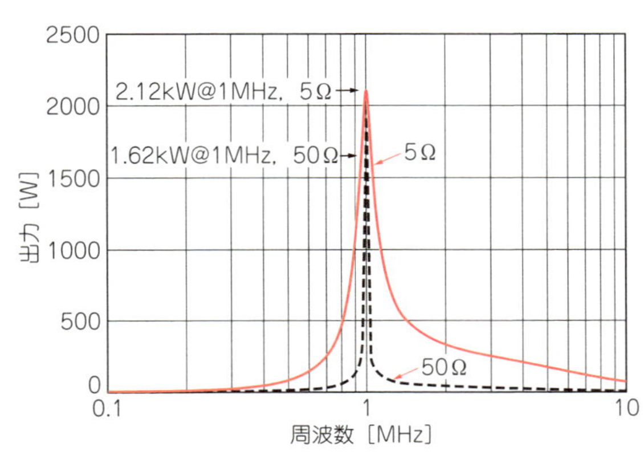

図20　並列共振回路の出力(1 MHz)
シミュレーション・パラメータは図18と同じ

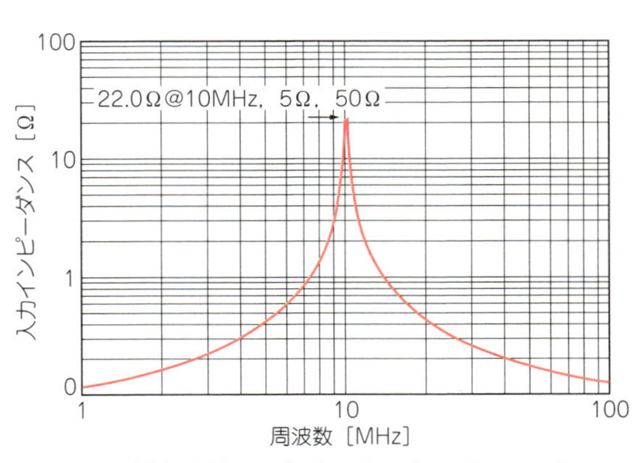

図21　並列共振回路の入力インピーダンス(10 MHz)
シミュレーション・パラメータ　V：300 V, f：10 MHz, C_2, C_3：0.1 nF, L_1/L_2, L_4/L_3：0.01 μH/0.1 μH, $R_1 \sim R_4$：0.1 Ω, K_1, K_2：1, C_1, C_4：2.43 nF, R：5 Ω or 50 Ω

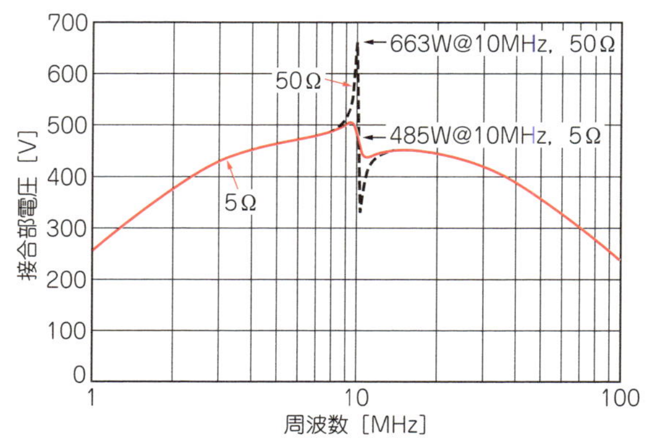

図22　並列共振回路の接合容量部の電圧(10 MHz)
シミュレーション・パラメータは図21と同じ

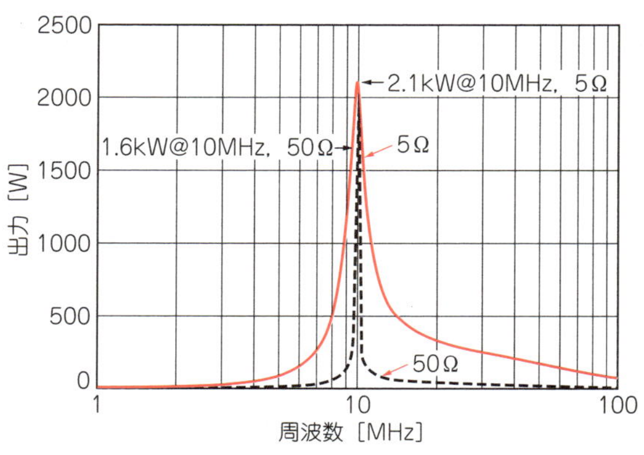

図23　並列共振回路の出力(10 MHz)
シミュレーション・パラメータは図21と同じ

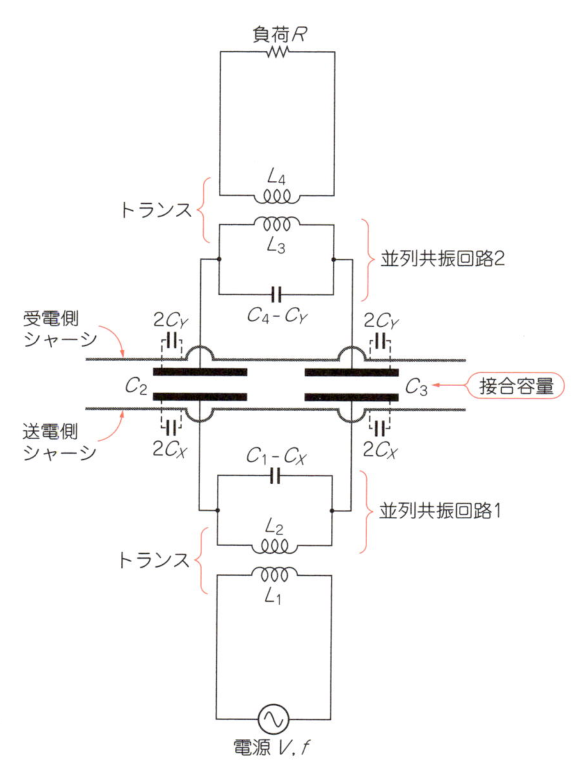

図24　並列共振回路の寄生容量対応性

10 MHzを狙っても，出力は1.6 kWしか得られていません．これに対して，負荷抵抗が5Ωのときには，Qが小さくなって帯域幅が狭くなるため，2.1 kWの出力が得られています．

並列共振回路には，直列共振回路にはない優れた特性があります．その一つが寄生容量対処性です．**図24**に示すように，電界結合機器を小型化するためには，電極と機器のシャーシの距離を狭める必要があります．しかしながら，電極の周囲に金属材料を使用すると寄生容量が発生し，共振周波数をずらすなどの悪影響が生じます．

図24の受電側では，各受電電極とシャーシ間に$2C_y$の寄生容量が発生したとすると，電極間には，これらの寄生容量が直列に接続されてC_yの線間容量が発生します．しかし，並列共振回路が存在し，C_4の容量が存在するため，この容量からC_yを差し引けばよいのです．送電側も同様に対処可能です．このような特性を利用することにより，小型機器に並列共振回路を組み込むことが容易になります．

直列共振回路でも同様に，発生する寄生容量を並列共振で除外する方法を採れば，回路が並列共振回路に似てきます．

その他の並列共振回路の利点を挙げると次のようになります．

(1) 接合容量を介した電力伝送量を大きくするためには，式(2)に示したように，電極間電圧を高めることがよいわけです．電圧を高めるために，共振回路1と共振回路2に付属するトランスで，昇圧および降圧することができます．

(2) トランスを用いているため，送電電極および受電電極に電圧がかかっても，送電側および受電側の装置とは絶縁できるため，安全性を確保しやすい利点があります．

(3) 直列共振回路とは異なり，接合容量が共振回路の一部となっていないため，接触状態の変化に伴う接合容量の変化の影響を受けにくくロバスト性の高いシステムが構築できます．

(4) 直列共振回路とは異なり，接合容量が共振回路の一部となっていないため，Q倍の電圧がかかることがなく，絶縁破壊が起きにくくなります．

(5) 並列共振回路は，電源回路(インバータ)からは，取り出したい電力周波数(基本波)の整数倍の周波数を有する高調波(基本波より低出力)が付随的に出てしまいます．また，負荷と記していますが，このなかには整流回路や平滑回路があって直流に変換して負荷に電力が供給されます．整流回路はダイオードを用いていて，電圧と電流の関係が非線形になっています．このため，非線形性に起因する高調波も発生します．これらの高調波は，主として接合容量を介して空間に放出されてしまいます．この並列共振回路は，電源と接合容量，負荷と接合容量の間に並列共振回路が入っていて，並列共振回路は基本波以外をカットするフィルタとして働きます．これにより，並列共振電力伝送回路は，電磁波放射を抑制する機能があります．

(6) 万が一，接合容量がショートしても，電力伝送できます．これは，ある意味でロバスト性が高いと言えるのですが，ショートした場合に送電を止めることが好ましい場合には，マイナス面として現れますので注意が必要です．直列共振回路の場合には，インダクタンスがチョーク・コイルのように働くので，送電できなくなります．

(7) 双方向電力送電が可能です．これは，直列共振回路も可能ですが，回路的には双方向送電可能であることも付け加えておきます．

このように，並列共振回路は他の回路方式に比して優れた特性を有していることがわかります．

第2章

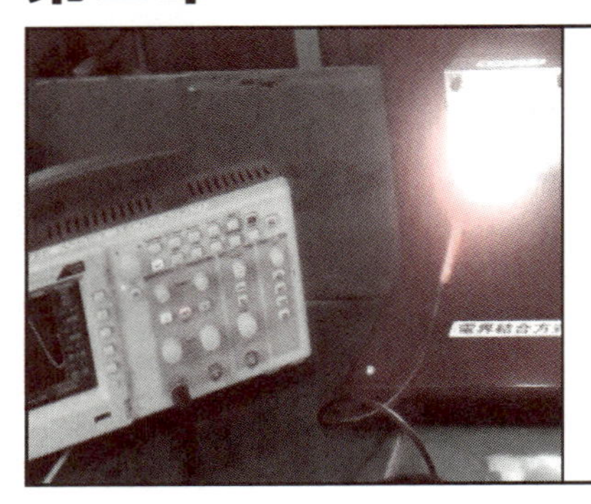

独創的で高効率なワイヤレス給電システムの開拓に向けて

ワイヤレス結合の最新常識「kQ積」をマスタしよう

大平 孝
Takashi Ohira

ワイヤレス電力伝送システムは一般に，**図1**に示す三つの機能ブロックで構成されます．

① 直流電力を高周波に変換
② 空間的に結合
③ 高周波を直流電力に再変換

このしくみは，同じように空間を利用する放送システムや通信システムと似ています．しかし，各ブロックに要求される電気性能が放送や通信とは大きく異なります．放送や通信は情報を伝えるので所要の周波数帯域幅を確保することが必須技術目標ですが，電力伝送では情報ではなくエネルギーを伝えることが役割です．したがって，帯域幅よりもエネルギー効率が重視されます．

上記の三つの機能ブロックのうち，ワイヤレス結合が本記事の主役です．ワイヤレス結合の本質は空間を介して隔たれた二つの導体デバイス(電極やコイル)の間の電磁的相互作用です．トランジスタにh_{FE}，OPアンプにGB積，アンテナにGT比があるように，送受電器間の作用にもなんらかの「普遍的」な性能指数があるはずです(**図2**)．ワイヤレス結合の性能指数とは，いったい何でしょうか．

少なくとも20世紀の人々は，送受電器間の結合係数(一般に“k”という記号で表記する)が，ワイヤレス伝送の性能を支配する指標であると考えていました．結合係数kとは，送電器がもっている電気力線や磁力線の総数のうち何パーセントが受電器に届いているかの割合です．送受電器の形状をどんなに工夫してもkの値が1を超えることはありません．

kを高くするには送受電器間の距離を近づければよいことが直感的にわかります．つまり，距離を長くするとkがどんどんゼロに近づいて，しまいにはエネルギーが届かなくなってしまうだろうと普通に考えられていました．ワイヤレス電力伝送が卓上電子機器の充電など，極近距離系だけで実用化されていた理由がここにあります．

そんななか，2007年に米国マサチューセッツ工科大学が行ったワイヤレス電力伝送実験が世界中に反響を呼び起こしました[1]．

写真1を見ると，右端にある60 Wの白熱電球が明るく輝いています．白熱電球は本来50 Hz/60 Hzの商用周波数帯で使うことを前提としていますが，高周波パワー投入状態での大振幅インピーダンスをリアルタイムで計測し，これを給電系に共役整合させればHF帯でも点灯します[5]．

問題は電球ではありません．送受電コイル間が離れていることです．同写真から見て，送受電間の距離は2 mほどもあるので，結合係数kがかなり低いはずです．なぜこんなことができるのでしょうか．実験成功の秘訣は，実験に用いたコイルの「Qファクタ」でした．kが低い場合でもQファクタを高くすれば，電力伝送が可能であるということを彼らは白熱電球の点灯で実証したのです．

2010年代になり，電界結合[4]や磁界結合[3]を用いるワイヤレス電力伝送の研究が活発化しました．高効率な伝送系を設計するには，送受電器の構造や結合距離などの物理パラメータが，どのように伝送性能に影響するかを定量的に把握することが重要なポイントです．

インピーダンス，Qファクタ，結合係数k，負荷反射係数，伝送効率などの相互関係を理論的に調べてい

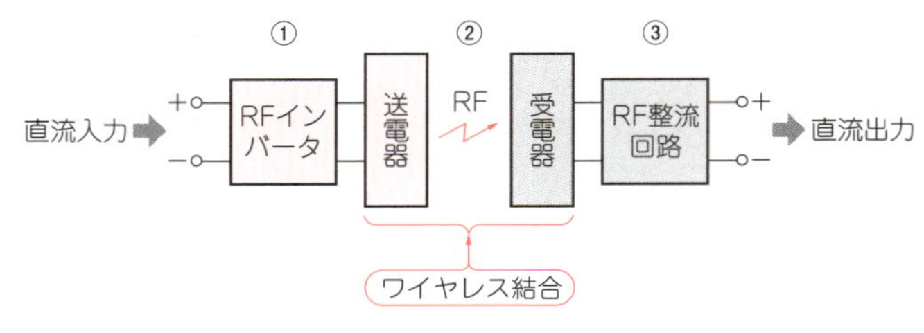

図1 ワイヤレス電力伝送システムの基本的しくみ

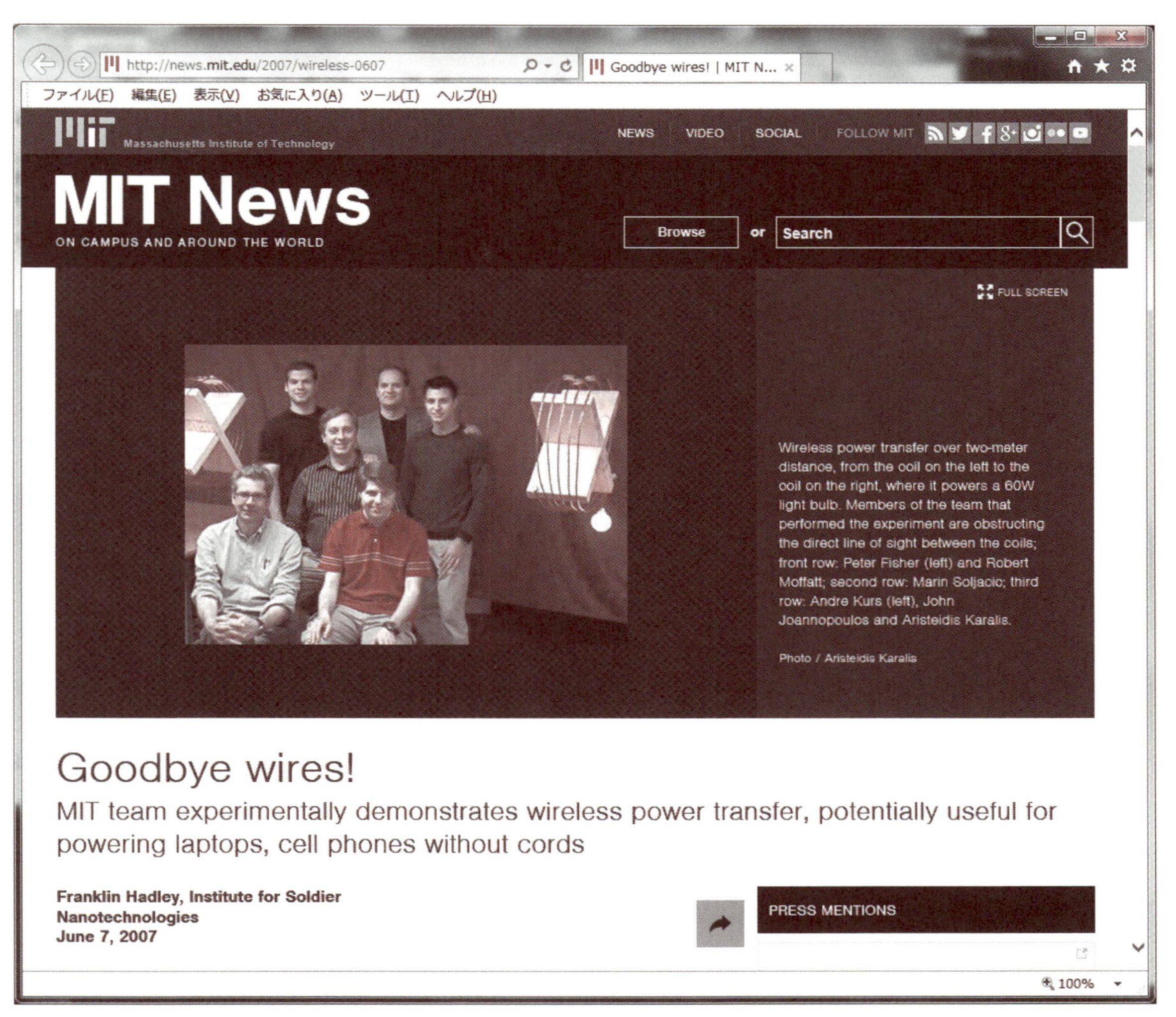

写真1　送受間が疎結合($k \ll 1$)であってもコイルのQを高くすれば電力伝送できる
マサチューセッツ工科大学のホームページから…http://news.mit.edu/2007/wireless-0607

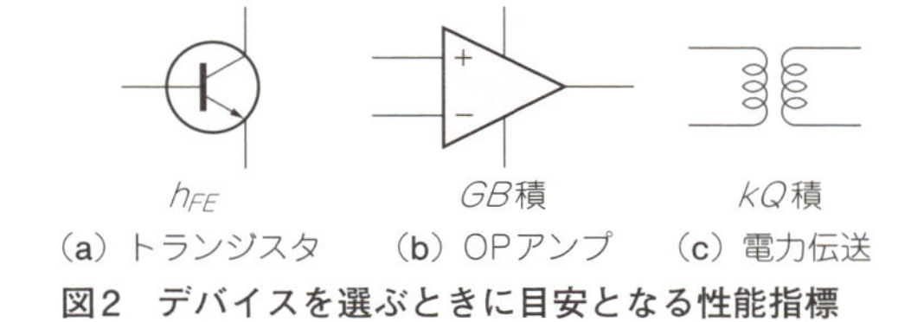

図2　デバイスを選ぶときに目安となる性能指標

くなかで，結合係数kにQファクタを乗算した「kQ積」が常に鍵的役割を果たすことがわかってきました．ここ数年で，kQ積の基礎理論が急速に構築されつつあります．

本稿はその最新知識をわかりやすく紹介します．kQ積の本質理解と活用法探索に向けて第一歩を踏み出しましょう．

kQ積への近道

難解な数式に満ちた専門書を読むことなく，kQ積に親しめる近道があります．それは基本問題に触れることです．

本稿では五つの基本問題を用意しました．最初の4問は学部2～3年生向け，最後の1問は卒研生～院生クラスです．各問題に回路図が登場します．計算用に「紙と鉛筆」を準備してください．回路シミュレータは使いません．自分で考えて正解に到達することに意味があります．

kやQという用語を初めて耳にした学生諸君はもちろんのこと，研究開発現場ですでにkQ積をお使いのエンジニアの方々も，基本を確認する意味でぜひトライしてください．

● 問題1：図3に示す2ポート抵抗回路のkQ積を求めよ

ポート#1からポート#2へ電力伝送するとき，kQ積がいくらになるかを計算する問題です．この系はワイヤレス結合器ではありませんが，kQ積に初めて触れる最もシンプルな演習課題という意味で有用です．この回路はLもCも含まないので，明らかに周波数応答が完全にフラットです．

このような系にもkQ積が存在します．kQ積の算出に共鳴の概念は不要です．

【考えかた】

一般に，2ポート回路網の電気的ふるまいは2行2列のインピーダンス行列(Zパラメータ)で記述できます．とくに抵抗回路網のインピーダンス行列は，四つの要素がすべて実数になります．これを次のように書きます．

$$\begin{bmatrix} R_{11} & R_{12} \\ R_{21} & R_{22} \end{bmatrix}$$

この行列の四つの成分はすべて抵抗の次元(単位：Ω)をもっていて，四つセットでこの抵抗回路網の電気的性質を示しています．たとえば，R_{11}はポート#2を開放にしてポート#1から見た入力抵抗です．この問題の回路のインピーダンス行列は，次のように表せます．

$$10 \times \begin{bmatrix} 1 & 0 \\ 0 & 0 \end{bmatrix} + 80 \times \begin{bmatrix} 1 & 1 \\ 1 & 1 \end{bmatrix} = \begin{bmatrix} 90 & 80 \\ 80 & 80 \end{bmatrix}$$

初項が直列抵抗10Ω，第2項がシャント抵抗80Ωに対応します．さまざまなトポロジーの回路のインピーダンス行列が，これと類似の考えかたにより手計算で求めることができます．具体例が参考文献(2)にあるのでご覧ください．

行列の4要素のうち，左下にあるR_{21}がポート#1からポート#2への伝達抵抗を意味します．トランジスタのh_{FE}やFETのg_mのような役割です．つまり，R_{21}が大きいほうが回路として相対的に低損失です．結合効率を高めるポイントはR_{21}を大きくすることです．**図3**の回路のR_{21}は80Ωです．

このように，R_{21}をそのまま伝送系の性能指標として用いることは可能ですが，ある意味で普遍性のある指標とは言えません．なぜなら抵抗の次元(単位：Ω)をもっているからです．そこで，R_{21}を無次元化することを考えます．たとえれば，FETの伝達コンダクタンスg_mをドレイン・コンダクタンスg_dで正規化したg_m/g_dをデバイス性能指標として使うのと同じ発想です．

それでは，R_{21}の場合は何で正規化すればよいのでしょうか．

行列の要素は四つあります．そこで，行列の4要素を「たすきがけ」算した次式を考えます．

$$S = R_{11}R_{22} - R_{12}R_{21}$$

これは**図4**に示す平行四辺形の面積を意味しています．具体例として**図3**の回路の場合，この面積は次のように求められます

$$S = 90 \times 80 - 80 \times 80 = 800\ \Omega^2$$

単位が平方オームなのは物理的にイメージしにくいですが，少しの間がまんしてください．Sは受動回路系では必ず正の値になります．無損失受動回路では$S = 0$です．

Sの平方根を2ポート系の「等価スカラ抵抗」と呼びます．ここでは英語表記のEquivalent Scalar Resistanceを略して“ESR”と書きます(1ポート部品の等価直列抵抗を2ポートに次元拡張した概念)．ESRは，本来2行2列の要素からなるマトリクス量を一つのスカラ量で等価的に代表させるという考えかたです．問題の回路のESRは次のように求められます．

$$ESR = \sqrt{S} = \sqrt{800} = 20\sqrt{2} \fallingdotseq 28\ \Omega$$

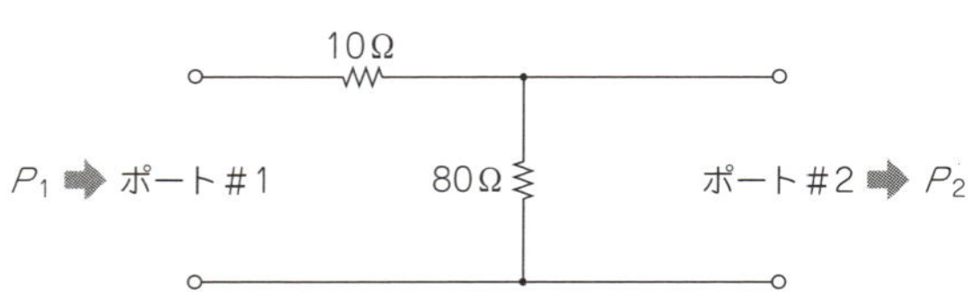

図3　逆L型2ポート抵抗回路

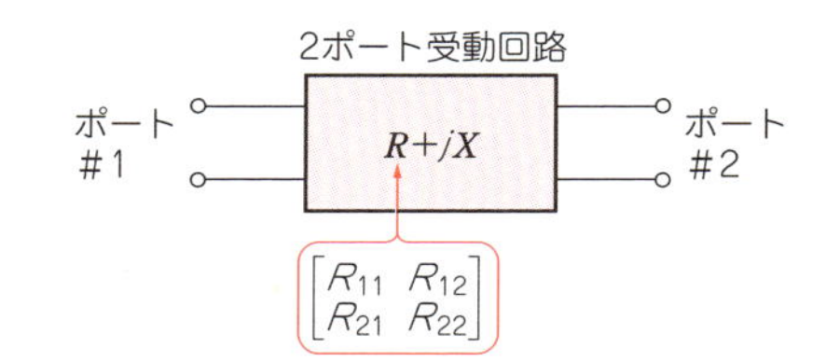

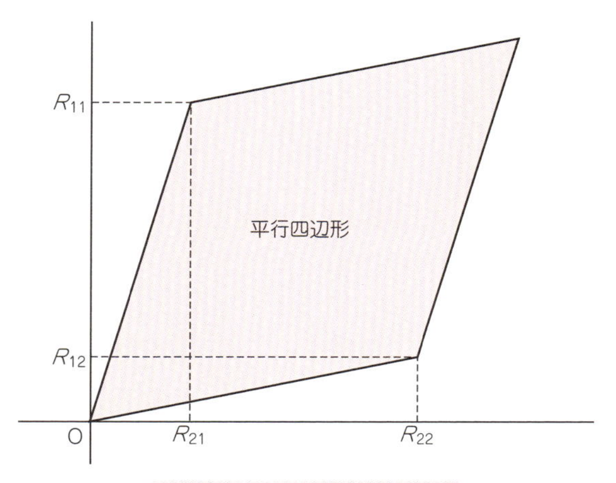

図4　2ポート受動回路のESRを図形的に求める

コラム1　T型抵抗回路のESR

インピーダンス行列が手計算で簡単に求まる典型例として，**図A**に示すT型抵抗回路があります．正解は次式です．

$$R_1\begin{bmatrix}1 & 0\\0 & 0\end{bmatrix}+R_2\begin{bmatrix}1 & 1\\1 & 1\end{bmatrix}+R_3\begin{bmatrix}0 & 0\\0 & 1\end{bmatrix}$$

三つの行列が回路図と視覚的に対応していて理解しやすいですね．これよりESRを計算すると次式となります．

$$ESR=\sqrt{R_1R_2+R_2R_3+R_3R_1}$$

この結果を見ると，3個の抵抗を相互に入れ換えてもESRは不変であることがわかります．言い換えると，どの端子を接地点(共通端子)に選ぶかはESRに影響しないということです．これを巡回的対称性と呼びます．

このことから，上式は**図B**に示すY型3端子回路のESRであるとも言えます．これを立体的に表現すると，**図C**に示す直方体の隣り合う三つの長方形の面積和が，上式のルートの中身になります．

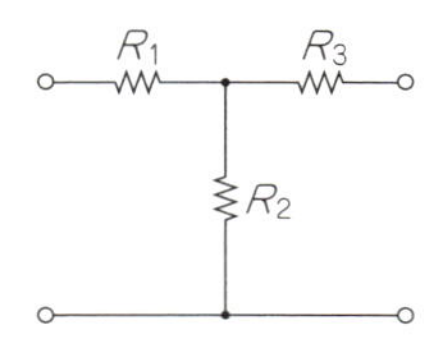

図A　T型2ポート回路

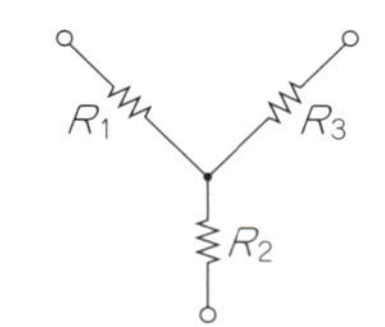

図B　Y型3端子回路

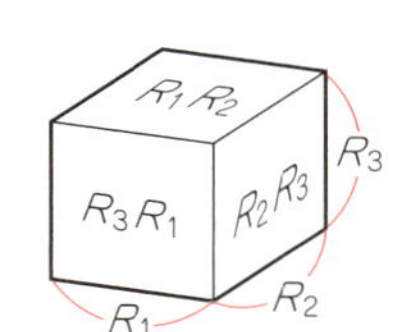

図C　ESRを「見える化」

これで単位が普通のオームに戻りました．ここでは簡単のため逆L型回路を取り上げていますが，ESRはさまざまなトポロジの抵抗回路網に発展できます．例として，T型回路のESRをコラム1に挙げましたので参照ください．

さて，これで正規化の準備が整いました．上記二つの物理量の比，すなわち，ESRで正規化したR_{21}が，この問題で求めているkQ積となります(6)．

$$kQ=\frac{R_{21}}{ESR}$$

上式右辺の分母と分子がともに単位がΩなので，kQ積は無次元量になります．この公式を「第1kQ則」と呼びます．これを問題図の回路に適用すれば，下記の計算式が得られます．

$$kQ=\frac{80}{20\sqrt{2}}=2\sqrt{2}\fallingdotseq 2.8$$

よって，$kQ=2.8$が本問題の正解です．

● 問題2：前問の回路を結合器として使う場合の最大伝送効率を求めよ

【考えかた】

ワイヤレス結合の伝送効率とは，そもそも何でしょうか．目的に応じて複数の定義が考えられますが，最も単純に出力電力P_2と入力電力P_1の比，

$$\eta=\frac{P_2}{P_1}$$

を伝送効率と定めるのが自然です．当然ながら，ηは0から1までの値を取ります．

伝送効率ηを高めるには，kQ積を大きくする必要があることは確かです．しかし，kQ積だけでηが決まるわけではありません．結合器の出力ポート#2に，どのような負荷を接続するかによってもηが変化します．

図3に示した回路を結合器であると考えて，その出力ポート#2に負荷抵抗Rを接続するとします．仮に，Rをどんどん下げていくと，負荷にかかる「電圧」が低下するので出力電力P_2も低下します．かと言って，逆にRをどんどん高くすると，今度は負荷を流れる「電流」が低下するので，やはりP_2が低下してしまいます(具体例としてコラム4にあるグラフ**図F**を参照)．

結論として，伝送効率ηが最大となる最適なR値がどこかに存在するということです．最適な負荷抵抗Rを接続したときに得られるηを「最大効率$\eta_{\max}$」と呼びます．

結合器の回路図が与えられたとき，そこから$\eta_{\max}$を見積もるにはどうすればよいでしょうか．これは少し複雑な問題です．なぜなら，単に電力P_2の最大点を求めればよいというわけではなく，$P_2:P_1$の比を最大にする必要があるからです．つまり，Rを変えるとP_2だけでなくP_1も同時に変わってしまうところが，モグラたたきのようにやっかいなのです．

そこで，この問題をエレガントに解く妙手があります．それが「第2kQ則」です．

$$\eta_{\max}=\tan^2\theta$$

はて，ここで登場したθとは何でしょうか．これは，

$$kQ=\tan 2\theta$$

表1　kQ積と最大効率の換算早見表

kQ積	効率角 θ［度］	最大効率 η［%］
∞	45	100
100	44.7	98
68	44.6	97
47	44.4	96
33	44.1	94
22	43.7	91
15	43.1	88
10	42.1	82
6.8	41.8	75
4.7	39	66
3.3	36.6	55
2.2	32.8	41
1.5	28.2	29
1	22.5	17
0	0	0

という関係でkQ積と結ばれている媒介変数で「効率角」と呼びます．わかりやすく言うと，θ はkQからη_{max}への橋渡し役です．$\theta=0$のとき，kQもη_{max}もゼロです．θが大きくなるにともなって，kQとη_{max}が単調に上昇していきます．θの上限は45°です．そのとき$kQ=\infty$，$\eta_{max}=1$となります．換算早見表を**表1**に示しますので参照してください．

さっそく，θを使って**図3**の回路のη_{max}を求めてみましょう．手元に三角関数電卓があれば話は簡単です．**図3**の回路のkQ積は前節で求めたように2.8だったので，

$$2.8=\tan 2\theta$$

です．これを満たすθを逆算して，

$$\theta=\frac{1}{2}\tan^{-1}2.8=35°$$

です．このθを第2kQ則に代入して，

$$\eta_{max}=\tan^2 35°=0.71^2 \fallingdotseq 0.5$$

となります．つまり，最大効率50％というのが，この問題の正解です．一見難問に見えましたが，kQ積を使えば関数電卓で容易に答が出ましたね．

電卓を持ち合わせていないときはどうすればよいでしょうか．いわゆる持ち込みなしの期末試験です．そのときは「紙と鉛筆」という華麗なるアナログ技を放ちます．

まず，底辺が1で高さがkQ積となる直角三角形を**図5**のように描きます．先に求めたとおり，この回路のkQ積が，

$$kQ=2\sqrt{2}$$

だったので，ピタゴラスの定理より斜辺の長さが，

$$\sqrt{1^2+k^2Q^2}=\sqrt{1^2+(2\sqrt{2})^2}=3$$

となります．これで，三辺の長さがすべて決まりました．

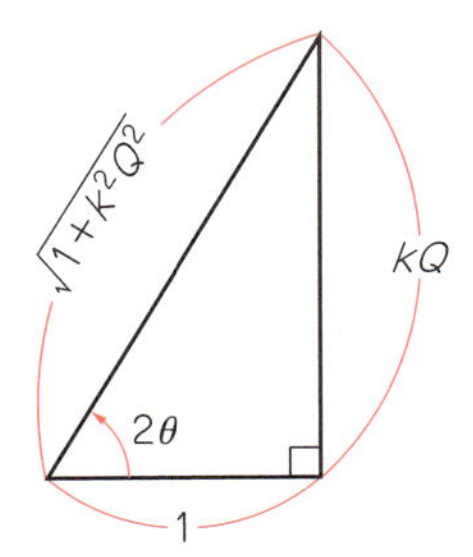

図5　直角三角形（底辺1，高さkQ）を作図して最大効率η_{max}を求める

次に，角度に着目します．第2kQ則より，$kQ=\tan 2\theta$なので，左下隅の角度が2θです．直角三角形の底辺対斜辺の比が余弦なので，

$$\cos 2\theta=\frac{1}{\sqrt{1^2+k^2Q^2}}=\frac{1}{3}$$

です．ここで青春時代に受験勉強で丸暗記した美しい公式，

$$\tan^2\theta=\frac{\sin^2\theta}{\cos^2\theta}=\frac{1-\cos 2\theta}{1+\cos 2\theta}$$

を思い出しましょう．これを活かすチャンスが今です．これにより最大効率が，

$$\eta_{max}=\frac{1-\cos 2\theta}{1+\cos 2\theta}=\frac{1-\dfrac{1}{3}}{1+\dfrac{1}{3}}=\frac{3-1}{3+1}=0.5$$

とみごとに求まりました．先に述べた関数電卓での計算結果ともぴったり一致します．

一般に，この図に登場した直角三角形の斜辺の長さをρとおくと，

$$\eta_{max}=\frac{\rho-1}{\rho+1}$$
$$\rho=\sqrt{1+(kQ)^2}$$

という関係が成り立ちます．これは覚えやすいですね．

爽やかな気分で次の問題に進みましょう．

● 問題3：図6に示す磁界結合器のkQ積の式を導け．入力周波数f，自己インダクタンスL，相互インダクタンスM，直列抵抗Rは既知とする．

最近よく見かける磁界ワイヤレス結合器は，動作原理が基本的に巻き線トランスと同じです．等価回路が同じなのでkQ積も同じになります．

【考えかた】

基本の考えかたは前問と同じです．ただし，回路にリアクタンス素子が含まれているので，インピーダンス行列は実部に加えて$j(=\sqrt{-1})$の付いた虚部が現れます．一般に，これを次のように書きます．

$$\begin{bmatrix} Z_{11} & Z_{12} \\ Z_{21} & Z_{22} \end{bmatrix}=\begin{bmatrix} R_{11} & R_{12} \\ R_{21} & R_{22} \end{bmatrix}+j\begin{bmatrix} X_{11} & X_{12} \\ X_{21} & X_{22} \end{bmatrix}$$

コラム2　巻き線トランスのQファクタと結合係数

磁界結合ワイヤレス電力伝送系の動作原理は，基本的に巻き線トランスと同じです．数学的にも同じモデルで記述できます．その等価回路は本文の**図6**に示したとおりです．電気回路の教科書に書かれているとおりQファクタと結合係数kはそれぞれ次式で定義されます．

$$Q=\frac{\omega L}{R}$$

$$k=\frac{M}{L}$$

したがって，これらの積は次式となります．

$$kQ=\frac{\omega L}{R}\cdot\frac{M}{L}=\frac{\omega M}{R}$$

元のkにもQにも自己インダクタンスLが含まれていましたが，これらを乗じたkQ積ではLが約分されて消えるところがポイントです．この結果は本文の【問題3】の答と一致します．

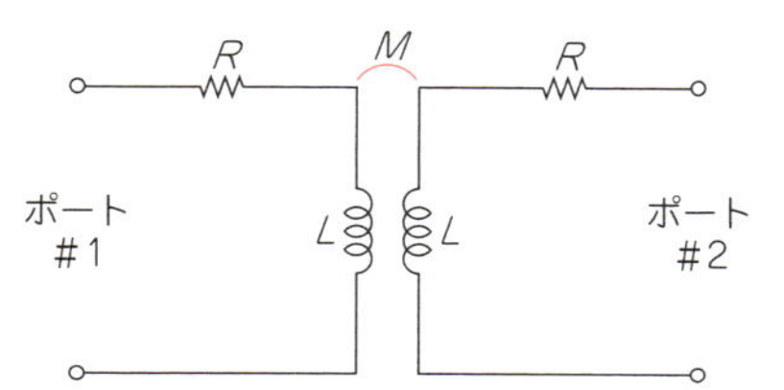

図6　磁界結合器(別名：巻き線トランス)の等価回路

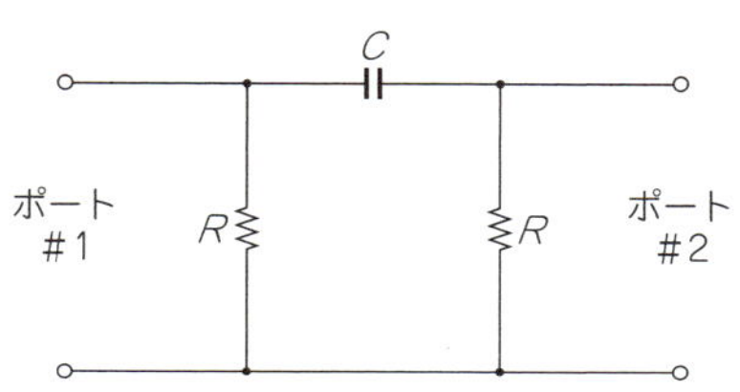

図8　電界結合器の等価回路

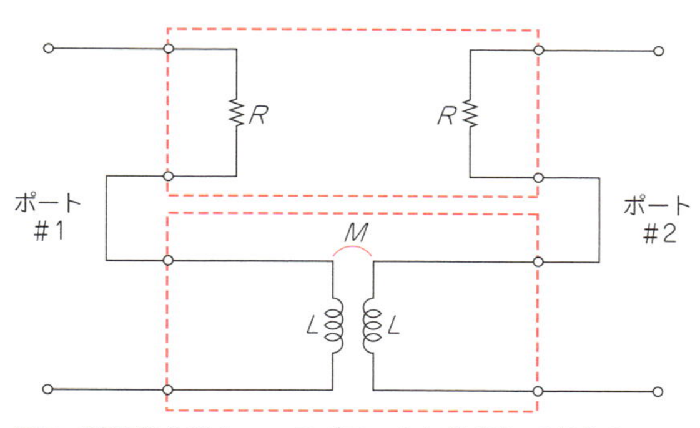

図7　磁界結合器を二つのブロックに分解して考える

問題の磁界結合器は，**図7**のように二つの回路を縦積に接続したものと同じなので，インピーダンス行列はそれらの和，つまり

$$\begin{bmatrix} R & 0 \\ 0 & R \end{bmatrix}+j\omega\begin{bmatrix} L & M \\ M & L \end{bmatrix}$$

です．ここで，ωは角周波数$\omega=2\pi f$です．

【問題1】で登場した伝達抵抗R_{21}を複素数領域へ拡張した$|Z_{21}|$を，#1から#2への伝達インピーダンスと呼びます．

$$|Z_{21}|=\sqrt{R_{21}^2+X_{21}^2}$$

縦棒ペア｜｜は複素数の絶対値の意味です．磁界結合器の場合，Z_{21}は実部がゼロなので虚部だけが残って，

$$|Z_{21}|=\sqrt{0^2+\omega^2M^2}=\omega M$$

となります．

磁界結合器のインピーダンス行列の要素は複素数ですが，ESRは損失を表す指標なので抵抗成分，つまり実部だけを抽出すればOKです．【問題1】と同じ方法で計算して，

$$ESR=\sqrt{R_{11}R_{22}-R_{12}R_{21}}=\sqrt{R^2-0^2}=R$$

となります．最後に，伝達インピーダンスをESRで割って，

$$kQ=\frac{|Z_{21}|}{ESR}=\frac{\omega M}{R}$$

を得ます．これが磁界結合器のkQ積です．最右辺は「伝送効率を高めるには相互インダクタンスMを大きくし，抵抗Rを小さくすればよい」という物理的直感を定量的に根拠付けています．

ここで注目すべきことは，自己インダクタンスLがkQ積に直接関与しないことです．これは，トランスの入力端子や出力端子に共鳴用のLまたはCを付加してもkQ積自身は不変であることを意味しています．これらは巻き線トランスのkQ積(コラム2参照)の結果と一致します．

● 問題4：図8に示す電界結合器のkQ積の式を導け．入力周波数f，キャパシタンスC，シャント抵抗Rは既知とする

電界結合は，前問の磁界結合と双対姉妹の関係にあります．インダクタンス→キャパシタンス，抵抗→コンダクタンス，直列→並列，などの置き換えを行えば，互いに類比の結果となります．

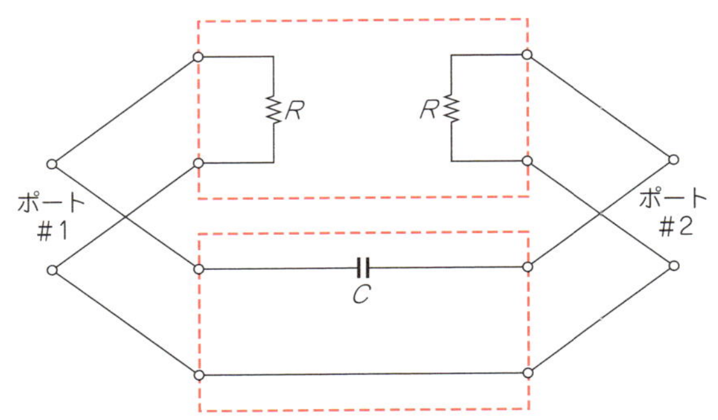

図9　電界結合器を二つのブロックに分解して考える

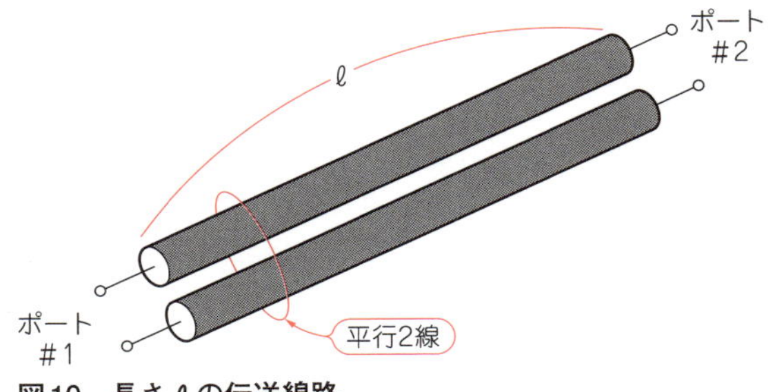

図10　長さℓの伝送線路

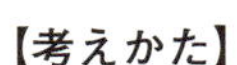

【考えかた】

インピーダンスZ→アドミタンスY，抵抗R→コンダクタンスG，リアクタンスX→サセプタンスBという置き換えを行って，

$$\begin{bmatrix} Y_{11} & Y_{12} \\ Y_{21} & Y_{22} \end{bmatrix} = \begin{bmatrix} G_{11} & G_{12} \\ G_{21} & G_{22} \end{bmatrix} + j\begin{bmatrix} B_{11} & B_{12} \\ B_{21} & B_{22} \end{bmatrix}$$

と書きます．

問題の電界結合器は，**図9**のように二つの回路を並列に接続したものと同じなので，アドミタンス行列はそれらの和，つまり

$$\frac{1}{R}\begin{bmatrix} 1 & 0 \\ 0 & 1 \end{bmatrix} + j\omega C\begin{bmatrix} 1 & -1 \\ -1 & 1 \end{bmatrix}$$

です．したがって，伝達アドミタンスは，

$$|Y_{21}| = \sqrt{G_{21}{}^2 + B_{21}{}^2} = \sqrt{0^2 + \omega^2 C^2} = \omega C$$

となります．等価スカラ抵抗ESRの双対量を，等価スカラ・コンダクタンスESGと呼ぶこととします．計算式はESRと同形です．具体的には，

$$ESG = \sqrt{G_{11}G_{22} - G_{12}G_{21}} = \frac{1}{R}$$

となります．このESGで上記の伝達アドミタンスを割算することにより，

$$kQ = \frac{|Y_{21}|}{ESG} = \omega CR$$

が得られます．これが電界結合器のkQ積です．伝送効率を高めるには，CR時定数を大きくすればよいということがわかります．これも物理的直感と一致していますね．

● 問題5：図10に示す伝送線路のkQ積の式を導け．波動インピーダンスZ_o，伝搬定数$\gamma = \alpha + j\beta$，線路長ℓは既知とする

平行2線ケーブルなどの有線系も，これを電力伝送に用いる場合はワイヤレス結合器と同様にkQ積や$\eta_{\max}$などの考えかたが適用できます．

【考えかた】

kQ積は元来，ワイヤレス結合に特有の性能指数として考えられました．よく考えてみると，その概念は有線系電力伝送へも拡張可能です．たとえば，有線ケーブルはワイヤレス電力伝送システムにおいて電源から結合器へのフィーダ・ラインとして用いることがあります．さらには電気自動車への走行中給電システムにおいては，電化道路が伝送線路の役割を担います(4)．これらのシステムでは，有線区間でのkQ積や最大効

コラム3　距離減衰から考える伝送線路のkQ積

本文の**図10**に示したような平行2線や同軸ケーブルなどの伝送線路を信号が伝搬する際には，導体損や誘電体損が要因で振幅減衰を受けます．その電圧振幅は指数関数$v_o e^{-\alpha\ell}$で表されます．v_oは電圧振幅の初期値，αは単位長さあたりの振幅減衰量，ℓは線路長です．簡単のため位相回転因子は非表示とします．

電圧と同様に電流振幅は$i_o e^{-\alpha\ell}$なので，電圧と電流の積である電力は$v_o i_o e^{-2\alpha\ell}$となります．これは送電端から電力$v_o i_o$を送り，受電端に整合負荷を接続したときに受け取れる電力を意味しています．すなわち最大効率が，

$$\eta_{\max} = e^{-2\alpha\ell}$$

ということです．これを第2kQ則に代入すると，

$$kQ = \tan 2\theta = \frac{2\tan\theta}{1-\tan^2\theta} = \frac{2\sqrt{\eta_{\max}}}{1-\eta_{\max}}$$

$$= \frac{2e^{-\alpha\ell}}{1-e^{-2\alpha\ell}} = \frac{1}{\sinh \alpha\ell} \fallingdotseq \frac{1}{\alpha\ell}$$

を得ます．本文で第1kQ則から導出したkQ積と完全に一致します．

コラム4　電力伝送効率をLTspiceで計算すると…

電力伝送系の例として，**図D**に示す2ポート抵抗回路を考えます．入力ポートにAC 100 Vの電圧源(内部抵抗0 Ω)，出力ポートにR [Ω] の抵抗を負荷として接続します．さて，ここで問題です．負荷抵抗Rの値を調整して得られる最大の電力伝送効率は何%でしょうか．

まず，$R = 50$ Ωに固定します．LTspiceで入出力の電圧と電流をシミュレートした結果の波形を**図E**のグラフに示します．入力電圧の尖頭値は141 Vです．入力電流は3.46 Aとなります．これらから入力電力は245 Wと計算できます．

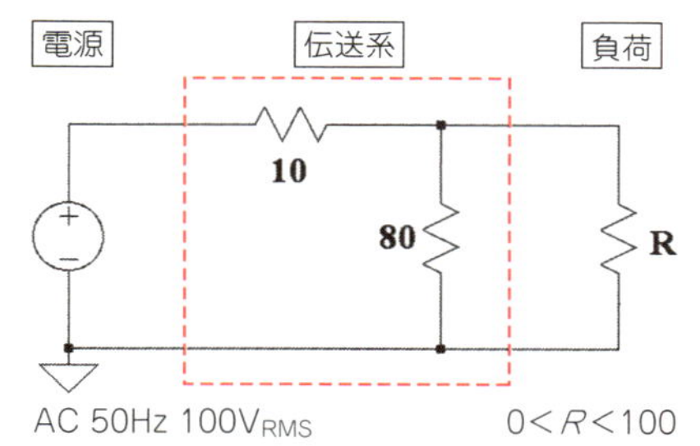

図D　抵抗2本からなる電力伝送系をLTspiceでシミュレートする

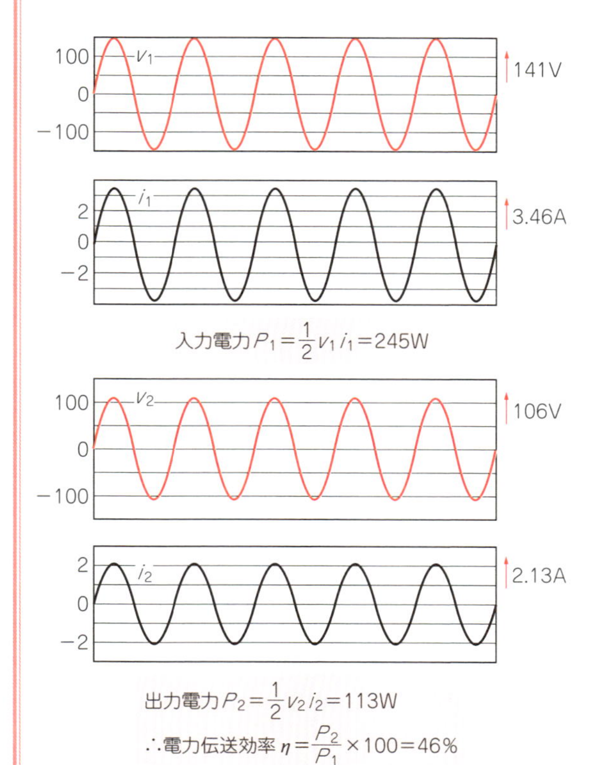

図E　入出力の電圧と電流から電力伝送効率を計算する

同様に，出力電圧と電流は106 V，2.13 Aとなります．これらから出力電力は113 Wとなります．入出力の電力比すなわち電力伝送効率ηは46%となります．$R = 50$ Ωは理由なく決めた値なので，適切とは限りません．Rを変化させると効率はどう変わるのでしょうか．

Rを0から100 Ωまでの範囲で調整します．さきほど$R = 50$ Ωのときと同様にLTspiceシミュレーション結果波形から入力電力P_1，出力電力P_2，ならびに電力伝送効率ηを計算します．そして，その結果を横軸＝負荷抵抗Rとしてグラフ化すると**図F**のようになります．

このグラフから，Rを高くしていくとP_1は単調に減少することがわかります．P_2は山なりに変化し，$R = 9$ Ω付近で最大となります．ηも山なりに変化しますが，最大となる点がP_2とは大きく異なる$R = 27$ Ω付近です．このときηの値は50%です．これが今求めている最大効率η_{max}です．

ところで，この$\eta_{max} = 50$%という結果は，どこかで見かけませんでしたか．そうです，本文でkQ積から手で計算した結果にぴったり一致しているのです．これの意味するところは，**<ビフォー>**これまでいちいちシミュレータで計算して最適負荷抵抗を網羅的に模索して求めていたη_{max}が，**<アフター>** kQ積の公式を知っていれば簡単に予測できる！…ということです．

kQ積のご利益がこの例でよくわかりました．

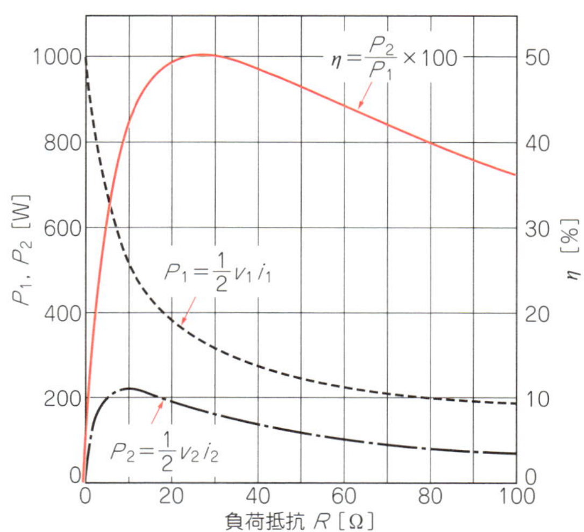

図F　負荷抵抗Rを調整すると入出力電力も伝送効率も変化する

率も重要となります．

非接触区間でも有線区間でも，kQ積の計算方法そのものは同じです．ただし，区間長が波長に比べて無視できなくなる高周波帯では分布定数回路の基本知識が必要です(2)．

波動インピーダンスZ_oの伝送線路のインピーダンス行列(Zパラメータ)からスタートします．

$$\begin{bmatrix} Z_{11} & Z_{12} \\ Z_{21} & Z_{22} \end{bmatrix} = \frac{Z_o}{\sinh \gamma \ell} \begin{bmatrix} \cosh \gamma \ell & 1 \\ 1 & \cosh \gamma \ell \end{bmatrix}$$

ここで$\gamma = \alpha + j\beta$は複素伝搬定数，ℓは線路長です．

この行列を実部と虚部に分離して，伝達インピーダンスとESRが求まればゴールです．

途中の計算過程の記述をあえて割愛しますのでアタックしてみてください．数式変形に心配があるときは，三角関数や双曲線関数の公式集を参照してもよいでしょう．その際，引き数γが複素数なので注意してください．この計算は電気系の大学院生で10分くらいかかります．もし5分でできれば「紙と鉛筆力」がプロ級の有段者です．

【解答】

上記インピーダンス行列から，伝達インピーダンスとESRをそれぞれ計算すると，次式となります．

コラム5　実用システムのkQ積

kQ積のことがわかってくると，自分で設計した伝送系のkQ積を計算したり，自作した伝送系のkQ積を実測したりしてみたくなります．しかし，これはそう簡単にはいきません．なぜなら実用的な伝送系はかなり複雑で，本文の例で挙げたようにインピーダンス行列(Z行列)が簡単に手計算できないからです．

そこで用いられるのが線形回路シミュレータです．回路構成が複雑であっても，回路図をシミュレータに与えればZ行列を数値的に計算してくれます．あるいは回路図がない場合でも，伝送系の内部構造寸法と材料電気定数がわかっていれば，電磁界シミュレータを用いて同様にZ行列を計算することができます．

さらに内部構造もわからないときはどうすればよいでしょうか．その場合は，現物サンプルを入手して測定するという最終手段があります．

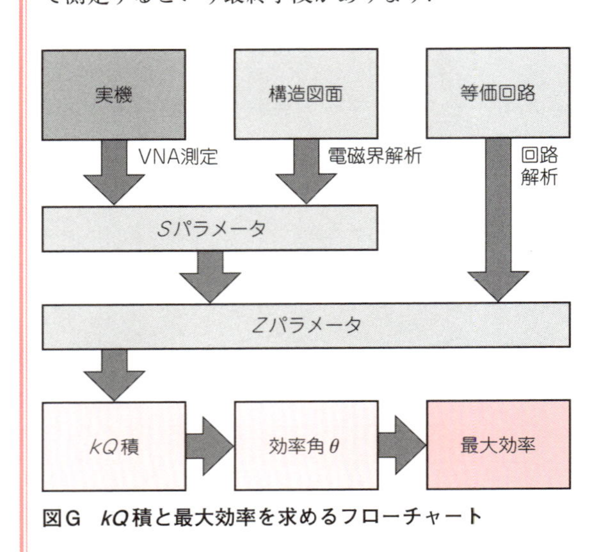

図G　kQ積と最大効率を求めるフローチャート

むしろ自分で製作した伝送系の場合は，計算するより測定するほうが早道かもしれません．この手順を系統的に示したフローチャートが**図G**です．Z行列の測定にはベクトル・ネットワーク・アナライザ(VNA)が使われます．VNAは伝送系の内部構造をまったく知ることなく，ポートから信号を与えて，その反応を観測することによりZ行列を測定します．

プロ仕様のVNAは購入すると100万円以上しますが，短期間であればレンタルという方法もあります．また，最近では安価に自作できるVNAキットも出てきました．もし手持ちのVNAがZ行列ではなくSパラメータを出力する仕様のときは，行列変換公式を使ってください．

$$Z = 50(I + S)(I - S)^{-1}$$

これでZ行列に換算できます．右辺の先頭係数50(単位：Ω)はVNAの基準インピーダンスです．また，括弧内のIは単位行列です．

$$I = \begin{bmatrix} 1 & 0 \\ 0 & 1 \end{bmatrix}$$

最後尾にある上付き添字“−1”は逆行列演算を意味します．

この変換公式の詳しい説明と換算例が参考文献(2)にあります．さらに行列操作を含む楽しい回路パズルが参考文献(7)に毎月連載されていますので，興味ある方はチャレンジしてみてください．

Z行列が求まれば，第1 kQ則を使ってkQ積が計算できます．

市販のベクトル・ネットワーク・アナライザには，Sパラメータの測定結果をkQ積に換算する機能が標準装備されているものもあります(**写真A**)．これを使えば，計算式を気にせずにSパラメータと同時に直接kQ積をリアルタイムで画面表示することができます．

表2　各種結合系のkQ積一覧

	汎用モデル	抵抗網	電磁誘導	静電容量	伝送線路
回路図	$Z=R+jX$	R_1, R_2	R, M, R, L, L	C, R, R	Z_o, $\alpha+j\beta$, ℓ, $\alpha\ell \ll 1$
ESR	$\sqrt{R_{11}R_{22}-R_{12}R_{21}}$	$\sqrt{R_1 R_2}$	R	$\frac{1}{R}$	$\frac{Z_o\alpha\ell}{\sin\beta\ell}$
kQ	$\frac{\|Z_{21}\|}{ESR}$	$\sqrt{\frac{R_2}{R_1}}$	$\frac{\omega M}{R}$	ωCR	$\frac{1}{\alpha\ell}$

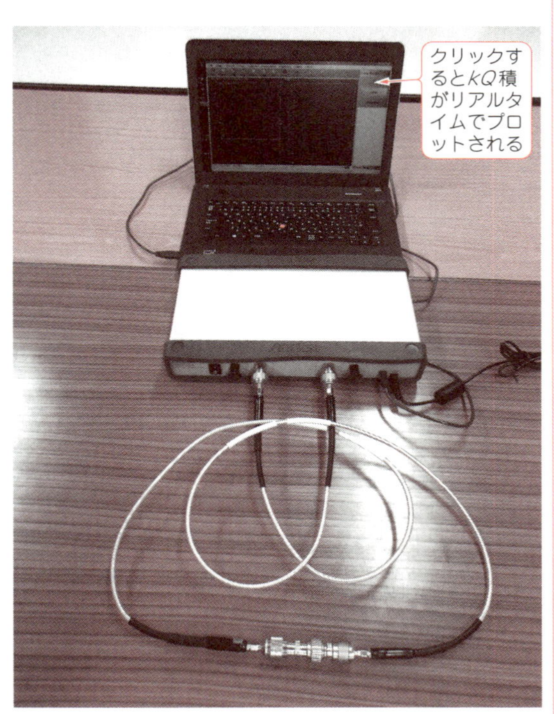

（a）測定のようす

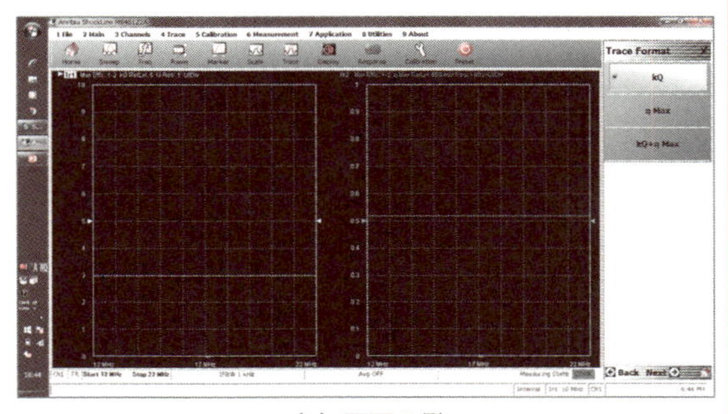

（b）画面の例

写真A　ベクトル・ネットワーク・アナライザによるkQ積の測定（MS46122A，アンリツ）

$$|Z_{21}| = \frac{Z_o}{\sqrt{\cosh^2 \alpha\ell - \cos^2 \beta\ell}}$$

$$ESR = \frac{Z_o \sinh \alpha\ell}{\sqrt{\cosh^2 \alpha\ell - \cos^2 \beta\ell}}$$

どちらも複雑な結果ですが，これらの比をとると幸運にも分母どうしが約分されて消えてくれます．したがってkQ積は，

$$kQ = \frac{|Z_{21}|}{ESR} = \frac{1}{\sinh \alpha\ell}$$

となります．この結果から伝送線路のkQ積は減衰定数αと線路長ℓだけで決まるということがわかります．波動インピーダンスZ_oや位相定数βはkQ積に寄与しません．これは，kQ積の見積もりに整合や共鳴の知識が無用であるということを教えています．

伝送線路が低損失，つまり$\alpha\ell \ll 1$のときは，$\cosh \alpha\ell = 1$，$\sinh \alpha\ell = \alpha\ell$と直線近似できるので，

$$|Z_{21}| = \frac{Z_o}{\sin \beta\ell}$$

$$ESR = \frac{Z_o\, \alpha\ell}{\sin \beta\ell}$$

となります．これらの比をとることにより最終的に，

$$kQ = \frac{1}{\alpha\ell}$$

へ到達します．このうえない美しさですね．

最初にZパラメータを見てかなり複雑かなと思えた伝送線路も，kQの世界ではこんなにエレガントです．これは，kQ積が本質的な物理量であるということを示唆しています．なお上式で，究極的に減衰定数αがゼロのときはESRもゼロになり，kQ積は無限大になります．つまり最大効率100％です．

結合系のkQ積のまとめ

基本問題からわかるように，あらゆる伝送系にkQ積が存在します．kとQはその積に物理量としての意味があり，二つのファクタに分解して考える必要はあ

りません．kQ積はZパラメータから計算できます．

具体的には，複素伝達インピーダンスZ_{21}の絶対値$|Z_{21}|$を，等価スカラ抵抗ESRで割った商がkQ積です．これを示す公式が，第1 kQ則です．

● 第1 *kQ* 則

$$ESR = \sqrt{R_{11}R_{22} - R_{12}R_{21}}$$

$$kQ = \frac{|Z_{21}|}{ESR}$$

kQ積は，効率角θを介して最大効率と結ばれています．その公式が第2 kQ則です．

● 第2 *kQ* 則

$$kQ = \tan 2\theta$$

$$\eta_{\max} = \tan^2 \theta$$

覚えやすい目安として，kQ積が10以上あれば最大効率は80％を超えます．0から∞までのkQ積を最大効率へ換算する早見表が**表1**にあります．

本稿で取り上げた結合系のkQ積の一覧を**表2**に示します．これらは単に演習用の基本例に過ぎません．新しい伝送トポロジーを工夫発明して，そのZパラメータからkQ積を計算してみてください．電力伝送の新指標であるkQ積をフル活用して，独創的なワイヤレス電力伝送システムの開拓にチャレンジしましょう．

謝辞：執筆に際し，豊橋技術科学大学大学院生の北川裕理君，宮崎陽一朗君，阿部晋士君にお手伝いいただきました．

◆ 参考文献 ◆

(1) Andre Kurs, et. al. "Wireless power transfer via strongly coupled magnetic resonances" Science, Vol.317, pp.83～86, July 2007.

(2) 大平 孝；行列ができる回路演習，電子情報通信学会誌(4連載)，Vol.93，No.1～4，Jan.～Apr. 2010.

(3) 古川靖夫；磁界結合型ワイヤレス給電の実用化に向けた新技術，RFワールド，No.25，pp.54～62，Feb. 2014，CQ出版社.

(4) 広瀬優香；電界結合方式によるEVへの給電，グリーン・エレクトロニクス，No.17，pp.46～49，Dec. 2014，CQ出版社.

(5) 大平 孝；RFパワーインピーダンスの測定，トランジスタ技術，Vol.53，No.1，pp.136～145，Jan. 2016，CQ出版社.

(6) 大平 孝；世界初バッテリーレス電気自動車，Microwave Workshops Exhibition，FR2B-3，パシフィコ横浜，Dec. 2016.

(7) Takashi Ohira；"Enigmas"，IEEE Microwave Magazine，12-month serial，Vol.17～18，2016～2017.

(8) Takashi Ohira；"What in the world is Q"，IEEE Microwave Magazine，vol.17，no.6，pp.42-49，June 2016.

(9) Takashi Ohira；"The kQ product as viewed by an analog circuit engineer"，IEEE Circuits and Systems Magazine，vol.17，no.1，pp.27-32，Feb. 2017.

第3章

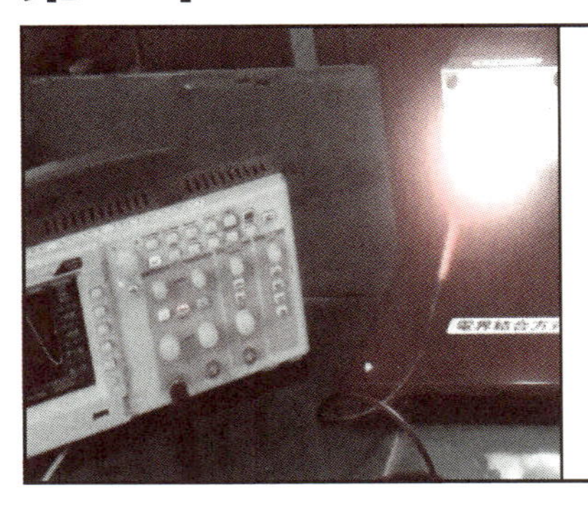

電気と磁気を統合した回路モデルで電力伝送特性を理論的につかむ！

回路方程式と伝達関数で理解するワイヤレス給電

大羽 規夫
Norio Ooba

近年，ワイヤレス給電や非接触充電などと呼ばれる機器の研究開発が盛んになるとともに，その原理や回路特性について，さまざまな解説がなされるようになってきました．しかし，電気系と磁気系を一体として，その原理や現象を説明している資料は多くないようです．

そこで本章では，まず電気系と磁気系を統合した回路モデルとその回路方程式を示し，多くのワイヤレス給電の解説に用いられるT型等価回路が，どのような電磁気系の回路モデルと等価であるかを回路方程式に基づいて示すことで，電気系と磁気系を一体の系として理解する考えかたを明確にします．

また，数式を用いたワイヤレス給電の一般的な解説は，自己インダクタンスLのインピーダンスが$j\omega L$と表されるような複素インピーダンスを使った回路方程式に基づいてなされる場合が多いですが，この複素インピーダンスで表現された回路方程式や合成インピーダンスは，電圧や電流が$\sin(\omega t)$，または$e^{j\omega t}$のような正弦波かつ定常状態という条件で成立します．

これに対して，本章で解説する回路方程式は，定常状態だけでなく過渡現象（過渡応答）も扱うことができるように，電圧・電流・磁束・起磁力を任意の時間関数（t領域関数）としています．そして，このt領域での回路方程式をラプラス変換し，s領域における回路方程式の解である伝達関数に基づいて，ワイヤレス給電の特性を示していきます．

このような回路方程式をs領域の伝達関数として解く解析アプローチと，回路特性を$j\omega$で表される複素インピーダンスで把握する場合との比較を**表1**に示しておきます．

なお，ボード線図やベクトル図は，伝達関数のsを$j\omega$に置き換えることで算出される定常状態の特性であり，最初から$j\omega$で表現された方程式を解いても同じ結果となります．したがって，解析したい回路特性が定常状態の周波数特性であれば，$j\omega$を使った複素インピーダンスと交流理論でも解析できますが，ここでは，さまざまな解析に応用できる伝達関数に基づいてワイヤレス給電の原理や設計に必要な理論を解説していきます．

伝達関数のおさらい

これから伝達関数を使ってワイヤレス給電の解説をしていきますが，そのまえにまず伝達関数のおさらいをしておきましょう．

伝達関数と聞くと制御理論の難解な話だと思う人もいるようですが，ここで扱う伝達関数は回路方程式の解という位置づけです．簡単な例として**図1**のようなRC直列回路から1次遅れ系の伝達関数を導出してみ

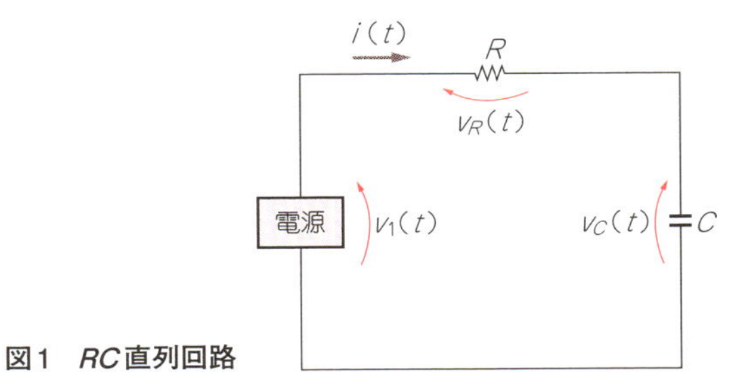

図1 RC直列回路

表1 解析アプローチの比較

解析アプローチ	回路方程式をs領域の伝達関数として解く	回路特性を$j\omega$で表される複素インピーダンスで把握
電圧・電流 磁束・起磁力	任意の時間波形として扱う （t領域またはs領域の任意関数）	角周波数がωの正弦波として扱う
特性解析範囲	過渡応答（過渡現象）から定常状態まで解析可能	定常状態における周波数特性のみ解析可能
難易度	伝達関数やs領域の扱いに慣れている人が少ないため難解なイメージがあるが，慣れると簡単	基礎的な電気工学と交流理論で理解でき，わかりやすい

表2　ワイヤレス給電方式の分類

	誘導結合方式	電磁波放射方式
基本原理	電磁誘導や静電誘導で空間を結合してエネルギーを伝送する． 負荷を接続しなければエネルギー消費はない	送信器(アンテナ)から放射した電磁波を受信器(アンテナ)で受け取ることでエネルギーを伝送する． 負荷の有無に関係なくエネルギーを放出する
回路モデル	集中定数回路モデル	分布定数回路モデル
詳細分類	電磁誘導(磁界結合)方式と，静電誘導(電界結合)方式に分類できる	マイクロ波方式，レーザ方式など電磁波の波長(周波数)で分類できる
相当する高周波加熱	IHクッキング・ヒータ 周波数：20kHz～100kHz	電子レンジ 周波数：2.45GHz

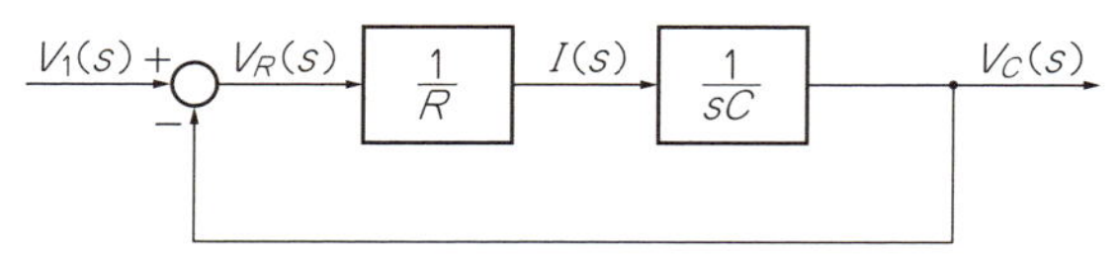

図2　*RC*直列回路のブロック図

ます．

各部の電圧と電流を以下のように定義します．

電源電圧：$v_1(t)$

抵抗Rの電圧：$v_R(t)$

コンデンサCの電圧：$v_C(t)$

回路の電流：$i(t)$

キルヒホッフの電圧則より，

$$v_R(t) = v_1(t) - v_C(t) \quad \cdots\cdots (1)$$

オームの法則より，

$$i(t) = \frac{v_R(t)}{R} \quad \cdots\cdots (2)$$

コンデンサの電圧と電流の関係より

$$v_C(t) = \frac{1}{C}\int i(t)dt \quad \cdots\cdots (3)$$

この式(1)～式(3)が，**図1**のRC直列回路の回路方程式です．

次に，この回路方程式をラプラス変換します．ラプラス変換は，小文字で表したtの関数が大文字で表されるsの関数に変換され，さらに，tの積分は$1/s$に変換されるので，回路方程式のラプラス変換は式(4)のようになります．

$$\begin{cases} V_R(s) = V_1(s) - V_C(s) \\ I(s) = \dfrac{V_R(s)}{R} \\ V_C(s) = \dfrac{I(s)}{sC} \end{cases} \quad \cdots\cdots (4)$$

このような回路方程式は**図2**のようにブロック図として図式化すると，各式の繋がりや関係性がわかりやすくなります．

この連立方程式からIとV_Rを消去して，電源電圧V_1とコンデンサ電圧V_Cとの関係を求めると，

$$\frac{V_C(s)}{V_1(s)} = \frac{1}{1 + sCR} \quad \cdots\cdots (5)$$

となり，この式(5)が回路方程式の解であり，V_1からV_Cへの伝達関数です．

伝達関数がこのような式で表される系は，時定数がCR [sec] の1次遅れ系，またはカットオフ周波数が$1/CR$ [rad/sec] の1次ローパス・フィルタと呼ばれます．

このように，伝達関数から回路の時定数や応答周波数などを把握することができます．

以上が伝達関数の簡単なおさらいですが，まとめると，オームの法則やキルヒホッフの法則のような基本法則に基づく回路方程式の解の表現方法の一つが伝達関数であるということです．

ワイヤレス給電の方式分類

このような回路方程式と伝達関数に基づいてワイヤレス給電の特性を解析していきますが，この手法はワイヤレス給電のすべての方式に適用できるわけではありません．

どのような方式に適用できるかを明確にしておくために，まずワイヤレス給電の方式分類から説明します．

● 方式の分類

ワイヤレス給電の方式は，音波を使ったような特殊な方式を除けば，**表2**に示しているように「誘導結合方式」と「電磁波放射方式」の二つに分類できます．

誘導結合方式は電磁誘導や静電誘導で結合された空間をエネルギーが伝わる方式であり，負荷が接続されていなければ損失以外のエネルギー消費はありません．

電磁波放射方式は電磁波を送信器から放出し，その電磁波を受信器で受け取る方式であり，送電側は受電側の負荷の有無に関係なくエネルギーを電磁波として放出します．

表3　集中定数と分布定数

回路モデル	関数形	微　分
分布定数	$u(x, y, z, t)$	$\frac{\partial}{\partial x} g(x, t)$
集中定数	$i(t)$	$\frac{d}{dt} v(t)$

モデル化

また，理論解析やシミュレーションを行うためのモデル化も，誘導結合方式は集中定数回路モデル，電磁波放射方式は分布定数回路モデルであり，この二つの方式の原理や解析に使う理論はまったく異なるため，両者を混同しないようにしなければなりません．

数学的に言えば，**表3**に示すように，分布定数回路は時間座標と空間座標をもった関数で解析する必要があり，微分は偏微分形式となります．集中定数回路では，時間座標のみの関数となります．

ちょっと難しい話になりましたが，概念的に高周波加熱の方式に置き換えてみると，誘導結合方式はIHクッキング・ヒータ，電磁波放射方式は電子レンジに相当する方式であると考えれば，両者は基本原理からまったく違うということが理解できるのではないでしょうか．

そして，伝達関数で扱うことができるのは時間座標のみで表現される集中定数回路モデルであり，これ以降は集中定数回路モデルで解析可能な「誘導結合方式」に限定して解説していきます．

電気系と磁気系とを統合するための基礎式

ワイヤレス給電回路の伝達関数を得るには，まずコイルの電気系と磁気系を回路方程式で表す必要があります．

コイルの回路モデル

そこで，コイルの回路モデルとして，**図3**のような電気と磁気を一体化したモデルを考えます．

電圧：v [V]
電流：i [A]
磁束：φ [Wb]
起磁力：f_m [A]
巻き数：N [turn]
パーミアンス：A_L [H]

ここで，パーミアンスは磁気抵抗の逆数であり，次式のように定義されます．

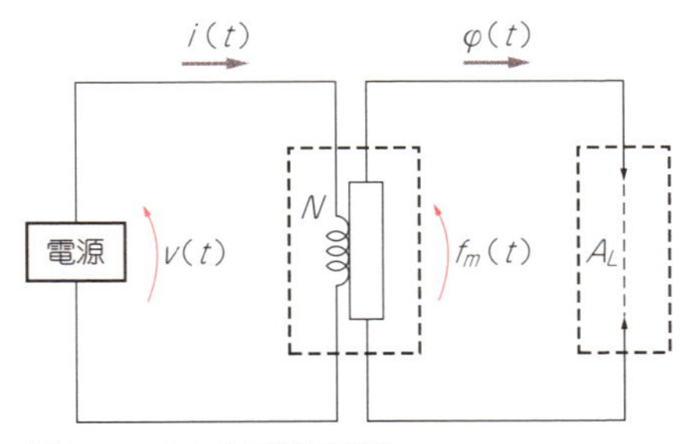

図3　コイルの回路モデル

$$A_L = \frac{\text{透磁率} \times \text{磁路断面積}}{\text{磁路長}} \quad \cdots\cdots (6)$$

三つの電磁気学の基本法則と基礎式

このコイルの回路モデルの回路方程式を得るために必要となる三つの電磁気学の基本法則と，その基礎式を示します．

▶電磁誘導の法則

電圧vは，巻き数Nと磁束φの時間微分に比例する．

$$v(t) = N\frac{d\varphi(t)}{dt} \quad \cdots\cdots (7)$$

▶アンペールの法則

起磁力f_mは，巻き数Nと電流iに比例する．

$$f_m(t) = Ni(t) \quad \cdots\cdots (8)$$

▶ホプキンソンの法則(磁気回路のオームの法則)

磁束ϕは，パーミアンスA_Lと起磁力f_mに比例する．

$$\varphi(t) = A_L f_m(t) \quad \cdots\cdots (9)$$

*　　　　*

この三つの基礎式を連立方程式として，磁気系の変数φとf_mを消去すると，

$$v(t) = N^2 A_L \frac{di(t)}{dt} \quad \cdots\cdots (10)$$

が得られます．

この式は，自己インダクタンスが$N^2 A_L$であるコイルの電圧と電流との関係式となっています．

つまり，自己インダクタンスを$L = N^2 A_L$とおけば，

$$v(t) = L\frac{di(t)}{dt} \quad \cdots\cdots (11)$$

というコイルの電圧と電流の関係式が得られることから，三つの基礎式である式(7)～式(9)を使えば，電気と磁気を統合して解析できるということがわかります．

二つのコイル間の相互誘導

これで自己インダクタンスを理解できたので，次に相互インダクタンスを考えます．

相互インダクタンス

図4は，コイルが二つある場合の一般的な相互誘導の解説図であり，

L_1：1次側コイル(単体)の自己インダクタンス
L_2：2次側コイル(単体)の自己インダクタンス
M：コイル間の相互インダクタンス

です．そして，相互インダクタンスMを介して，2次側コイルの電流i_2が1次側コイルの電圧v_1に影響し，1次側コイルの電流i_1が2次側コイルの電圧v_2に影響することを相互誘導と呼びます．

この相互誘導を数式で表現すると，式(12)のような関係式で表されます．

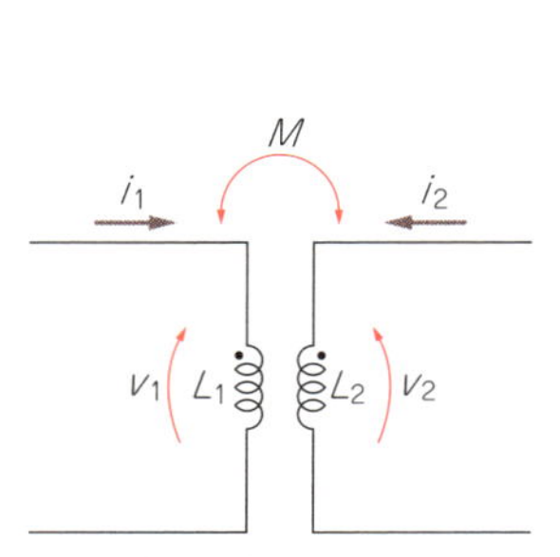

図4　相互誘導

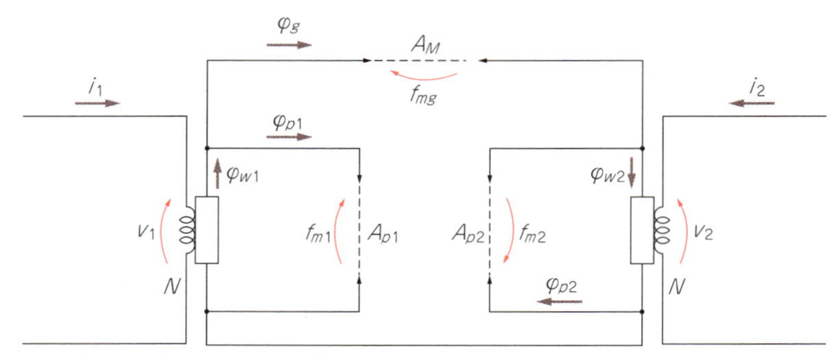

図5　相互誘導の統合回路モデル

$$\begin{cases} v_1(t) = L_1 \dfrac{di_1(t)}{dt} + M \dfrac{di_2(t)}{dt} \\ v_2(t) = M \dfrac{di_1(t)}{dt} + L_2 \dfrac{di_2(t)}{dt} \end{cases} \quad \cdots\cdots(12)$$

この相互誘導現象を，自己インダクタンスと同じように電磁気学の三つの基礎式を使って解析してみましょう．

二つのコイルの電気系とコイル間の磁気系を統合した回路モデルは**図5**のようになります．巻き数Nの1次側コイルと2次側コイルがあり，その二つのコイル間に1次側の漏れ磁束経路のパーミアンスA_{p1}，2次側コイルの漏れ磁束経路のパーミアンスA_{p2}，両方のコイルを貫通する磁束経路(ギャップ)のパーミアンスA_Mの三つのパーミアンスで表される磁気回路があると考えます．

この回路の回路方程式は式(13)となります．

$$\begin{cases} v_1(t) = N \dfrac{d}{dt}\ \varphi_{w1}(t) \\ \varphi_{w1}(t) = \varphi_{p1}(t) + \varphi_g(t) \\ \varphi_{p1}(t) = A_{p1} f_{m1}(t) \\ \varphi_g(t) = A_m f_{mg} \\ f_{mg}(t) = f_{m1}(t) + f_{m2}(t) \\ f_{m1}(t) = Ni_1(t) \\ f_{m2}(t) = Ni_2\ (t) \end{cases} \quad \cdots\cdots(13)$$

式の連立数は7個と多いですが，それぞれの式は先に説明した三つの基礎式または磁気系におけるキルヒホッフの法則に相当する簡単な式です．

この連立方程式を電圧と電流の関係として整理すると式(14)のようになります．

$$v_1(t) = N^2(A_{p1} + A_M) \frac{di_1(t)}{dt} + N^2 A_M \frac{di_2(t)}{dt} \quad \cdots\cdots(14)$$

また，v_2についても同様に次式が得られます．

$$v_2(t) = N^2 A_M \frac{di_1(t)}{dt} + N^2(A_{p2} + A_M) \frac{di_2(t)}{dt} \quad \cdots\cdots(15)$$

ここで，コイル単体での自己インダクタンスに寄与するパーミアンスA_{L1}およびA_{L2}を，

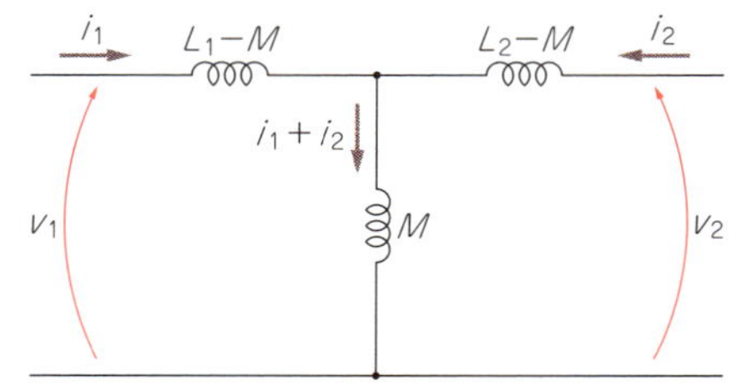

図6　トランスのT型等価回路

$$\begin{cases} A_{L1} = A_{p1} + A_M \\ A_{L2} = A_{p2} + A_M \end{cases} \quad \cdots\cdots(16)$$

とし，さらに，

$$\begin{cases} L_1 = N^2 A_{L1} \\ L_2 = N^2 A_{L2} \\ M = N^2 A_M \end{cases} \quad \cdots\cdots(17)$$

とすれば，式(14)および式(15)は相互誘導の式(12)と一致します．つまり，各部のパーミアンスと自己インダクタンスおよび相互インダクタンスとの関係は，式(16)と式(17)で表されるということです．

また，**図6**はトランスのT型等価回路と呼ばれる回路で，詳細の説明は省略しますが，この回路の回路方程式も相互誘導の式(12)と同一となります．

以上の説明のように，**図4**，**図5**，**図6**の三つの回路における電圧と電流の関係式が完全に一致することから，これら三つの回路が等価回路であると言えるわけです．

さらに，これらが等価回路であることからも，電磁誘導方式のワイヤレス給電は，トランスとして作用する二つのコイルを使って非接触で電力伝送をしていると理解できます．

● 結合係数

次に，相互誘導における結合係数について定義しておきましょう．結合係数kはコイルの形状やコイル間距離などの配置によって決まり，パーミアンスに基づいて次式で定義されます．

$$k = \frac{A_M}{\sqrt{A_{L1} A_{L2}}} \cdots\cdots (18)$$

また，1次側コイルと2次側コイルの巻き数が等しい場合に限れば，自己インダクタンスと相互インダクタンスを使って，

$$k = \frac{M}{\sqrt{L_1 L_2}} \cdots\cdots (19)$$

と表すことができます．

静電誘導(電界結合)は双対性で理解できる

誘導結合方式の分類としては，ここまで説明してきた電磁誘導(磁界結合)方式のほかに，静電誘導(電界結合)方式がありますが，この電磁誘導と静電誘導の双対性について説明します．

ここでの双対性とは，**表4**に示すようにコイル(自己インダクタンス：L)とコンデンサ(静電容量：C)における電圧と電流の関係式が，電圧vと電流iを入れ換えることでLとCに対して同じ形になることを言います．

この双対性で考えると，相互静電誘導の回路は**図7**または**図8**のように表され，回路方程式も相互(電磁)誘導の式(12)と双対性が成立することから，式(20)のようになります．

$$\begin{cases} i_1(t) = C_1 \dfrac{dv_1(t)}{dt} + C_M \dfrac{dv_2(t)}{dt} \\ i_2(t) = C_M \dfrac{dv_1(t)}{dt} + C_2 \dfrac{dv_2(t)}{dt} \end{cases} \cdots\cdots (20)$$

そして，**図9**に示す回路は，この式(20)と同じ回路方程式となり，相互静電誘導を表すπ型等価回路と呼ぶことができます．

結合係数についても双対性から，

$$k = \frac{M}{\sqrt{C_1 C_2}} \cdots\cdots (21)$$

と定義できます．

このように，双対性を使って電磁誘導方式と静電誘導方式は同じように考えることができるため，静電誘導方式の原理や回路特性の説明には，以下のような電磁誘導に相当する用語を定義するとよいのではないでしょうか．

電磁誘導(磁界結合) ⇒ 静電誘導(電界結合)
自己インダクタンス ⇒ 自己静電容量
相互インダクタンス ⇒ 相互静電容量
相互電磁誘導 ⇒ 相互静電誘導
漏れ磁束 ⇒ 漏れ電束

伝達関数を使った理論解析

ここまで，電磁誘導や静電誘導で結合されたワイヤレス給電回路を，電気系と磁気系とを統合した回路モデルとして，基礎法則に則った回路方程式で理論的に扱う方法を解説してきました．

次に，**図10**のように，1次側コイルに電源，2次側コイルに負荷を接続した回路で，電源電圧と負荷電圧との関係性を同じく回路方程式で解析していきます．

この回路の回路方程式は式(22)となります．式(13)でも説明したように，連立数は多いですが，それぞれの式は基本法則に基づく簡単な式です．

次にこの式を解くわけですが，微分や積分を含むこの連立方程式をtの関数のままで解くのは難しいためラプラス変換します．

ラプラス変換は，小文字で表していたtの関数が大文字のsの関数となり，微分をs，積分を$1/s$に置き換えます．このようにして式(22)のラプラス変換は，式(23)になります．

表4　コイルとコンデンサの双対性

コイル	コンデンサ
$v(t) = L\dfrac{di(t)}{dt}$	$i(t) = C\dfrac{dv(t)}{dt}$
$i(t) = \dfrac{1}{L}\int v(t)dt$	$v(t) = \dfrac{1}{C}\int i(t)dt$

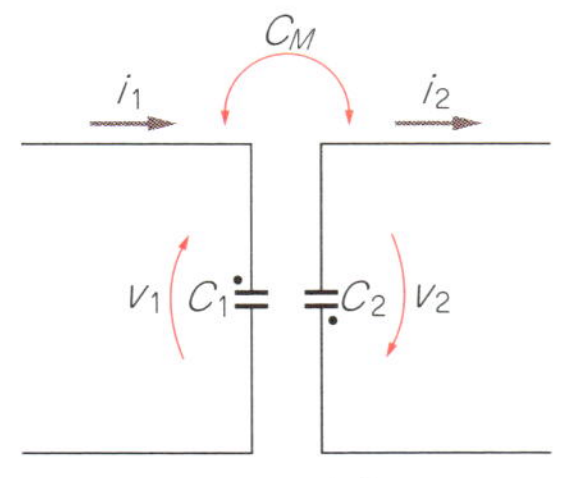

図7　相互静電誘導：その1

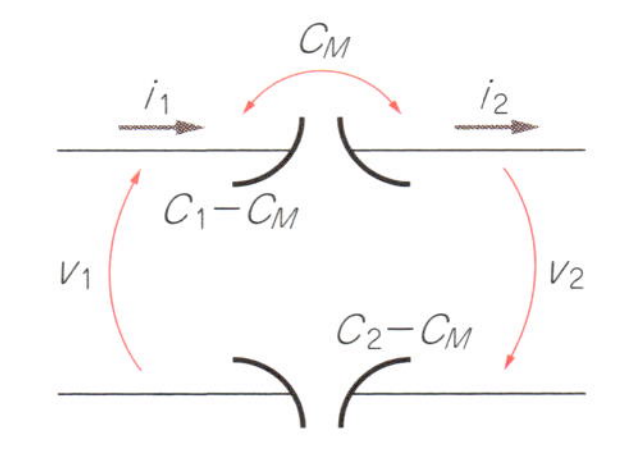

図8　相互静電誘導：その2

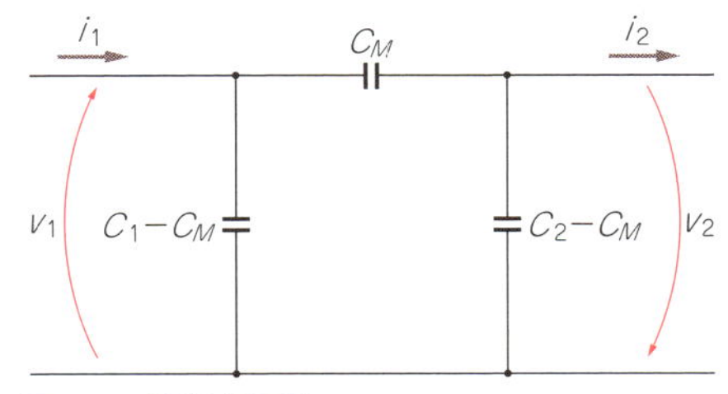

図9　π型等価回路

$$
\left\{
\begin{aligned}
&v_{w1}(t) = v_1(t) - v_{R1}(t)\\
&\varphi_{w1}(t) = \frac{1}{N_1}\int v_{w1}(t)\,dt\\
&\varphi_{p1}(t) = \varphi_{w1}(t) - \varphi_g(t)\\
&f_{m1}(t) = \varphi_{p1}(t)/A_{p1}\\
&i_1(t) = f_{m1}(t)/N_1\\
&v_{R1}(t) = i_1(t)R_1\\
&f_{mg}(t) = f_{m1}(t) + f_{m2}(t)\\
&\varphi_g(t) = f_{mg}(t)A_M\\
&\varphi_{w2}(t) = \varphi_g(t) + \varphi_{p2}(t)\\
&v_{w2}(t) = N_2\frac{d}{dt}\varphi_{w2}(t)\\
&v_2(t) = v_{R2}(t) + v_{w2}(t)\\
&i_L(t) = v_2(t)/R_Z\\
&i_2(t) = -i_L(t)\\
&v_{R2}(t) = i_2(t)R_2\\
&f_{m2}(t) = i_2(t)N_2\\
&\varphi_{p2}(t) = f_{m2}(t)A_{p2}
\end{aligned}
\right. \quad \cdots\cdots\cdots\cdots\cdots (22)
$$

ラプラス変換 ↓

$$
\left\{
\begin{aligned}
&V_{w1}(s) = V_1(s) - V_{R1}(s)\\
&\Phi_{w1}(s) = V_{w1}(s)/sN_1\\
&\Phi_{p1}(s) = \Phi_{w1}(s) - \Phi_g(s)\\
&F_{m1}(s) = \Phi_{p1}(s)/A_{p1}\\
&I_1(s) = F_{m1}(s)/N_1\\
&V_{R1}(s) = I_1(s)R_1\\
&F_{mg}(s) = F_{m1}(s) + F_{m2}(s)\\
&\Phi_g(s) = F_{mg}(s)A_M\\
&\Phi_{w2}(s) = \Phi_g(s) + \Phi_{p2}(s)\\
&V_{w2}(s) = \Phi_{w2}(s)sN_2\\
&V_2(s) = V_{R2}(s) + V_{w2}(s)\\
&I_L(s) = V_2(s)/R_Z\\
&I_2(s) = -I_L(s)\\
&V_{R2}(s) = I_2(s)R_2\\
&F_{m2}(s) = I_2(s)N_2\\
&\Phi_{p2}(t) = F_{m2}(t)A_{p2}
\end{aligned}
\right. \quad \cdots\cdots\cdots\cdots\cdots\cdots\cdots\cdots (23)
$$

このように，ラプラス変換してsの関数で表すことで微分と積分がなくなり，回路方程式の解を簡単に求めることができるようになります．

また，式(23)をブロック図にすると**図11**のようになります．

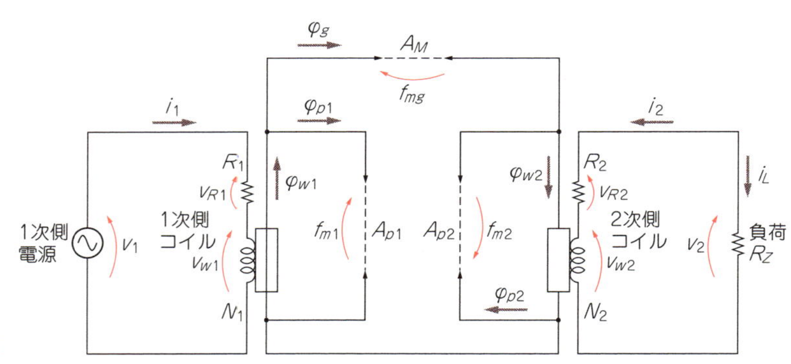

図10　解析する回路

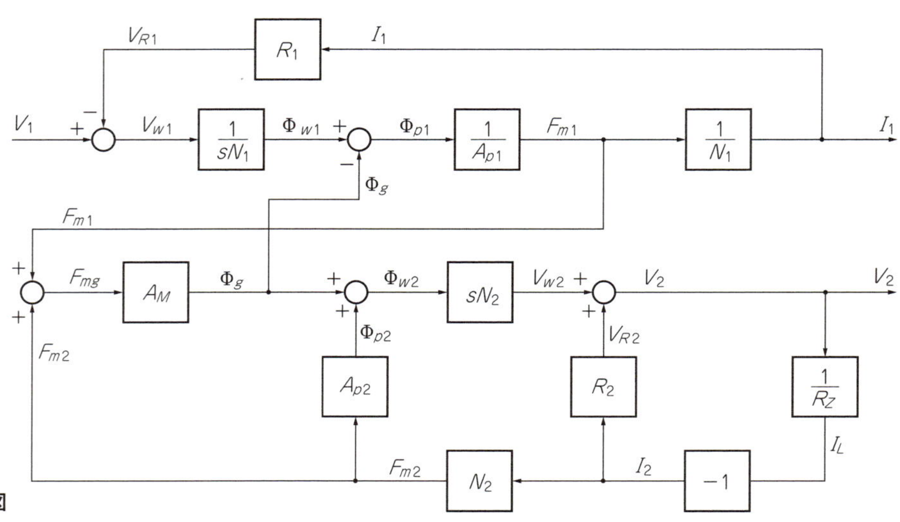

図11　式(23)のブロック図

ブロック図で見ると，1次側の電圧/電流と2次側の電圧/電流が相互に影響しあっていることがわかります．つまり，1次側と2次側とが結合しているワイヤレス給電回路では，その特性を理解するためには1次側から2次側までを一体の回路として解析しなければならないということです．

さて，このsの関数で表された回路方程式を解いて1次側の電源電圧V_1と2次側の受電電圧V_2との関係を求めると，

$$\frac{V_2}{V_1} = \frac{b_1 s}{a_2 s^2 + a_1 s + a_0} \qquad \cdots\cdots(24)$$

$$\begin{cases} a_2 = N_1^2 N_2^2 (A_{L1} A_{L2} - A_M^2) \\ \quad = N_1^2 N_2^2 A_{L1} A_{L2} (1 - k^2) \\ a_1 = N_1^2 A_{L1} (R_2 + R_Z) + N_2^2 A_{L2} R_1 \\ a_0 = R_1 (R_2 + R_Z) \\ b_1 = N_1 N_2 A_M R_Z \end{cases}$$

となります．

これがV_1とV_2との関係を表す伝達関数であり，この形の伝達関数はバンドパス・フィルタの特性をもちます．

例として，次のような回路定数でこの回路の特性を計算してみましょう．

$N_1 = N_2 = 5$ [turn]

$A_{L1} = A_{L2} = 1$ [μH]

$A_M = 0.2$ [μH]

$R_1 = R_2 = 0.1\ \Omega$

$R_Z = 50\ \Omega$

計算過程は省略しますが，この例では，低域阻止周波数が634.0 Hz，高域阻止周波数が333.6 kHz，通過帯域中心周波数14.5 kHzにおけるゲインが−14.0 dBという特性のバンドパス・フィルタであることが伝達関数から計算できます．

この特性をボード線図で表すと**図12**になります．低周波数側と高周波数側でゲインが減衰し，その間に通過帯域があることがわかります．

● ワイヤレスだと効率が低下するのか

一般に，ワイヤレス給電では結合係数が低いために受電電圧のゲインが非常に小さくなります．この例では，−14 dB(5分の1)ですが，コイル間の距離が離れるとさらに受電電圧が低下します．

この電圧低下と効率低下とを混同してワイヤレス給電の課題は効率であると言われることがありますが，効率の定義を入力エネルギー(1次側電源の出力電力)と出力エネルギー(負荷の消費電力)との比とすれば，電圧変動と効率とは関係ありません．

このことを，ホースから流れ出る水を例えとして考えてみましょう．

図13(a)のように，ホースから水が勢いよく流れ出ているとします．もし，この状態から流出する水量が減少したとすれば，ホースがどのようになったと想定できるでしょうか？

一つは**図13**(b)のようにホースに穴があいて水が漏れて「失われる」場合と，もう一つは**図13**(c)のようにホースが詰まって水が「通りにくくなる」場合が想定できます．この水流をエネルギーに置き換えて考えると「失われる」場合には効率が低下し，一方で「通りにくくなる」だけであればエネルギー損失はないの

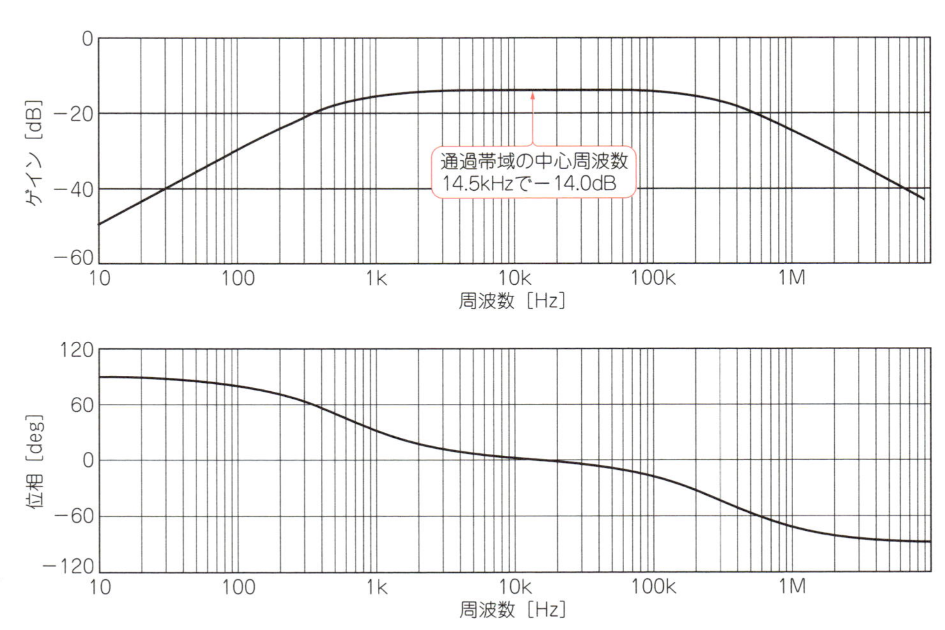

図12　式(24)のボード線図の一例

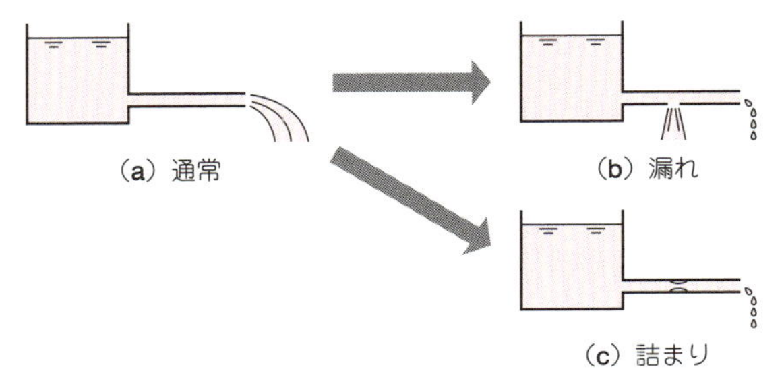

図13　ホースの水流の例

で効率は低下せず100%です．

それでは，ワイヤレス給電の回路ではどうでしょうか．エネルギーが「失われる」要因となるのは抵抗値が小さい巻き線の抵抗だけであり，大きな問題となるほどのエネルギーが「失われる」ことはありません．

実際のワイヤレス給電では，結合係数が非常に小さいためにエネルギーが「通りにくくなる」ことが課題なのであり，ワイヤレスであること自体が効率低下の原因になるわけではないということを理解しておきましょう．

● 2次側にコンデンサを追加した場合

次に，**図14**のように2次側にコンデンサC_2を追加した場合を考えましょう．

この回路の回路方程式をブロック図で示すと**図15**となります．

先ほどと同じように，V_1とV_2との関係について回路方程式を解くと次式となります．

$$\left\{\begin{aligned} &\frac{V_2}{V_1} = \frac{b_1 s}{a_3 s^3 + a_2 s^2 + a_1 s + a_0} \\ &a_3 = N_1^2 N_2^2 (A_{L1} A_{L2} - A_M^2) C_2 R_Z \\ &a_2 = N_1^2 N_2^2 (A_{L1} A_{L2} - A_M^2) \\ &\qquad + N_1^2 A_{L1} C_2 R_2 R_Z + N_2^2 A_{L2} C_2 R_1 R_Z \\ &a_1 = N_1^2 A_{L1} (R_2 + R_Z) + N_2^2 A_{L2} R_1 \\ &\qquad + C_2 R_1 R_2 R_Z \\ &a_0 = R_1 (R_2 + R_Z) \\ &b_1 = N_1 N_2 A_M R_Z \end{aligned}\right. \quad \cdots(25)$$

この伝達関数の特性を**図16**のボード線図で確認してみましょう．このボード線図ではコンデンサの静電容量C_2が0.21，0.42，0.63［μF］の3通りの場合について示しています．なお，C_2以外の回路定数は，先に示したC_2がない場合の例と同じ条件です．

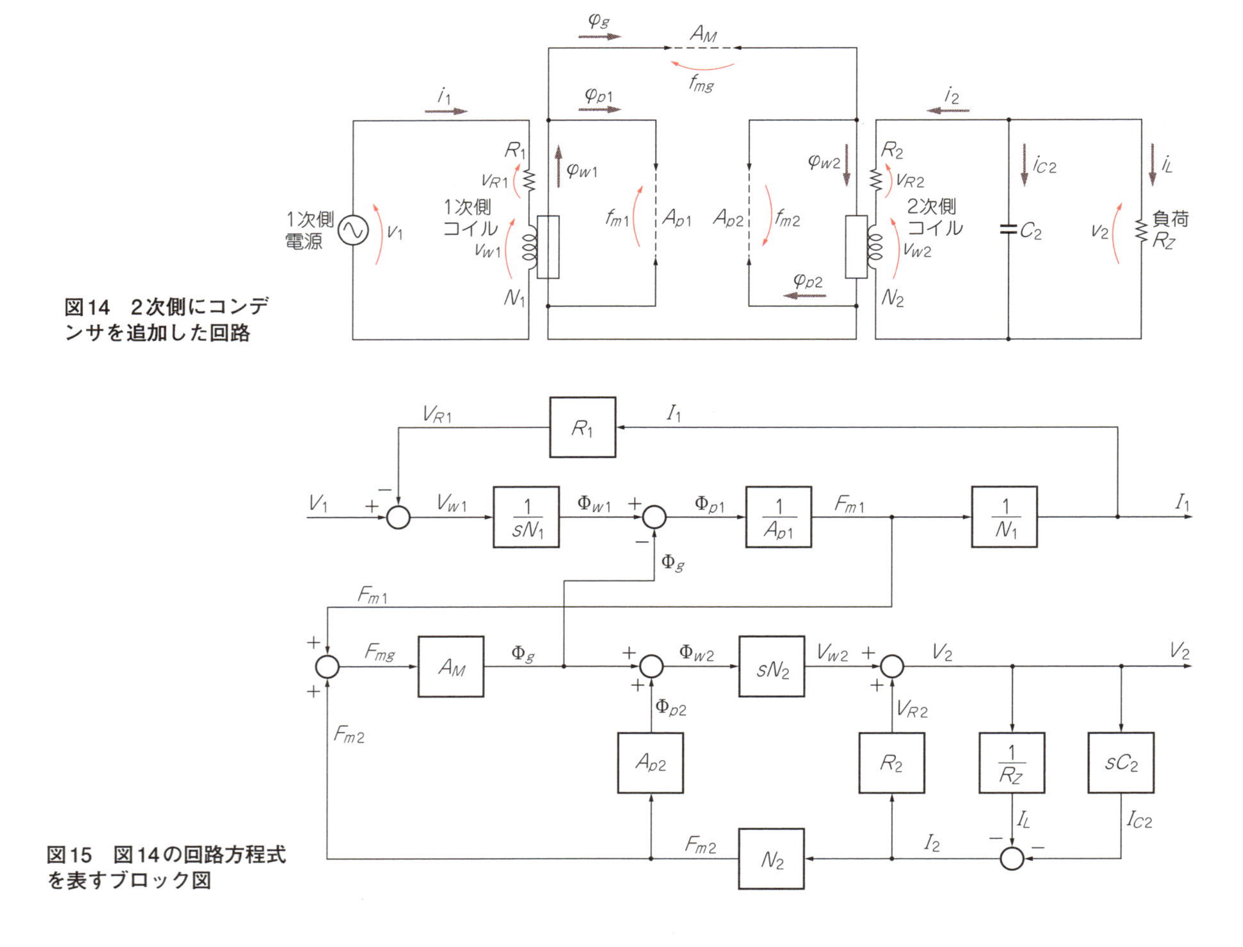

図14　2次側にコンデンサを追加した回路

図15　図14の回路方程式を表すブロック図

コンデンサを追加したことで，2次側の受電電圧ゲインが特定の周波数でピークとなる特性をもつことがわかります．

$C_2=0.42\mu$Fの条件では，周波数がおよそ50 kHzでピークとなり，そのゲインは1.7 dB(1.2倍)なので，2次側の受電電圧は1次側の電源電圧よりも高くなることがわかります．コンデンサがない場合の－14 dBと比較すると，その差は15.7 dB(6倍)となります．したがって，このようなコンデンサを追加する実験を実施する場合は高電圧になることを想定し，部品選定や回路の耐電圧などに注意しなければなりません．

2次側コンデンサの効果をベクトルで解析

2次側にコンデンサを追加して，その静電容量を変化させると受電電圧が変化することがわかりました．このような回路の挙動を，電気と磁気の両面からベクトルで確認してみましょう．

V_1を基準とした伝達関数(ボード線図)から求めたゲインと位相を使って，ベクトル図を作成することができます．

図17(**a**)～(**d**)に，周波数が50 kHzのときの，C_2がない場合とC_2が0.21，0.42，0.63［μF］の場合について，電圧($\dot{V}_1$ $\dot{V}_2$)，電流($\dot{I}_1$ $\dot{I}_2$ $\dot{I}_L$ $\dot{I}_{C2}$)，起磁力($\dot{F}_{mg}$)のベクトルを示します．

コンデンサの静電容量が変化すると，受電電圧$\dot{V}_2$の大きさと位相の変化と同時に，コンデンサ電流$\dot{I}_{C2}$などの各部の電流や1次-2次間のギャップの起磁力$\dot{F}_{mg}$も変化することが確認できます．

コンデンサの静電容量の変化とともに，なぜ受電電圧$\dot{V}_2$が変化するのかをギャップの起磁力$\dot{F}_{mg}$が同時に変化していることに注目して考えてみましょう．

この例では，起磁力と受電電圧の両方ともC_2が0.42μFのときに最大となっています．このことは，コンデンサに流れる電流によってギャップの起磁力が大きくなる(2次側からも空間が励磁される)ためにエネルギーが通りやすくなっていると理解することができます．

このコンデンサの効果を先ほどのホースの水流の例えで考えると，コンデンサを追加しても結合係数は変化しないのでエネルギーが通りにくい状態は同じなのですが，**図18**のようにホースの出口を負圧にして吸い出しているようなイメージと理解してもよいでしょう．

パワー・エレクトロニクス技術を応用したシステム

ここまで，2次側のコイルと並列に接続されたコンデンサによって受電電圧が変化する特性を回路方程式に基づいて理論的に説明しましたが，次は少し違った見方をしてみます．

● 無効電力と有効電力

交流回路における電圧Vと電流Iとの位相差をθとすれば，力率は$\cos\theta$と定義されます．また，電流Iは電圧と同位相の有効電流成分I_p，および電圧と位相差が90°の無効電流I_qの和として表すことができます．これらをベクトル図にすると**図19**のようになります．

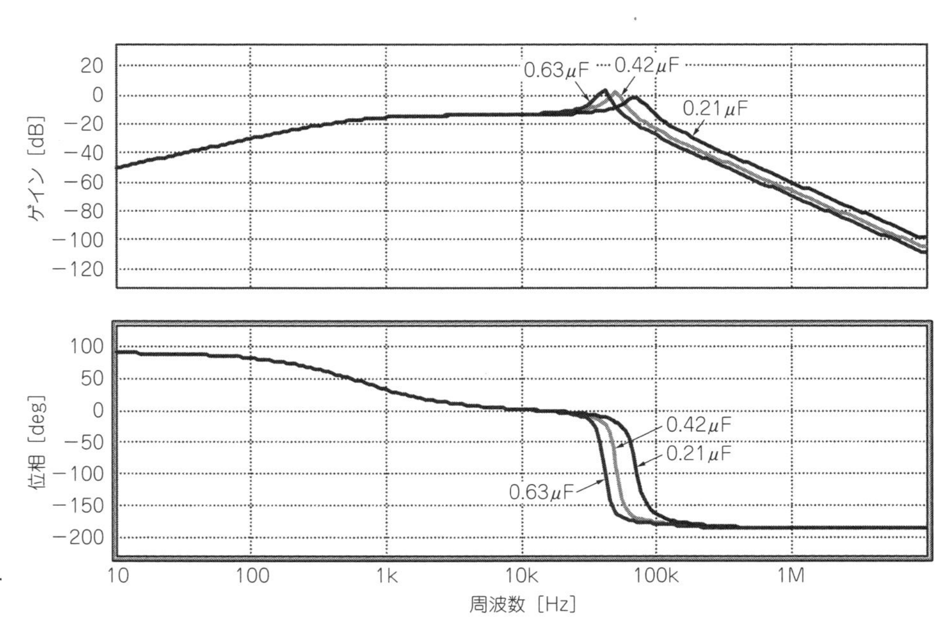

図16　式(25)のボード線図の一例

そして，有効電力Pおよび無効電力Qは，次式のように定義されます．

$$P = VI_p = VI\cos\theta = \text{電圧} \times \text{電流} \times \text{力率} \quad \cdots\cdots(26)$$

$$Q = VI_g = VI\sin\theta \quad \cdots\cdots(27)$$

ここで，コンデンサの電圧が式(28)のような正弦波の場合を考えてみましょう．

$$v(t) = E\sin(\omega t) \quad \cdots\cdots(28)$$

このコンデンサの静電容量をCとすれば，電流は，

$$i_q(t) = C\frac{dv(t)}{dt}$$

$$= \omega CE\cos(\omega t) = \omega CE\sin\left(\omega t + \frac{\pi}{2}\right) \quad \cdots(29)$$

となります．

このように，電圧に対して90°（$=\pi/2$）の位相差をもつ電流が無効電流です．電圧と電流との位相差が90°ということは，力率がゼロ($\cos 90° = 0$)となり，仕事をしない(エネルギーを消費しない)電力という意味で無効電力と呼ばれます．

一方で，抵抗Rに式(28)の電圧を加えると，電流は，

$$i_p(t) = \frac{v(t)}{R} = \frac{E}{R}\sin(\omega t) \quad \cdots\cdots(30)$$

となり，電圧との位相差はありません．このような，電圧と電流とが同位相で，力率が1($\cos 0° = 1$)となる電力が有効電力と呼ばれます．

● 無効電力補償による受電電圧制御

さて，ワイヤレス給電回路において2次側のコンデンサの静電容量を変化させると受電電圧が変化することはすでに示したとおりですが，コンデンサの静電容量を変化させることは無効電流(電力)を変化させることと等価です．つまり，無効電流(電力)を調整することで受電圧が制御できると考えることができます．

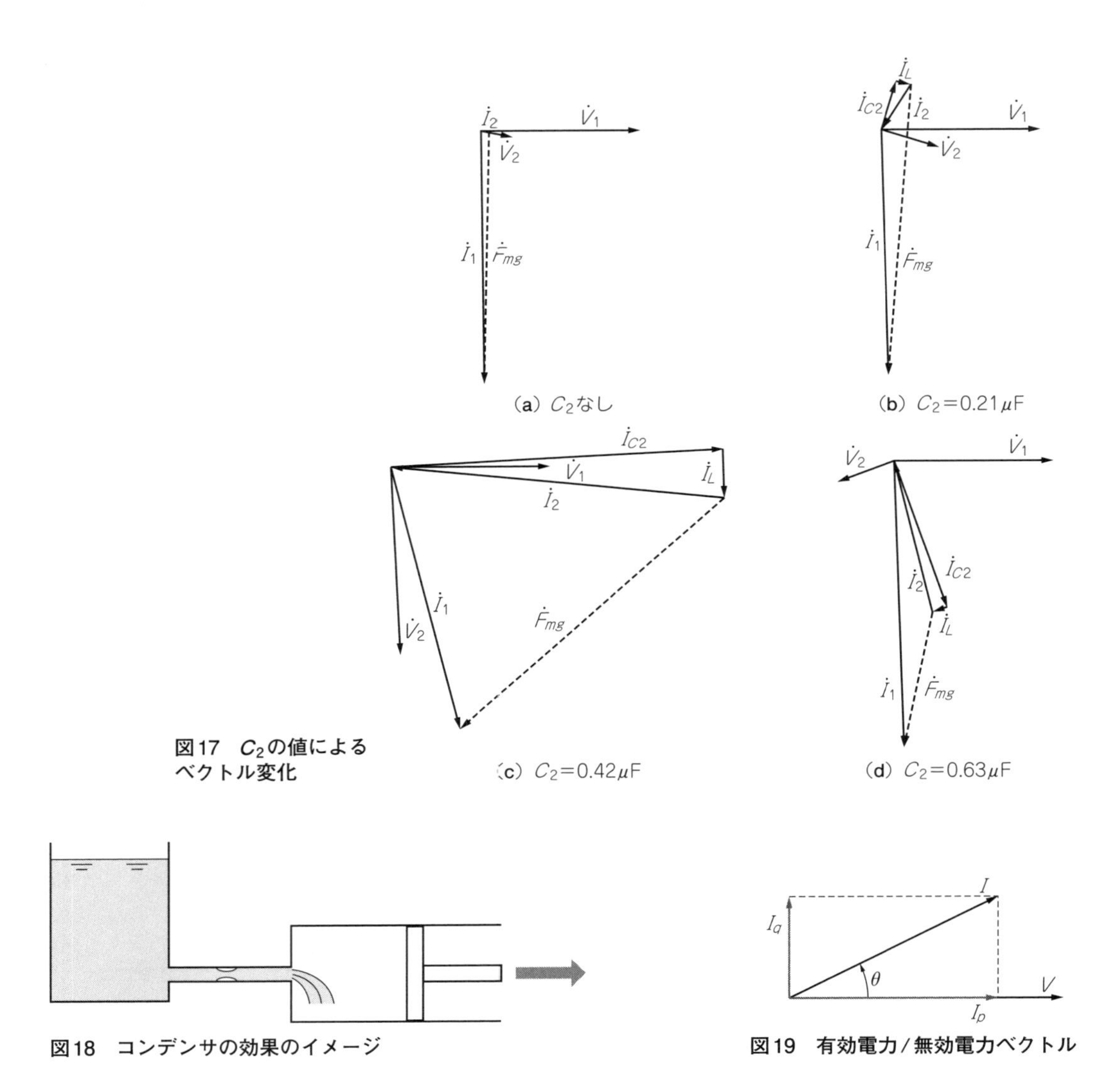

図17　C_2の値によるベクトル変化

図18　コンデンサの効果のイメージ

図19　有効電力/無効電力ベクトル

このような無効電力で電圧を制御する方法は，電力系統の分野において，**図20**のような静止型無効電力補償装置(SVC；Static Var Compensator)による系統電圧の安定化などに広く利用されています．

静止型無効電力補償装置には，接続するコンデンサをサイリスタで切り換えて無効電力を調整する方式(TSC；Thyristor Switched Capacitor)や，インバータを使ったパワー・エレクトロニクス技術を応用して緻密かつ高速に無効電力制御する方式(SVG；Static Var Generator)などがあります．

ワイヤレス給電の受電電圧の制御(安定化)にも，この静止型無効電力補償装置をまったく同じように適用することが可能です．

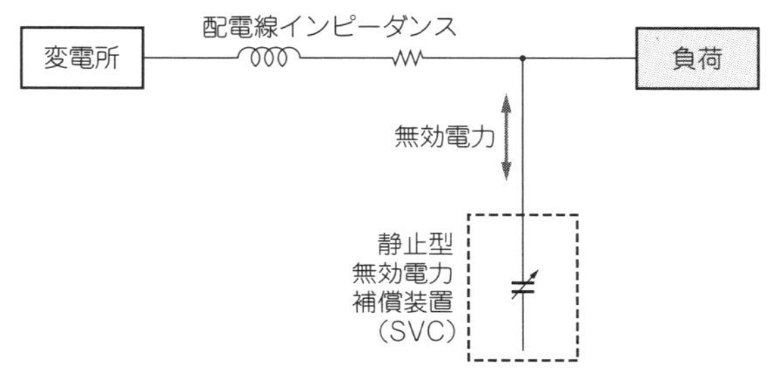

図20 静止型無効電力補償装置

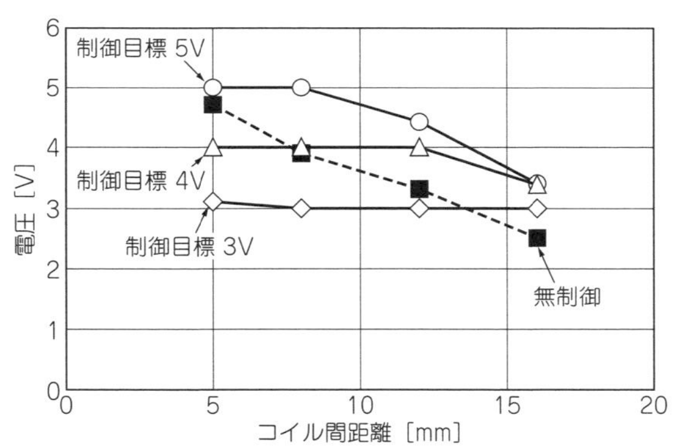

図22 図21の回路での実験結果

図21は，電源，負荷，送受電コイルという最も単純なワイヤレス給電回路に静止型無効電力補償装置(SVG方式)を適用した場合のシステム構成図であり，このシステムを試作して実験した結果を**図22**に示します．

実験は，送電コイルに10 V 100 kHzの一定電圧を印加し，負荷には定格が12 V/5 Wの白熱電球を接続して行いました．

使用した送電コイルと受電コイルは，巻き直径80 mm，巻き数6 turnです．

図には二つのコイル間の距離と受電電圧との関係を，受電電圧が無制御の場合および受電電圧目標が5 V，4 V，3 Vとして制御した場合について示しています．

無制御の場合はコイル間距離が離れるとともに受電電圧が低下していますが，電圧を制御した場合はコイル間距離が10 mm前後までの範囲であれば，電圧を一定に保つことができていることがわかります．

なお，この実験ではコイル間距離を変化させましたが，負荷のインピーダンスを変化させても無効電力の調整によって電圧を一定に制御することができます．

● 双方向のワイヤレス充放電システム

このような無効電力を使った電圧の安定化制御は，太陽光発電用パワー・コンディショナの系統電圧上昇抑制機能などにも応用されています．また，パワー・コンディショナの本来の機能は太陽光発電エネルギーの売電や蓄電池の充放電など有効電力の制御です．このパワー・コンディショナのような有効電力と無効電力の同時制御を，ワイヤレス給電に適用した例を次に

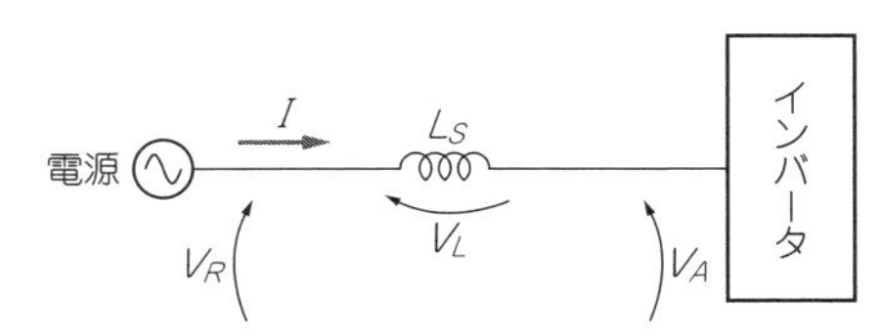

図23 制御の原理

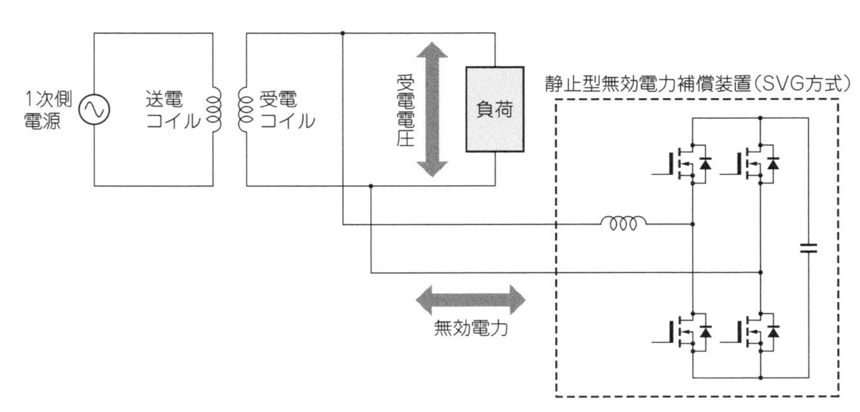

図21 受電電圧制御システム

示します．

まず，インバータを使って有効電力と無効電力を制御する基本的な原理を説明します．

図23においてV_Rが電源電圧，V_Aがインバータの出力電圧，V_Lが電源とインバータの間に挿入されたコイルL_Sの電圧，Iが回路の電流です．そして，インバータは出力電圧V_Aの振幅と位相を自在に制御できるものとします．

次に，各部の電圧と電流との関係をベクトル図で見ていきましょう．

図24に，電流Iが無効電流となる場合のベクトル図を示します．図のように，インバータの出力電圧V_Aが，電源電圧V_Rと同位相で振幅がV_Rより大きい場合，この二つの電圧の差であるコイル電圧V_Lは逆位相になります．そして，電流Iはこのコイル電圧V_Lよりも90°遅れとなり，電源電圧V_Rに対しては90°進みの無効電流になります（ベクトル図の位相は時計回りを遅れとしている）．

また，インバータの出力電圧V_Aが，電源電圧V_Rと同位相で振幅がV_Rより小さい場合は，電源電圧V_Rに対して90°遅れの無効電流が流れます．

このように，インバータ出力電圧の振幅を変化させることで無効電流を制御することができます．

次に，**図25**に電流Iが有効電流となる場合のベクトル図を示します．図のように，インバータの出力電圧V_Aが，電源電圧V_Rよりも位相がθ遅れで振幅が同じ場合，コイル電圧V_Lは電源電圧V_Rより90°進みになります．なお，厳密にはV_Aの振幅はV_Rの$1/\cos\theta$倍ですが，θは十分に小さく$\cos\theta \fallingdotseq 1$とおいて$V_A$と$V_R$の振幅は同じとみなして説明しています．

電流Iはコイル電圧V_Lよりも90°遅れとなるので，電源電圧V_Rと同位相の有効電流になります．

また，**図26**のようにインバータの出力電圧V_Aが，電源電圧V_Rの位相よりもθ進みの場合は，電源電圧V_Rと逆位相の有効電流になり電源側へ電力が回生します．

以上のように，インバータの出力電圧の振幅を変化させることで無効電流（無効電力）を制御でき，また位相を変化させることで有効電流（有効電力）を制御することができます．

● 有効電力と無効電力を制御するワイヤレス充放電システム

このようなインバータを使って，有効電力と無効電力を制御する手法を応用したワイヤレス充放電システムについて説明します．

図27は，株式会社プリンシパルテクノロジーとMywayプラス株式会社が共同で開発したワイヤレス

図24　無効電流のベクトル図

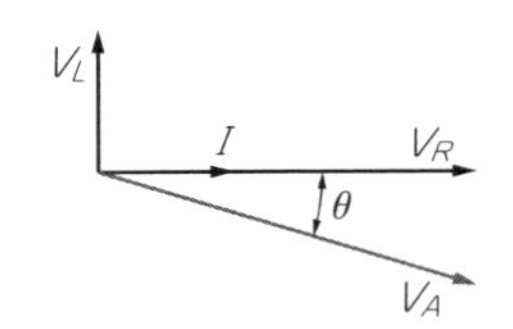

図25　有効電流（力行時）のベクトル図

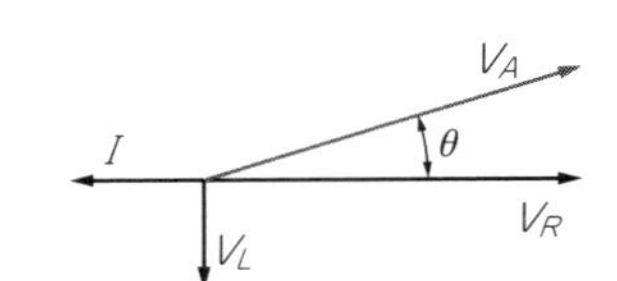

図26　有効電流（回生時）のベクトル図

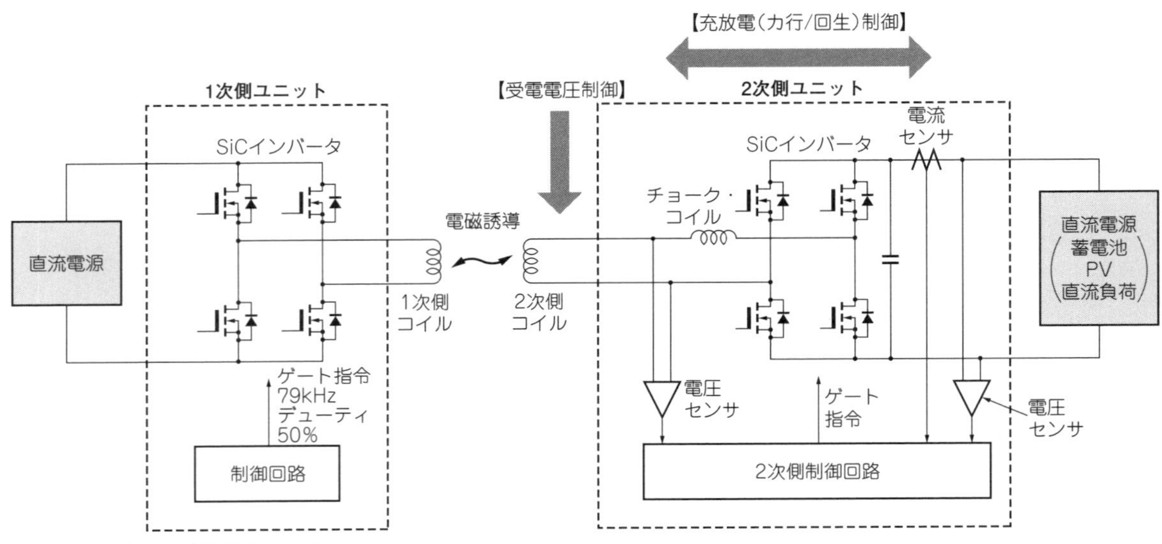

図27　ワイヤレス充放電システム

充放電システムの構成図です(**写真1**).

回路構成としては，1次側と2次側の両側にある直流回路(直流電源や直流負荷など)の間を，高周波インバータと絶縁トランスを介して電気エネルギーを送る一般的な絶縁型DC-DCコンバータと同じ主回路構成となっています.

動作は，1次側のインバータは一定電圧/一定周波数の矩形波電圧を出力するため，2次側の電圧や電流などのフィードバックが不要であり，シンプルな構成となっています.

2次側インバータは，1次側を系統電源としたパワー・コンディショナのように無効電力と有効電力を調整することで，受電電圧と充放電の同時制御を実現しています.

この2次側の制御ブロック図を**図28**に示します．2次側の直流回路の電圧や充放電電流を安定に制御するためには，コイル間の結合係数や直流負荷が変動しても受電電圧を一定(または制御可能な変動範囲内)に制御しなければなりません．この制御を実現するために，受電電圧制御回路は受電電圧の指令値とフィードバックとが一致するようにインバータの出力電圧振幅指令を決定し，ゲート生成回路へ出力します.

さらに，直流回路の電圧や充放電電流を制御する直流電圧/電流制御回路は，直流電圧または電流の指令値とフィードバックとが一致するようにインバータの出力電圧位相指令を決定し，ゲート生成回路へ出力します.

ゲート生成回路は，インバータの出力電圧が振幅指令および位相指令と一致するようにゲート指令を生成して，インバータへゲート・パルスを出力します.

このような制御回路構成および制御動作によって，受電電圧と充放電(力行/回生)を制御しています.

このワイヤレス充放電システムには次の三つの特長があります.

(1) 1次側は一定電圧/一定周波数出力であり，フィードバック回路がないシンプルな構成
(2) 一般的なワイヤレス給電(充電)システムは，2次側にAC-DC変換とDC-DC変換の二つ変換器がありますが，一つのAC-DC変換器のみで構成されており小型/高効率
(3) 指令値を切り換えるだけで，同じ回路で充電と放電を実現

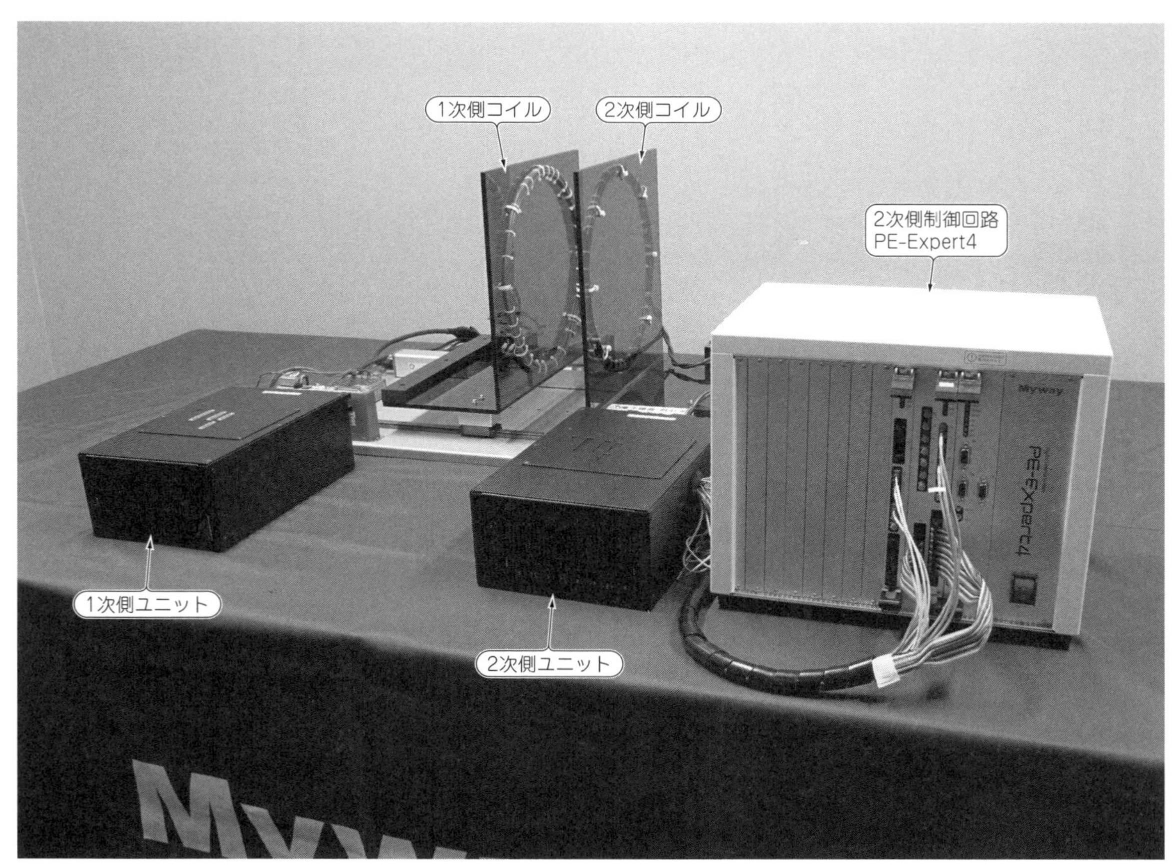

写真1　ワイヤレス充放電システムの外観

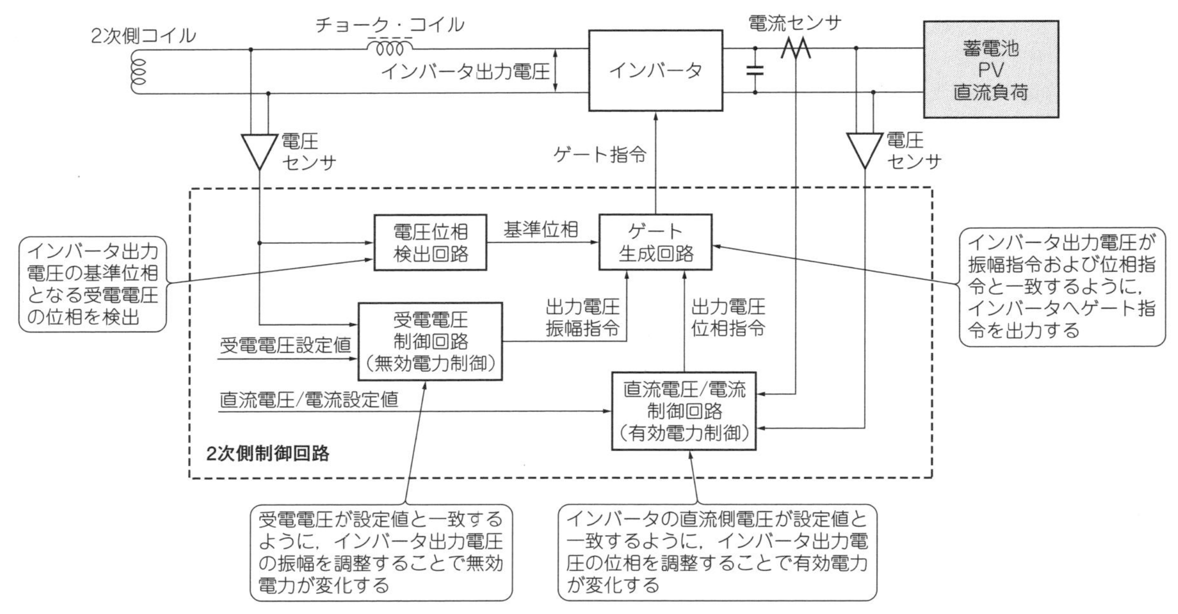

図28　2次側の制御回路のブロック図

まとめ

以上のように，ワイヤレス給電の回路モデルから回路方程式を伝達関数として解くことで，その特性を把握することがきます．特に，2次側コイルに接続したコンデンサの効果や回路特性を理論的に説明することができます．

また，この理論に基づいて，パワー・エレクトロニクス技術を応用することでシンプルな回路構成のワイヤレス充放電システムが実現できることを示しました．

この記事が，ワイヤレス給電関連の製品開発に携わっているエンジニアの悩みや課題の解決に少しでも役に立てば幸いです．

◆ 参考文献 ◆

(1) グリーン・エレクトロニクス No.17，CQ出版社．
(2) 大羽規夫，今道一彰；ワイヤレス給電の回路方程式に基づいた理論解析および無効電力補償による受電電圧制御，H27年，電気学会産業応用部門大会．
(3) デジタル制御システム PE-Expert4，Mywayプラス株式会社．https://www.myway.co.jp/products/pe_expert4.html
(4) NGKレビュー 58号，静止型無効電力補償装置の適用効果，日本ガイシ株式会社．
(5) ワイヤレス充放電システムのPSIM事例，PSIM cafe，http://www.myway.co.jp/psimcafe/?p=1624

第4章

汎用オシロスコープで自己/相互インダクタンス，伝送効率を測定

インダクタンス測定とワイヤレス給電の評価方法

宮崎 強
Tsuyoshi Miyazaki

ここでは，電磁誘導型あるいは磁気共鳴型ワイヤレス給電やスイッチング電源で使用されるコイルの自己インダクタンス，相互インダクタンスの測定，およびワイヤレス給電の伝送効率の測定について以下の順で紹介します．

(1) 12.1 μHのコイルの自己インダクタンス
(2) 磁気飽和を含む動作時の自己インダクタンス
(3) アクリル板を挟んで12.1 μHのコイル2個を対向させたときの相互インダクタンス
(4) ワイヤレス給電の皮相電力，実効電力(有効電力)，伝送効率

自己インダクタンスの測定

● 使用する測定器

写真1は，信号発生器AFG3000(テクトロニクス)の正弦波出力をコイルに入力したときの測定風景です．接続を**図1**に示します．過電流を防止するため，直列に51 Ωの抵抗を接続しています．コイルの両端の電圧をTHDP0200型差動プローブ(同)でプロービングし，コイルに流れる電流をTCP0030A型電流プローブ(同)でプロービングしています．オシロスコープはMDO4104C型(同)を使用しています．

信号発生器からの信号は連続です．ノイズを低減するために，オシロスコープの波形取り込みモードをアベレージに設定しています．

■ 正弦波を入力したときの値

● 電圧の区間積分値を求める

写真1では，Ch1に高電圧差動プローブ，Ch2に電流プローブを接続しています．オシロスコープの拡張演算(Math)で電圧波形の積分を指定し，カーソルで挟んだ領域の区間積分の値をカーソルの値から得ることができます．

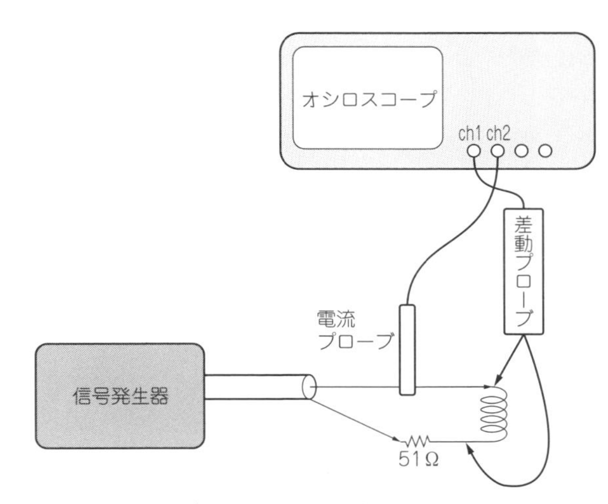

図1 自己インダクタンス測定の接続

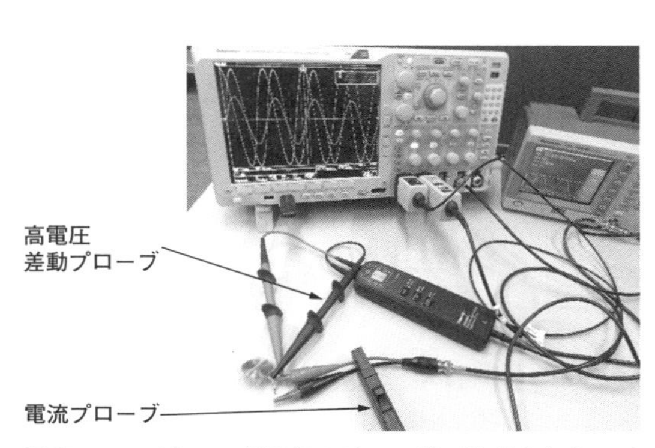

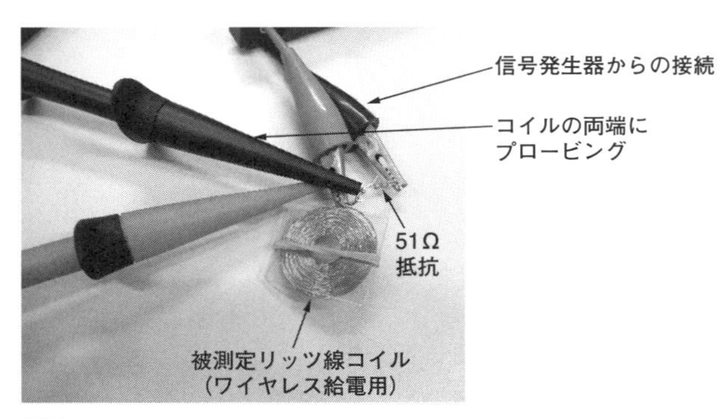

写真1 ワイヤレス給電用のリッツ線で作成されたコイルの測定

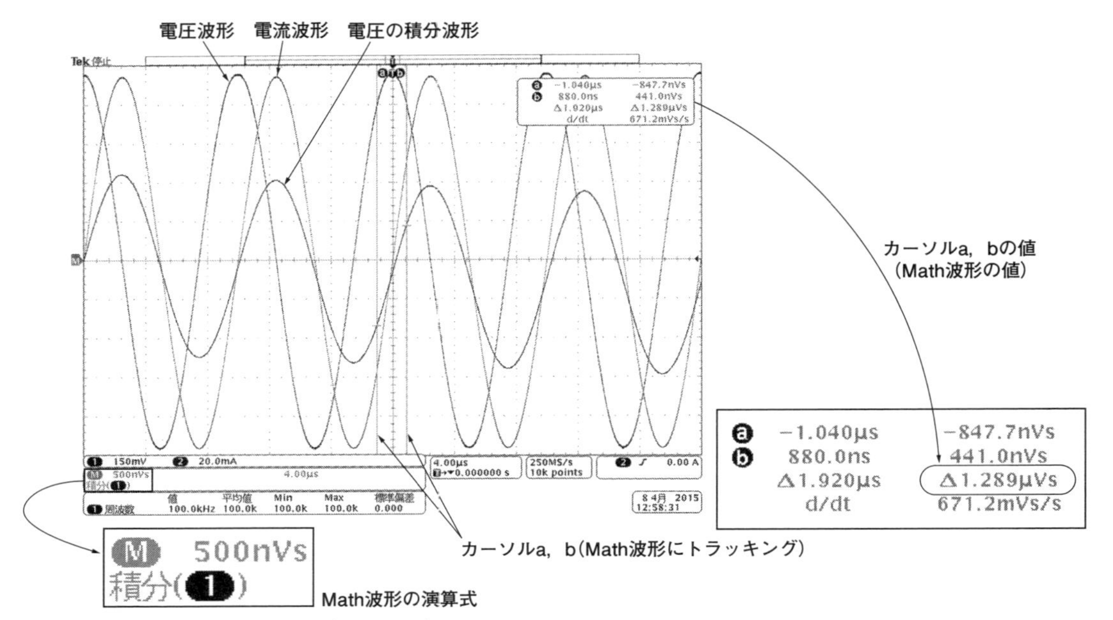

写真2　電圧波形の積分を求める(1.289 μVs)

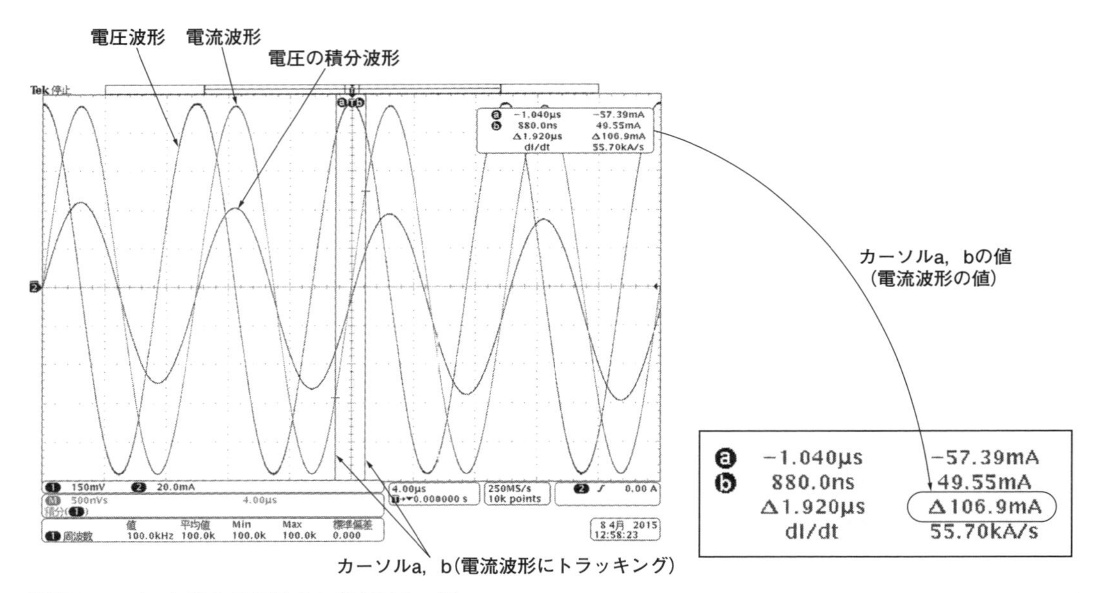

写真3　コイルに流れる電流のΔ値(106.9 mA)

写真2から，電圧の区間積分値“Δ”は，“1.289 μVs”であることがわかります．

● 電流の変化分を求める

同じカーソルの位置でカーソルの対象を電流波形に変更すると，ΔIを得ることができます．**写真3**から“106.9 mA”であることがわかります．

オシロスコープのチャネルの選択ボタンを押すと，カーソルの値表示は自動的に選択されたチャネルの値に切り替わります．このとき，カーソルの位置は動かさないようにします．

● インダクタンスの算出

前述した結果より，測定したインダクタンスは，

$$L = \int \frac{Vdt}{\Delta I}$$

$$= 1.289\,\mu\text{Vs} \div 106.9\,\text{mA} ≒ 12.06\,\mu\text{H}$$

となります．

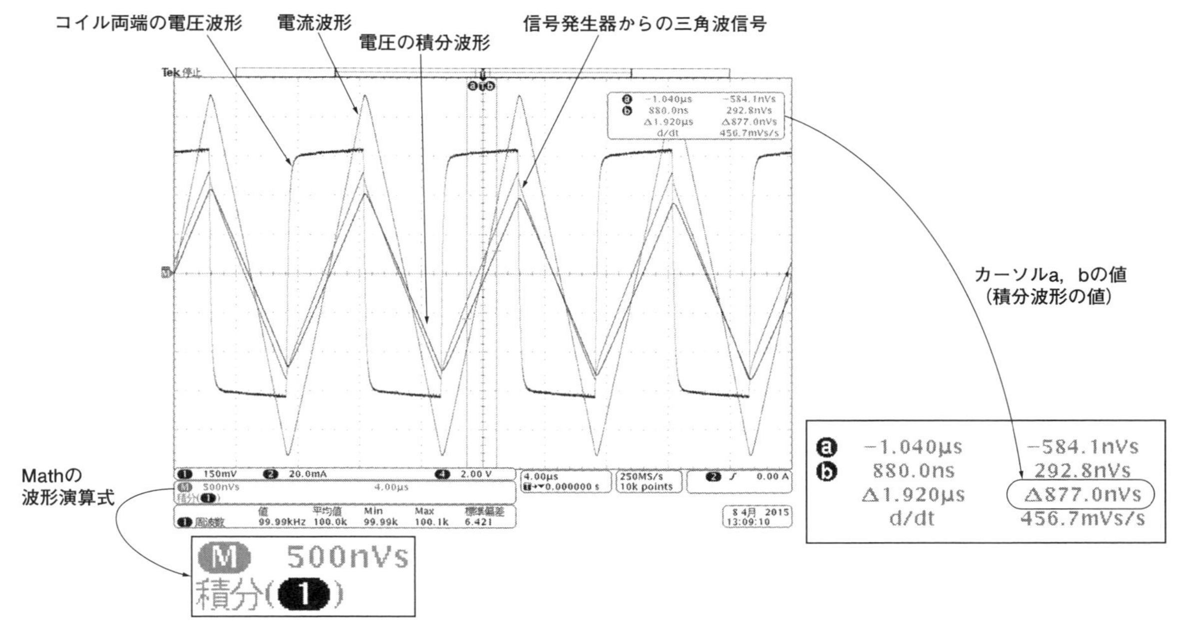

写真4　三角波によるコイルの駆動と電圧積分波形の区間積分値(877 nVs)

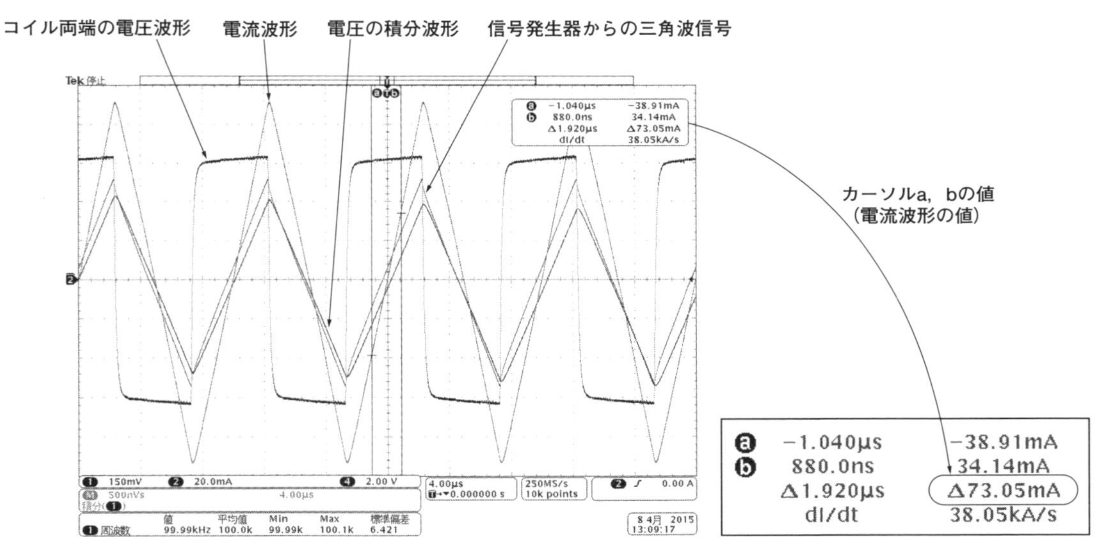

写真5　三角波によるコイルの駆動と電流波形のΔ値(73.05 mA)

測定したコイルの仕様は12.1 μHだったので，約0.33％の誤差で測定できています．

■ 三角波を入力したときの値

三角波信号をコイルに入力すると，コイルの両端の電圧は矩形波となります．

測定には直接必要ありませんが，**写真4**と**写真5**では，信号発生器の三角波信号を分岐しています．確認用にオシロスコープのCh4にも入力しています．**写真4**では，電圧のカーソル間の区間積分値“Δ”は，“877 nVs”であることがわかります．

● 電流の変化分

同じカーソルの位置でカーソルの対象を電流波形に変更すると，ΔIを得ることができます．**写真5**から“73.05 mA”であることがわかります．

● インダクタンスの算出

正弦波形と同様の計算をすると，インダクタンス値Lは，877 nVs ÷ 73.05 mA ≒ 12.01 μHとなります．

＊　　　＊　　　＊

これらの方法を使用し，カーソルの位置を飽和領域に設定することで，磁気飽和時にインダクタンスがいくつまで低下しているかを知ることができます．

● インダクタンスを測定するときの注意点

インダクタの測定をするときには，次の点に注意する必要があります．

(1) あらかじめ，使用する電流プローブと高電圧差動プローブの伝搬遅延の差をオシロスコープ本体のデスキュー機能を使用して補正する（デスキュー・フィクスチャを使用）

(2) 高電圧差動プローブの先端を短絡した状態でオシロスコープ上の波形が0Vとなるように，0V調整を実施する（測定途中でもときどき確認し，ずれているときは再調整する）

(3) 電流プローブの消磁と0A調整を実施する（測定途中でもときどき確認し，ずれている場合は再調整する）

インダクタンスの測定においては，電流が大きくて巻き線抵抗やリッツ線の隣接効果の影響を無視できないときがあります．このようなときは，等価インピーダンスをZとし，電圧波形の代わりに“$V-Z\times I$”の波形を使用する方法がお勧めです．

■ 磁気飽和時のインダクタンスの評価

オシロスコープを使用すると，磁気飽和状態のインダクタンス値も測定できます．**写真6～写真8**は，磁路長が0.0265 m，コアの断面積が0.00001358 m^2，巻き数が50の磁気部品について，磁気飽和を含む動作状態で測定した例です．

写真6～写真8の測定例では，3.42 mHのインダクタンスが，磁気飽和領域では0.44 mHに低下していることがわかります．

コラム1　インダクタンスの自動測定

オシロスコープによっては，磁気部品の自動測定機能を追加できるものがあります．

写真Aは，MSO5000Bシリーズのパワー解析機能DPOPWRを使用してインダクタンスを自動測定している例です．DPOPWRの場合，計算式の入力やカーソルの設定をする必要がありません．

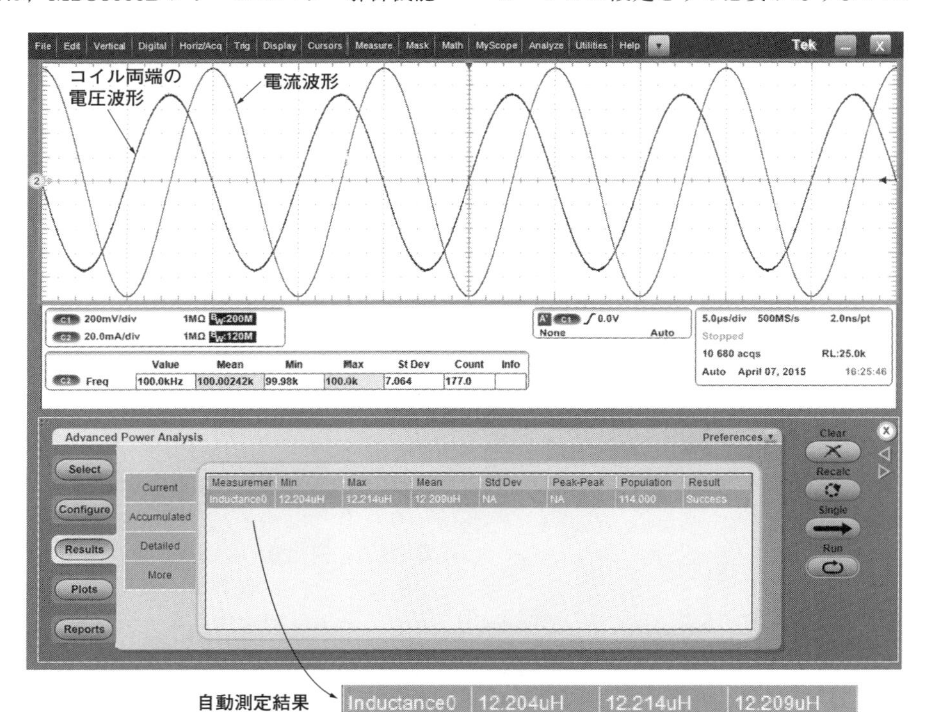

写真A　オシロスコープのパワー解析機能DPOPWRによるインダクタンス自動測定の例

写真6では，*B*-*H*カーブの表示とともにインダクタンス値3.421 mHと，このインダクタによる電力損失8.858 mWが測定されています．

写真7では，カーソル・コントロールでカーソル表示を電圧積分波形のMath1に指定しています．カーソルの位置を磁気飽和の領域に設定し，区間積分値4.754 μVsが得られています．

写真8では，同じカーソルの時間位置で，カーソルの対象を電流波形のRef2に変更し，電流のΔ値10.73 mAを得られています．

$$L = 4.754\,\mu\text{Vs} \div 10.73\,\text{mA}$$
$$\fallingdotseq 0.443\,\text{mH}$$

カーソル間の飽和領域でのインダクタンス値は0.44 mH程度になっています．

相互インダクタンスの測定

● 測定構成

写真9～**写真11**は，先に測定したリッツ線によるインダクタ2個を薄いアクリル板を挟んで対向させた

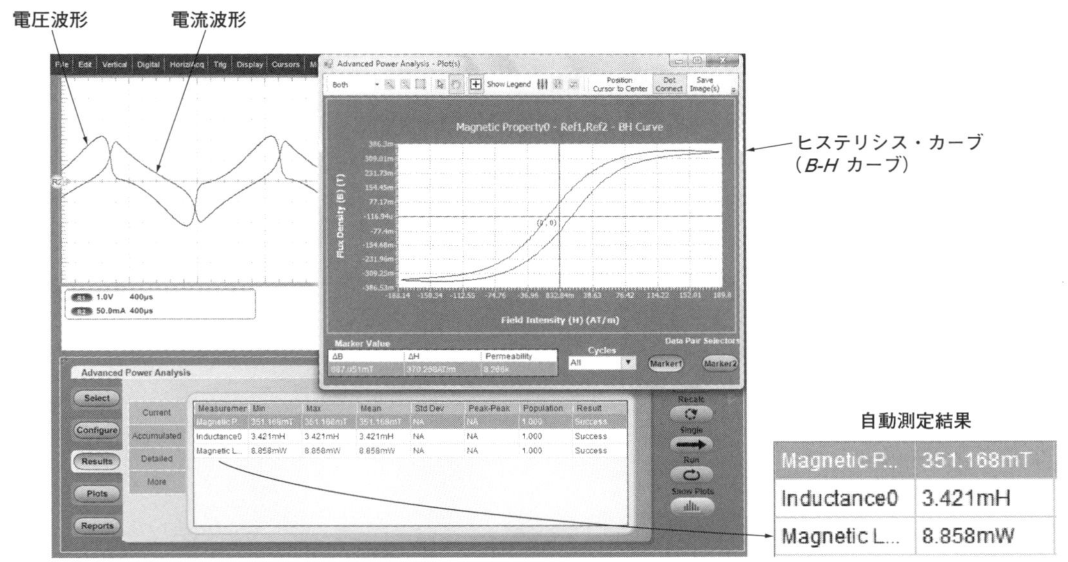

写真6 DPO5204B型のパワー解析ソフトウェアDPOPWRによる*B*-*H*測定の例(3.421 mH，8.858 mW)

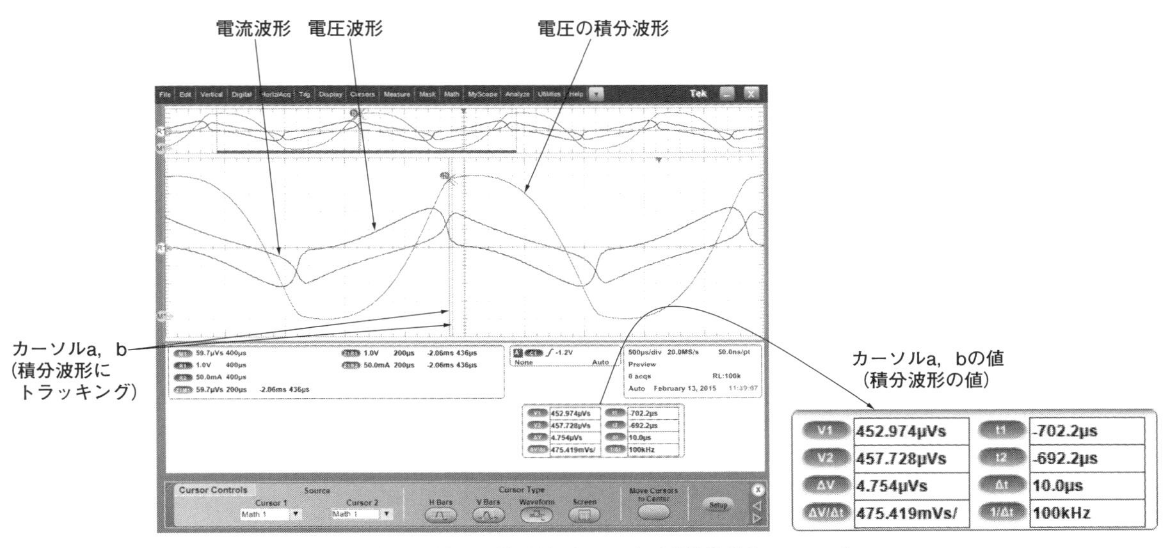

写真7 磁気飽和動作を含む電圧/電流波形と電圧の積分波形および区間積分値(4.754 μVs)

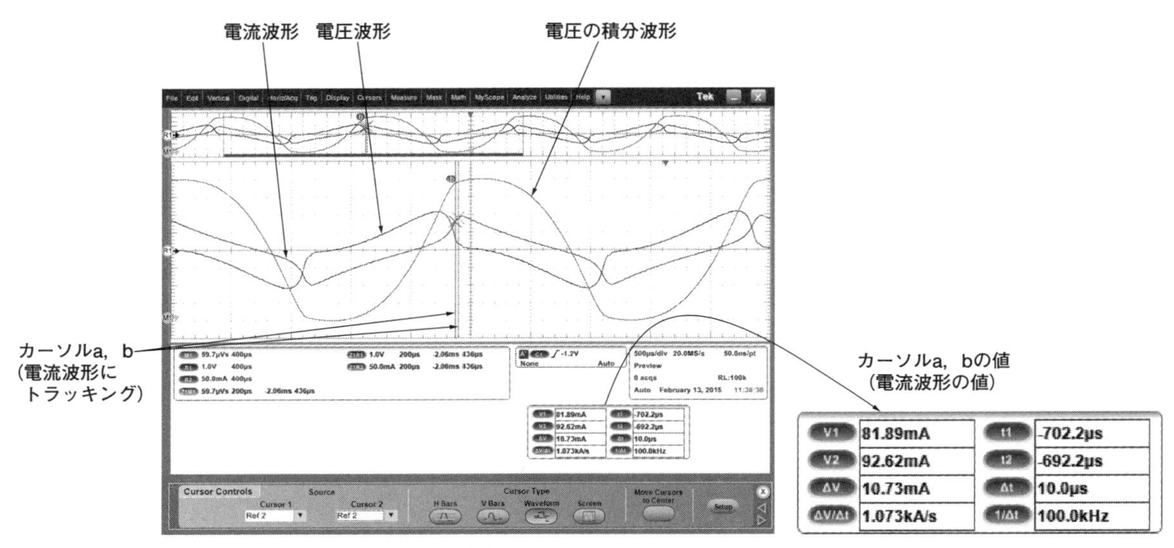

写真8　磁気飽和を含む電圧/電流波形と電流のΔ値(10.73 mA)

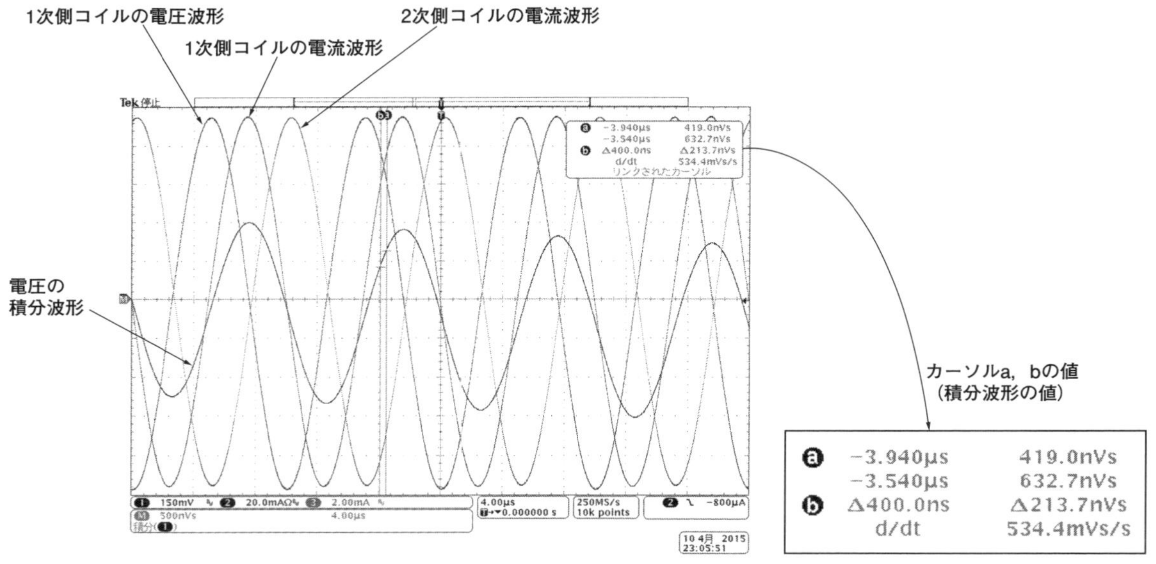

写真9　相互インダクタンス測定のための1次側電圧波形の区間積分値(213.7 nVs)

状態で，前述した方法と同様にオシロスコープを使用して相互インダクタンスを測定しています．

接続は**図2**のようになります．2次側コイルは51 Ωの抵抗で終端して測定しています．Ch1の高電圧差動プローブで1次側コイルの電圧にプロービングし，Ch2の電流プローブで1次側コイルの電流にプロービングし，Ch3の電流プローブで2次側コイルの電流にプロービングしています．

● 相互インダクタンスの算出

これらの値より，相互インダクタンスMは，次のように求められます．

$$M = \frac{\int V_1\,dt - (L_1 \cdot \Delta I_1)}{\Delta I_2}$$

$$\fallingdotseq (213.7\ \mathrm{nVs} - 12.06\,\mu\mathrm{H} \times 16.77\ \mathrm{mA}) \div 1.377\mathrm{mA}$$

$$\fallingdotseq 8.3\,\mu\mathrm{H}$$

この値は，二つのコイルの位置関係をずらす，あるいは隙間を広げると変化します．

今回は，二つのコイルを対向させて測定しましたが，トランスについてもまったく同様に測定することができます．

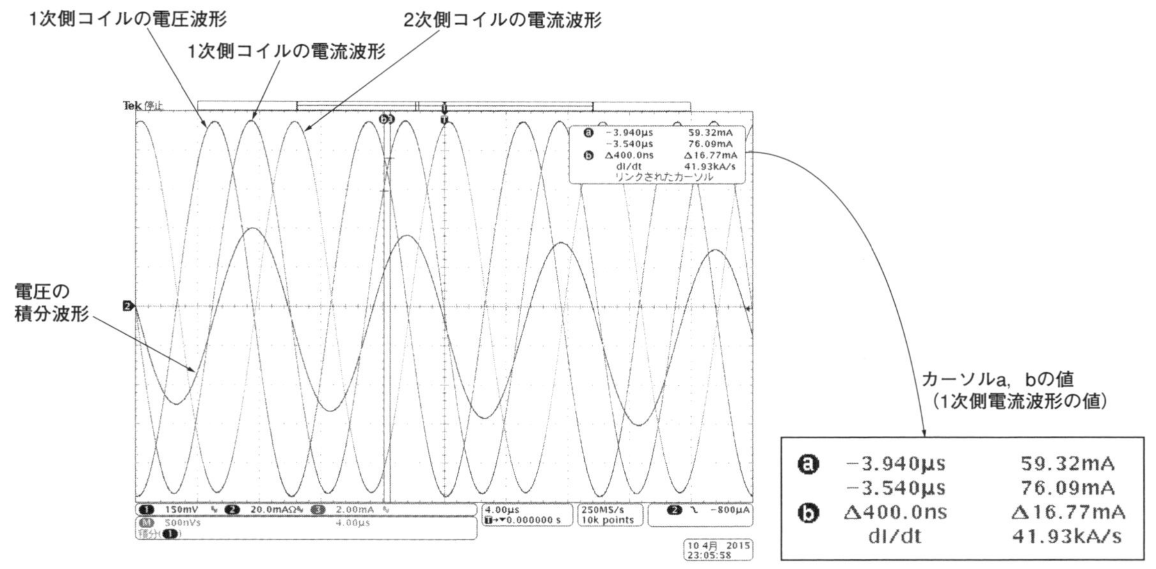

写真10　相互インダクタンス測定のための1次側電流波形I_1のΔ値(16.77 mA)

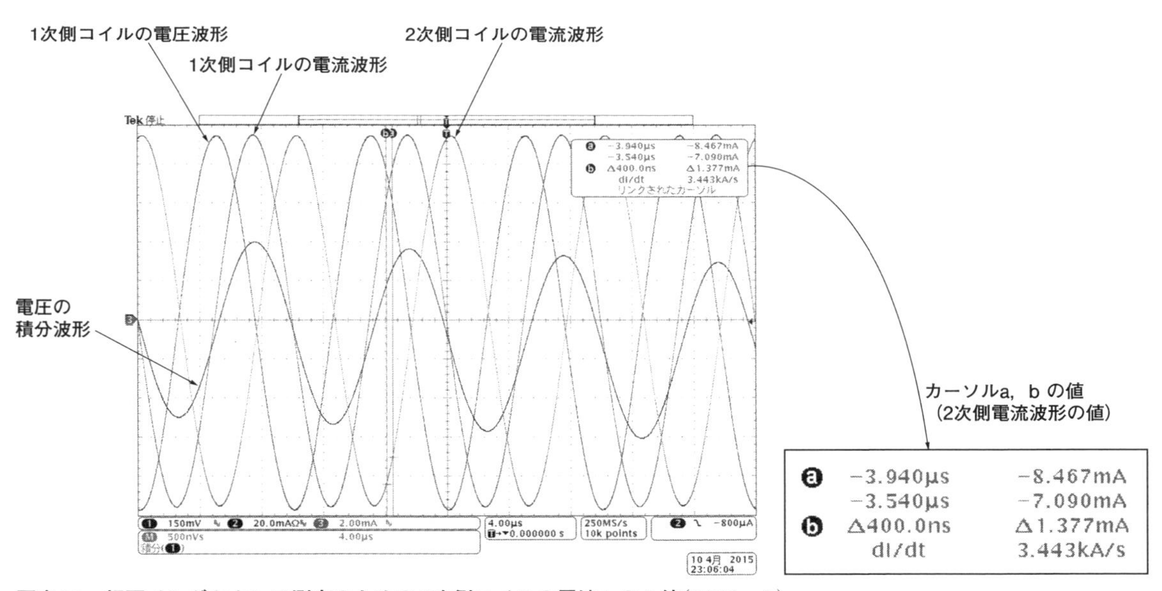

写真11　相互インダクタンス測定のための2次側コイルの電流I_2のΔ値(1.377 mA)

ワイヤレス給電の測定例

今回は，CQ出版社から販売されているワイヤレス給電実験キットを測定しました(第1部・第1章を参照).

給電側は，ACアダプタからのDC 12 Vをハーフ・ブリッジ回路の発振器で作成されたACとして給電側コイルに出力しています．受電側は，受電コイルの出力を整流平滑して，3端子レギュレータでDC 5 Vに変換された出力をランプに接続しています．

■ 電磁誘導型

● 伝送効率測定

ワイヤレス給電の測定では，フローティング測定になるため，差動プローブを使用することをお勧めします．**写真12**に測定時のようすを，**図3**に接続を示します．

写真13では，オシロスコープの拡張波形演算でMath波形に“100×(積分(Ch1×Ch2))/((積分(Ch3×Ch4))”を指定し，電力伝送効率を測定しています．

コラム2　インダクタンスについてのおさらい

● アンペールの法則

電流が流れるとその周辺には磁界が発生します．このとき，電線の周囲の任意の閉曲線に沿って磁界Hを線積分すると，その値はその閉曲線で囲まれた電流の総和Iに等しくなります(**図A**)．

$$\int H \cdot dl = I$$

● 自己インダクタンス

電流Iが電線に流れると，周辺に磁界Hと磁束が発生します(**図B**)．このとき，全磁束をΦとすると，

$$L = \frac{\Phi}{I}$$

を自己インダクタンスと呼んでいます(単位はH，ヘンリー)．

インダクタ(コイル)の両端の電圧をVとすると

$$V = L \times di/dt$$

の関係があります．

両辺を時間で積分すると

$$\int V dt = L \times \Delta I$$

となります．この関係式から，オシロスコープを使用してインダクタンス値を測定することができます．

● ファラデーの電磁誘導の法則

電流が流れるとその周辺に磁界が発生しますが，逆に磁界が変化すると，その磁界の変化を打ち消す方向に電圧と電流が発生します(**図C**)．

● 相互インダクタンス

自己インダクタンスがケーブルに流れる電流によってその電流自身が影響を受ける特性を表すのに対して，相互インダクタンスは別のケーブルに流れる電流に影響を与える特性を表します．

二つのコイル(コイル1，コイル2)があるとき，それぞれの自己インダクタンスをL_1，L_2とし，コイル1に流れる電流I_1によって発生する磁束のうち，コイル2を貫く磁束をΦ_{12}(コイル2に流れる電流I_2によって発生する磁束のうち，コイル1を貫く磁束をΦ_{21})とすると，コイル2には，コイル1に流れた電流I_1の「変化率」に比例した電圧V_2が発生します．V_2はΦ_{12}/I_1にも比例しますが，コイル2の巻き数が

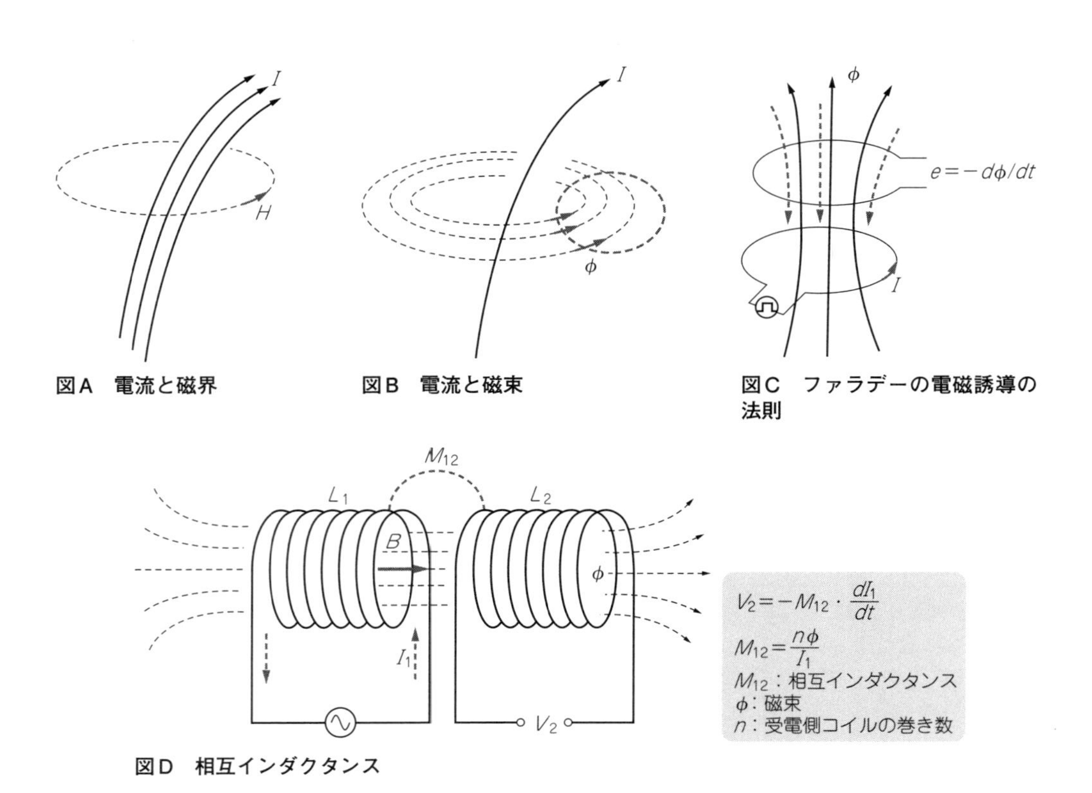

図A　電流と磁界

図B　電流と磁束

図C　ファラデーの電磁誘導の法則

図D　相互インダクタンス

nの場合，$n \times \Phi_{12}/I_1$に比例します．コイル1はコイル2が作る磁束が打ち消す方向なので，極性は負となり，

$$V_2 = -M_{12} \times dI_1/dt$$

ここで，

$$M_{12} = n\Phi/I_1$$

となります．このMを相互インダクタンスと呼んでいます(**図D**)．

相互ですので，逆方向もあります．

$$V_1 = -M_{21} \times dI_2/dt$$

ここで，

$$M_{21} = n\Phi/I_2$$

となります．

通常は，$M_{12} = M_{21}$ですので，コイル1の駆動電圧をV_1とし，駆動側からの極性にそろえると，

$$V_1 = L_1 \times dI_1/dt + M \times dI_2/dt$$

同様に，

$$V_2 = L_2 \times dI_2/dt + M \times dI_1/dt$$

となります．

これらの式より，オシロスコープを使用してトランスのインダクタンスを測定することができます．

トランスの2次側をオープンにすると，理想的にはI_2が0 Aですので，

$$V_1 = L_1 \times dI_1/dt$$

となり，通常のインダクタと同様に自己インダクタンスL_1を測定できます．

あるいは，2次側に回路が接続されている場合でも，2次側の電流が一定の領域では$M \times dI_2/dt$が0となりますので，この時間領域で通常のインダクタと同様に自己インダクタンスL_1を測定できます．

前述の式の両辺を積分すると，

$$\int V_1\,dt = L_1 \times \Delta I_1 + M \times \Delta I_2$$

となります．L_1の値がわかると，2次側に回路を接続し，電流プローブでI_2にもプロービングすることで，相互インダクタンスMの値を得ることができます．Mを測定する場合は，自己インダクタンスの場合と異なり，I_2が変化している領域で測定する必要があります．

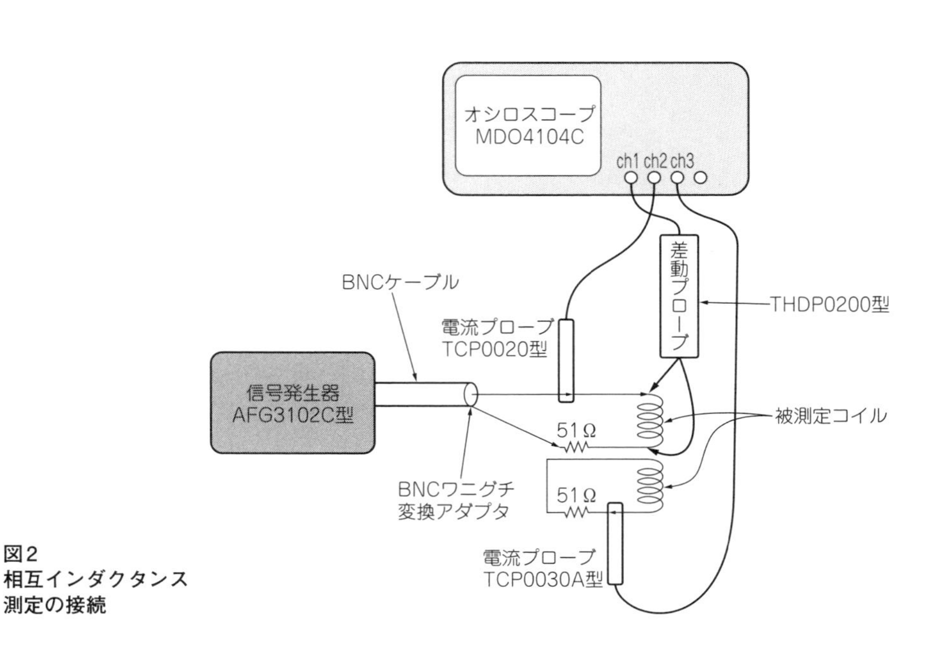

図2 相互インダクタンス測定の接続

波形測定で，このMath波形の平均値を測定し，電力伝送効率を直読できるようにしました．**写真13**から，伝送効率は68.48％であることがわかります．

● 皮相電力の伝送効率の測定

同じ設定で，皮相電力の伝送効率を測定すると，**写真14**のように，10.45％程度となっています．基本周

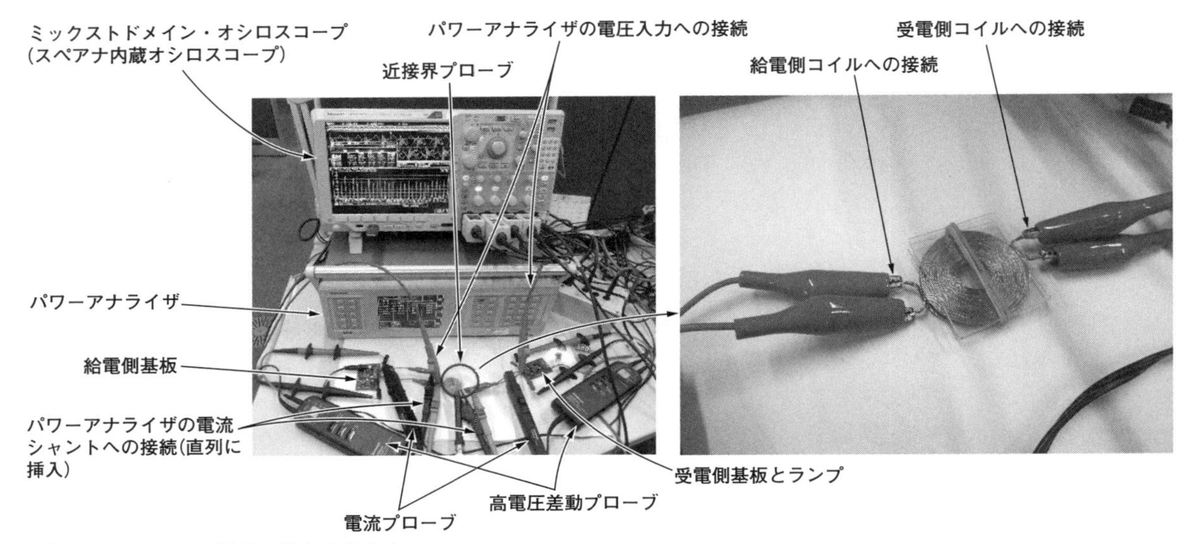

写真12　ワイヤレス給電の測定のようす

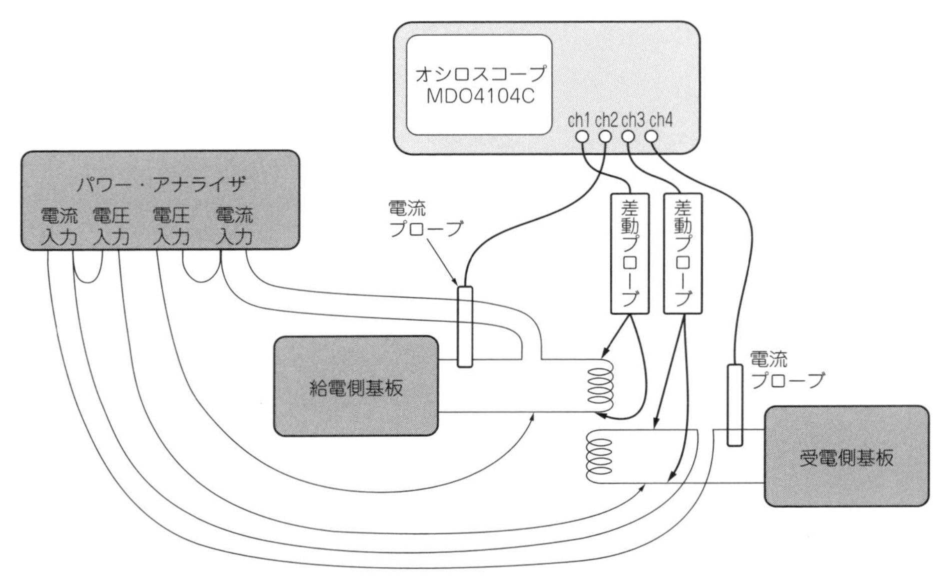

図3　ワイヤレス給電測定の接続

波数は171.4 kHzです．

これらの効率は，周波数を調整すると変化します．また，二つのコイルの位置関係を動かしても変化します．

● インダクタによる電力損失の測定

写真15～**写真16**のDPO5000Bシリーズ・オシロスコープによる測定例では，Math1で(Ch1 × Ch2)の積分(受電側コイルの電圧波形×電流波形の積分)を指定し，Math2で(Ch3 × Ch4)の積分(給電側コイルの電圧波形×電流波形の積分)を指定し，カーソルの対象を切り替えて区間積分値を得ています．

このオシロスコープを使用した積分による解析手法は，インダクタそのものによる電力損失の測定にも応用できます．インダクタは，信号の各サイクル内でエネルギーの蓄積と放出を繰り返していますが，ヒステリシス損や巻き線抵抗による銅損などがあると，蓄積されたエネルギーより放出されるエネルギーが小さくなります．

このため，“電圧波形×電流波形”を整数サイクルぶん積分し，その区間積分値を時間Δtで割ると，その磁気部品による平均電力損失(W)を測定できます．

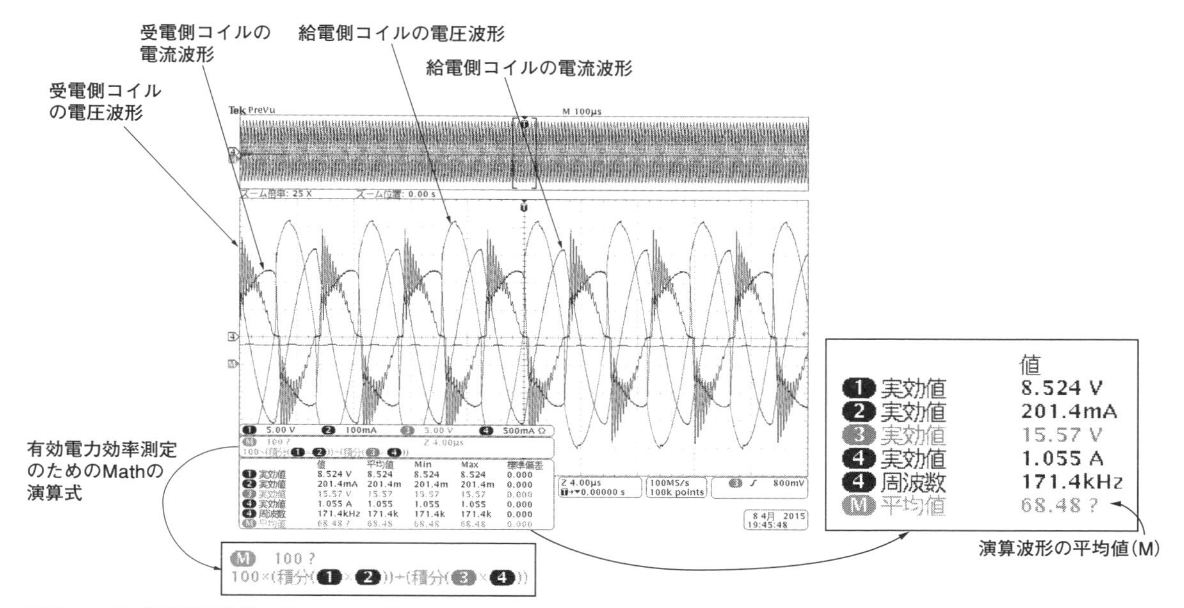

写真13　電磁誘導型動作の各コイルの電圧/電流波形と有効電力による効率測定用演算式(68.48%)

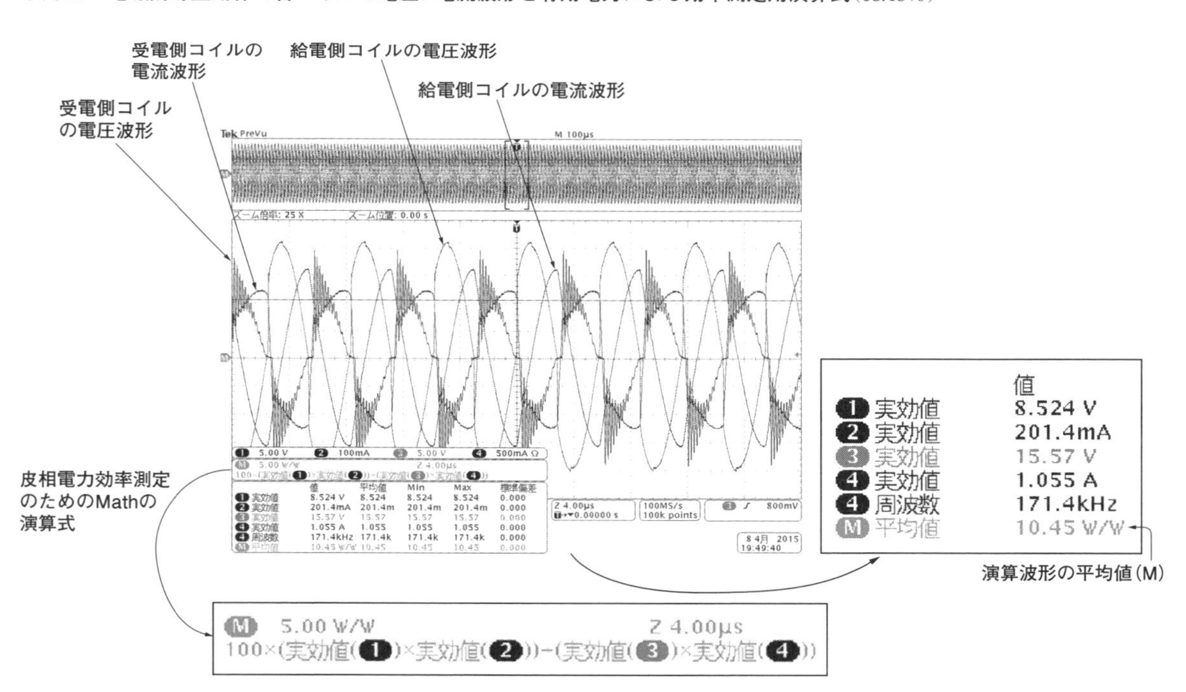

写真14　電磁誘導型動作の各コイルの電圧/電流波形と皮相電力による効率測定用演算式(10.45%)

■ 磁気共鳴型

● 放射パワーの測定

写真17では，受電側コイルに0.047 μFの直列コンデンサを装着し，共振させることで伝送効率の向上を図っています．

写真18では，MDO4104C型に内蔵されたスペクトラム・アナライザ機能をONにし，近接界プローブ(**写真17**の中央の黒いリング状のアンテナ)を使用して，放射パワーも測定しています．

ちなみに，ミックスド・ドメイン・オシロスコープMDO4104C型はオシロとスペアナが一体になった測

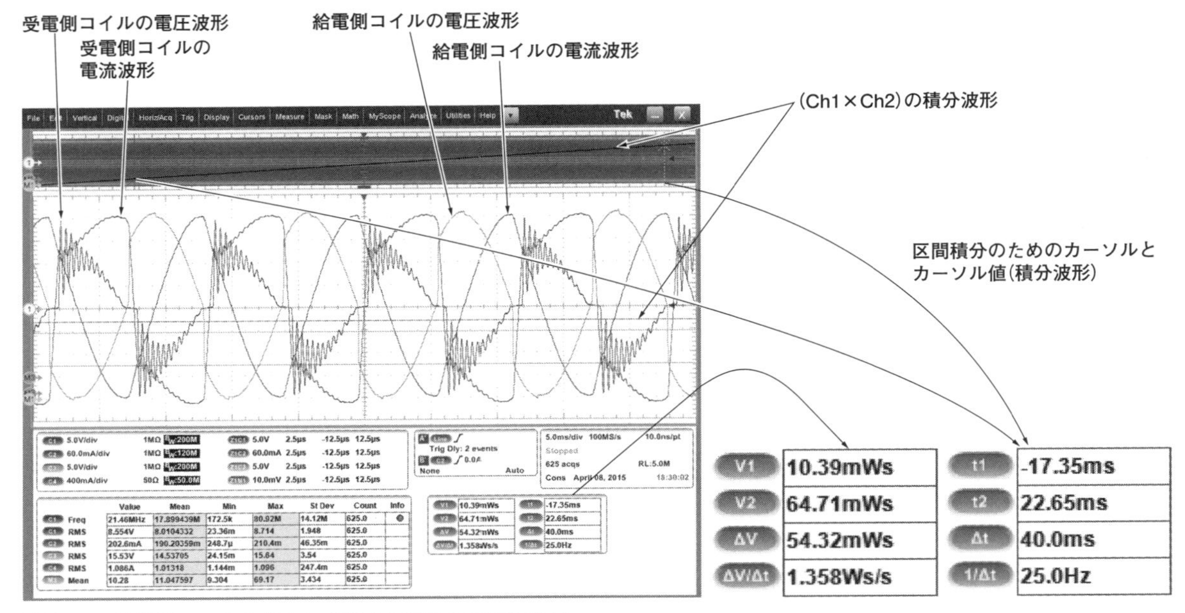

写真15　受電側コイルの(電圧×電流)の積分と区間積分値

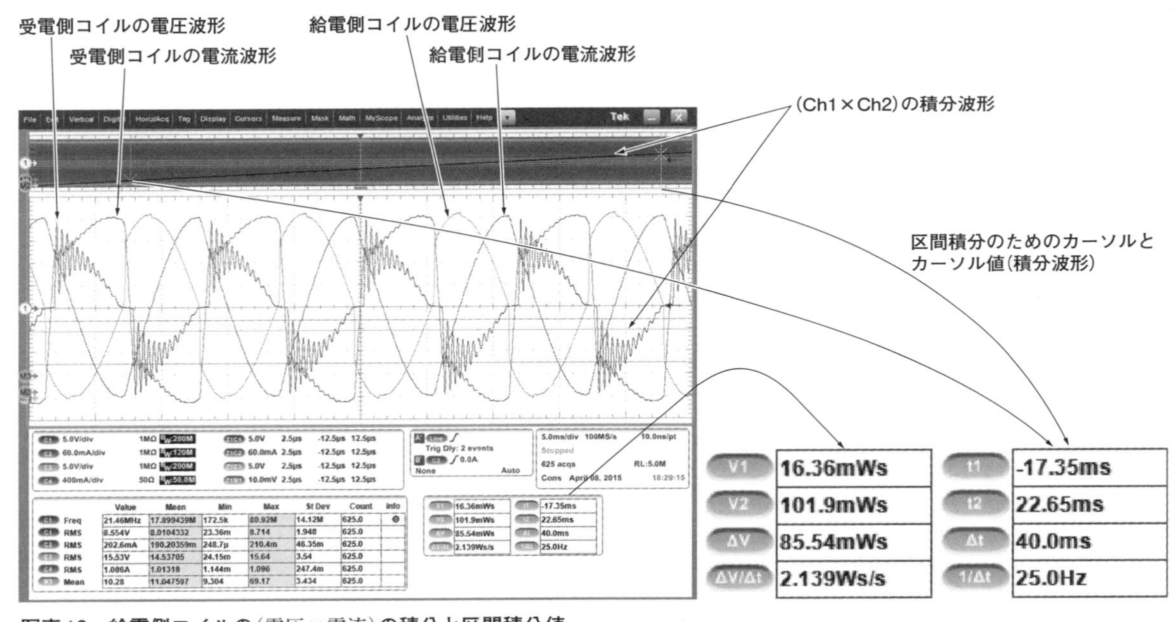

写真16　給電側コイルの(電圧×電流)の積分と区間積分値

定器で，オシロの時間軸波形とスペアナに入力されたスペクトラムの厳密な時間相関のある測定ができます．しかも，オシロのスケール設定とスペアナのスケール設定は独立してそれぞれ最適に設定できます．Qi(チー)のように電力伝送に通信が重畳されている場合，そのASKも測定できます．

ここでは，有効電力の伝送効率が72.44％になっています．基本周波数は171.6 kHzです．周波数を変化させると，伝送効率も変化します．

写真18の画面上部のオシロスコープ画面に表示されている波形“A”は，画面下部のスペクトラム・アナライザ表示の周波数スパン(この設定例では4 MHz)

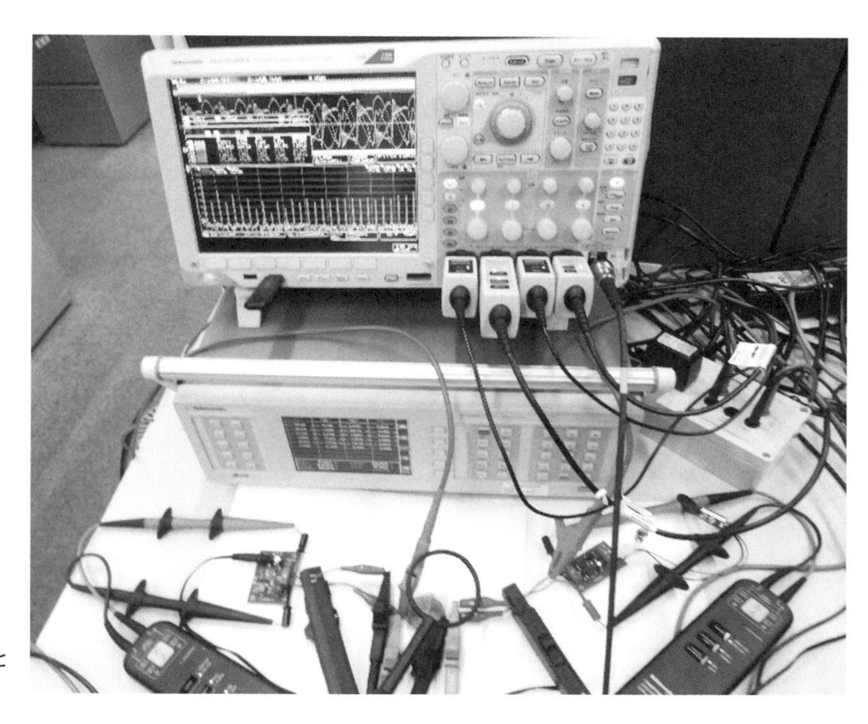

写真17　パワー・アナライザとオシロスコープによる測定風景

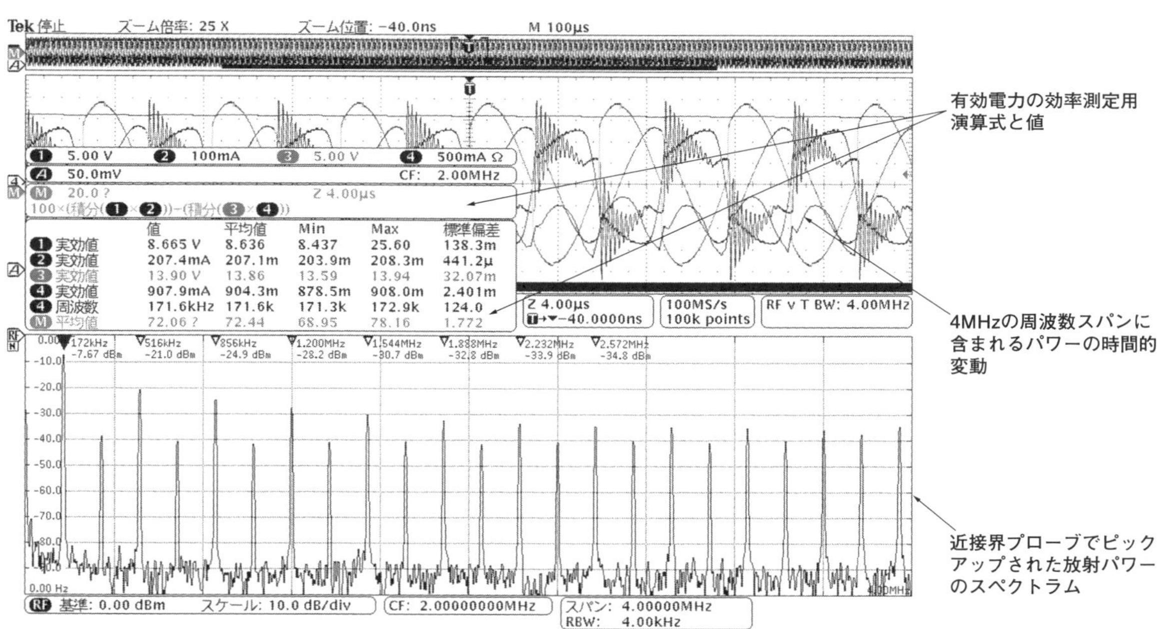

写真18　スペアナ内蔵オシロスコープMDO4104C型による有効電力の伝送効率測定

に含まれる放射パワーの時間的変動を表しています．

写真19では，皮相電力VAの伝送効率は14.24％になっています．

● 電力の測定

写真20は，パワーアナライザPA3000型で電力を測定した例です．

Ch1(A)では，このワイヤレス電力伝送システムに電源を供給しているACアダプタのAC入力電力を測定しています．

Ch2(B)は，給電側コイルの電力を測定しています．

Ch3(C)は，受電側コイルの電力を測定しています．

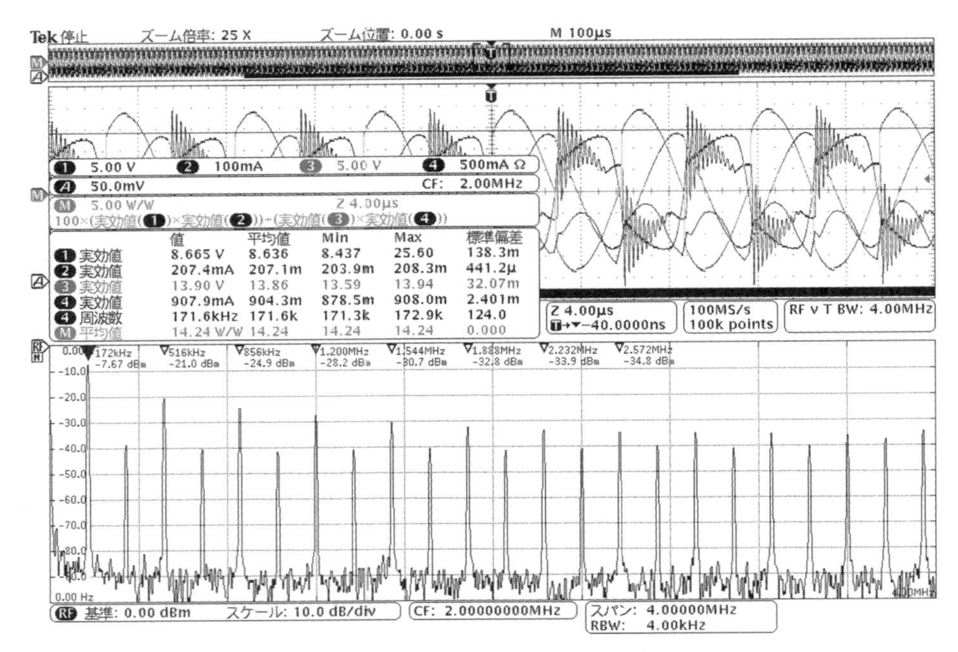

写真19　MDO4104C型による皮相電力の伝送効率測定

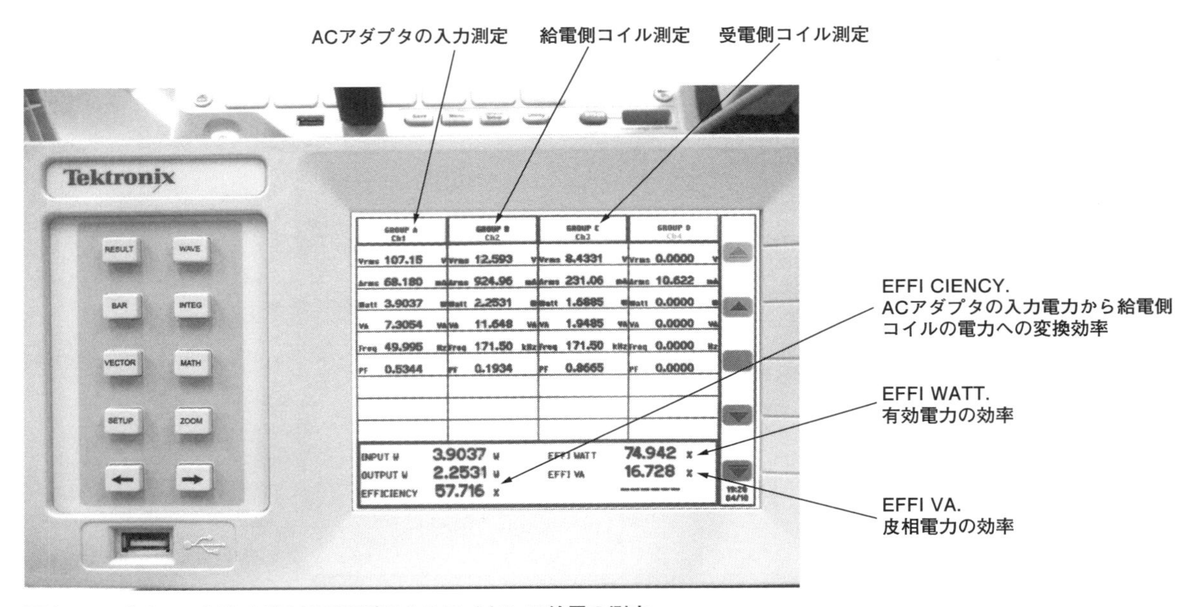

写真20　パワーアナライザPA3000型によるワイヤレス給電の測定

画面下部のEFFI VAは，給電側コイルと受電側コイル間の皮相電力の伝送効率を表示しています．

EFFI WATTは，有効電力の伝送効率を表示しています．

EFFICIENCYは，ACアダプタのAC入力電力から，給電側コイルの電力への変換効率を表示しています．

第5章

ワイヤレス給電の用途拡大！工場から農業まで…

多種多様なフィールドで活用されるワイヤレス給電

高橋 直希
Naoki Takahashi

近年，急速に広がるワイヤレス給電市場．さまざまなワイヤレス給電の技術研究が進み，技術的ポイントが紹介される機会が増えてきており，市場の成長性としても，ここ数年で数倍の規模に急速に広がる技術として話題を集めています．

技術的側面としては，多くの電力を送るためのアプローチや，磁気共鳴などの技術をベースとした長距離電力伝送を行うための技術的議論が進められています．現在ではまだ利用例の少ない電磁波用途なので，普及にあたっては電波法などの使用周波数の策定や，ノイズに関する法的議論が必要なので，官民を交えて盛んに行われています．

一方，マーケットに関しては，新聞やニュース，展示会などで多くの技術PRや夢のような世界の広がりがイメージされ，個人の携帯電話/スマートフォンの充電用途から，空港やカフェで自由に充電ができるシステムなど，より身近な世界へ広がってきており，さらなるワイヤレス給電の市場活性化を後押ししています．

なぜ，ワイヤレス給電が求められるのか？

これらの技術的側面およびマーケット・アプローチの根本である「なぜ，ワイヤレス給電なのか？」という視点を，30年以上もワイヤレス給電に関する製品を市場に展開している当社の視点，見解を交えながら説明するとともに，携帯電話や電気自動車などよく耳にする用途以外で広がりを見せるワイヤレス給電の事例について紹介していきます．

● ワイヤレス給電の三つのメリット

ワイヤレス給電とは「非接触(ワイヤレス)で電気を送ること」です．従来のコンセントやコネクタのような金属接点を用いて接続をしなくても，電力を送ることができる技術です．

金属接点を用いずに電気が送れることの利点は何でしょうか．

ワイヤレス給電でよく言われるメリットは大きく三つあります．

(1) 劣化・破損しない
(2) 安全
(3) 自由

以下に，少し詳しく説明します．

▶劣化しない，破損しない

接点が存在するということは，摩耗や破損が発生するということです．

身近な例では，携帯電話のコネクタを何度も抜き差ししてケーブルの断線が起こったり，接触不良で修理やケーブル交換をしたことはありませんか．これらは，コネクタ部分の劣化や故障により起きています．ワイヤレス給電というのは直接の接点がないので，断線や故障などが起きえません．

▶安全

金属接点がないということは，感電やショートの危険性がないということです．

しっかりと保護されたワイヤレス給電製品であれば，水がかかる環境でも問題なく空間を伝わり電気を送ることができます．これによって，従来なら感電の危険性が高かった水場や屋外でも気にせず電気的な接続が可能となります．水に強いという利点が，安全というメリットでワイヤレス給電の普及を大きく支えています．

▶自由

最後のメリットは，自由です．

ワイヤレス給電技術にはさまざまな方法があり，至近距離から長距離まで電気を送ることが可能なため，今までのようにコンセントの近くであることや，配線の引き回し，電池の交換などの手間などから解放され，より自由に電気を使える環境を実現します．

* * *

これらの「劣化しない」,「安全」,「自由」であることがベースとなって，幅広いマーケットでの需要につながっているのです．

● ワイヤレス給電の適用範囲

ワイヤレス給電のメリットは先に挙げたように複数

コラム　ワイヤレス給電の方式

昨今，ワイヤレス給電の応用例が広がりを見せてきました．基本的には古くからある方式であり，水がかかる電動歯ブラシなどの小電力アプリケーションに使用されてきた歴史があります．伝送方法はさまざまな方式が提唱されていますが，伝送媒体によって大きく三つに分けられます．

A. 磁界を用いた方式
B. 電界を用いた方式
C. 電波を用いた方式

Aは現在主流の方式であり，前述の電動歯ブラシに始まり，Qiなどの携帯機器への給電，実用化されつつある電気自動車への給電があります．この方式は，結合係数の低いトランスによる伝送方式と考えることができるので，距離や位置ずれや2次側電圧の制約を考慮しなければ，比較的簡単に実現できます．電磁誘導方式，磁界共鳴方式などありますが，言葉の定義が各社まちまちであり，周波数帯域に差があるものの，結局同じ方式であろうと考えています．

Bはキャパシタによる電力伝送になります．電極同士を向かい合わせて高周波(数百kHz以上)成分をキャパシタで通すイメージです．アルミ板などでキャパシタを構成できるので，軽く作れるというメリットがありますが，現在のところ製品化例はほとんど見かけません．

Cはマイクロ波送電などがあり，盛んに研究が行われているようです．桁違いに長い距離を伝送可能であることや，電波の指向性を高めることにより高効率を実現できるようです．夢のある話では，衛星に積んだソーラーパネルで発電した電力を，マイクロ波で地球上へ送電する技術が検討されています．

● 磁界を用いた給電方式の技術面

回路方式は共振型LLCコンバータに似ていて(図A)，距離や位置ずれにより結合トランスの結合係数が変化する使いかたと考えられます．1次コイルとコンデンサによる直列共振回路でソフト・スイッチングを行い，コイルに正弦波状の励磁電流を流すことで交番磁界を発生させます．2次コイルで交番磁界を受け取り，整流器を通してからDC-DCコンバータで所望の電圧に変換します．

2次側の補償器はコンデンサで構成され，距離が遠くて結合係数が低い場合にも効率よく電力を受け取れるように共振させます．このとき，インバータの発振周波数と，LC共振の共振周波数をぴったり合わせてしまうと，理想状態ではコンデンサにかかる電圧が無限大になってしまい，現実にはコンデンサの耐圧による制約があるため，そのような調整は不可能です．また，距離によりコイルのインダクタンスが変動するため，その変動を加味しつつ，共振コンデンサの設計を行います．

コイルそのものは，数十kHz以上の周波数で効率よく電流を流すために，多くはリッツ線を使用します．リッツ線は，被覆された細い銅線を撚り合わせた線材で，表皮効果による銅損を低減します．

フェライト・コアなどを使用すると，コアによる鉄損も存在します．仮にコアレスの空芯コイルを使った場合，軽いことや鉄損がなくなりQが高いメリットはあります．ところが相対的にインダクタンスが低くなるため，インバータのスイッチング周波数を上げる必要があり，インバータの設計が困難になります．また，コイルに金属が近づいた場合にインダクタンスの変動が大きいため，共振周波数の変動が大きく，非実用的だと考えられます．

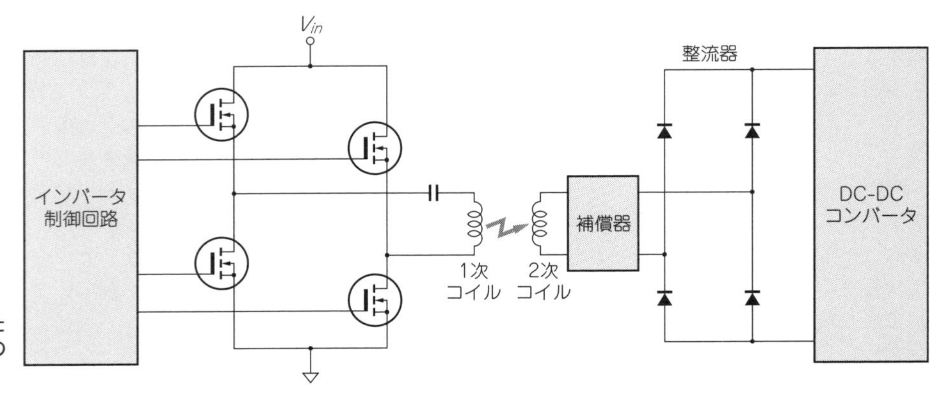

図A　磁界を用いたワイヤレス給電のブロック構成

ありますが，マーケットによってワイヤレス給電に求められることは変わってきます．

カテゴリとしては工業/ロボット，医療機器，電気自動車，民生機器などに分類されることが多いです．そのなかで古くからワイヤレス給電を使用しているのは，工業/ロボットなどの業種で，工場の自動化が進むなかでの作業性向上や設備故障の解決のため，直接配線からワイヤレス給電を用いることで「劣化，破損」の防止に多用されています．

一方，医療機器分野では，高齢化社会が進むなかで，風呂場などの水場での電気の使用や感電，ショートなどの電気的接触による事故防止の解決策として，電気的接続のないワイヤレス給電が検討され始めており「安全」を意識した導入検討が進んでいます．

身近で話題にする機会の多い電気自動車や携帯電話などの民生機器では，「自由」という視点での応用が目立ちます．電気自動車はプラグインで充電することが可能ですが，屋外で充電することを考えるとプラグイン端末に触れたときに汚れてしまうことや，その手間が煩わしいという声を聞きます．さらに走行給電も「自由」から発想されることの一つであり，どこでも自由に手間なく電気を扱いたいという発想から生まれた技術です．

携帯電話についても，ケーブル問題などはありますが，日々の生活において大きな手間ではありません．しかし，置くだけで充電できるというさらなる簡易性や，ワイヤレスでも充電できるというプラスの付加価値から「自由」の利点が広く求められています．

これらのターゲット，用途を軸にして，幅広くさまざまな用途で広がるワイヤレス給電です．その実用レベルの内容について，いくつかの事例と特徴をあわせて紹介していきます．

ワイヤレス給電の実用事例

● 工場内でのワイヤレス給電活用(自動搬送車/AGV)

製造工場では部材の搬送などで無人で走行する自動搬送車(通称AGV；Automatic Guided Vehicle)が多く活用されています．AGVの動力はバッテリであり，当然電気で動く小型の電気自動車です．

バッテリ走行である以上，バッテリの定期交換が必要であり，定期的に作業員がバッテリの積み下ろしと充電を行うか，コネクタなどで接続して充電を行っていました．

しかし，バッテリは非常に重量があり，作業員への身体的負荷が掛かってしまうことや，充電時はバッテリへの直接配線をするので感電やショートなど安全性への課題もありました．

また，従来の鉛バッテリの特徴として，放電深度が50%を超えると急速にバッテリの劣化が進むと言われており，1個のバッテリを長寿命で使うためには定期的な充電が必要です．

最近ではリチウム・イオン・バッテリなどが登場し，バッテリ技術自体が向上したことで，いくつかの課題を解決できる新しいバッテリも市場投入されていますが，価格面や充電をするという手間は残されたままです．

そこで，それらの課題解決のために期待できる方法として，ワイヤレス給電技術を用いたバッテリへのワイヤレス充電があります．

AGVが工場内を走行し，荷物の積み下ろしなどの停止ポイントや車庫などで停止する際に，ワイヤレスによって電気が供給されることで，バッテリの継ぎ足し充電やフル充電を行います．

これによりバッテリの長寿命化，作業員への負担軽減や他業務への配置，AGVの軌道外走行の低減などが可能となります．

▶充電制御でより効率の良いバッテリ充電を実現

バッテリ充電においては，単に電気を流すだけでなく，バッテリ容量の時間率を考慮した電流を流すことで，バッテリの長期活用を支えるとともに，充電初期と充電末期で制御電流を変えることで効率良い充電を行うといった細やかな充電制御が必要となります．

AGV向けのワイヤレス充電を行っているメーカは数社あり，電力も30 W～5 kWなど幅広いレンジの製品が市場に投入されていますが，そのなかで重要となるのが充電制御を備えていることです．

ここで紹介する210 Wワイヤレス充電システムは，ワイヤレス充電のバッテリ充電制御も考慮した充電を実現しています．構成図を**図1**に，電流波形の例を**図2**に示します．

充電制御は，CC-CV制御で行います．バッテリ電圧が所定電圧に到達し，かつ充電電流が1.5 Aまで下がると間欠充電状態になります．また，受電ヘッドが給電ヘッドへの電力伝送可能範囲外になった場合は自動的に給電を停止させ，待機状態になります．間欠充電状態時に，出力電流が3Aとなった場合にCV充電状態に戻り，上記の動作を行います．

▶相互通信による対象検知，充電情報の制御

ワイヤレス充電のユニットで重要となるポイントは，相手側の機器が存在していることを検知し，その情報を確認することにあります．

このシステムでは，ワイヤレス給電ヘッド間で検知のための通信を行っており，AGVが充電ステーションに到着してから，給電ヘッドが対向側の受電ヘッドを検知したときにワイヤレス充電が開始される仕組みとなっています．

ワイヤレス充電には電磁誘導方式を用いているため，

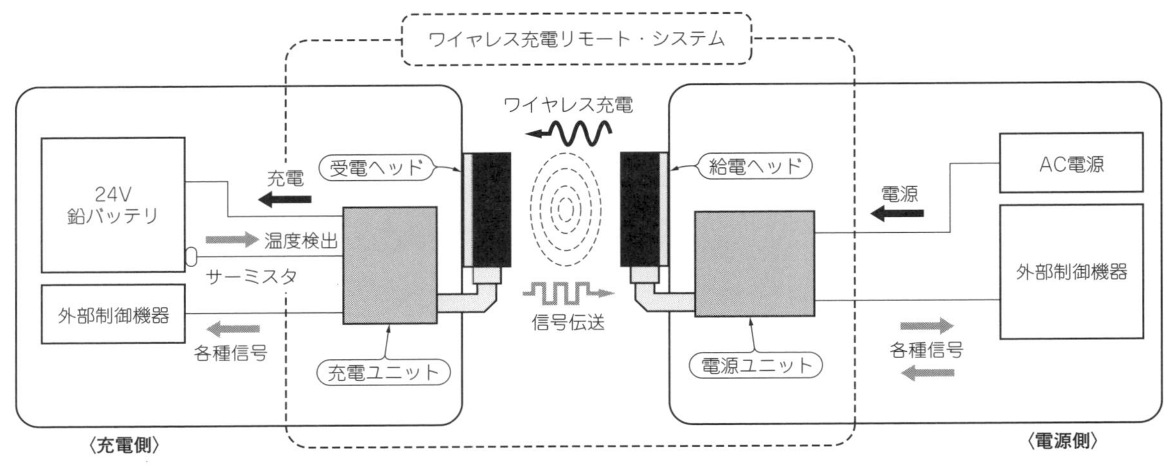

図1　ワイヤレス充電システムのブロック構成

ヘッドと金属が対向すると金属の発熱が起こってしまいます．そのため，常に誘導磁界を発信するのでなく，相手側のヘッドを検知してから充電を行うことで，金属発熱を防ぎ，安全に使用することができるのです．

また，通常の通信と合わせて，バッテリの温度情報を取得し，一定以上の発熱がある場合は安全対策としてワイヤレス充電を停止するような設計となっています．

これらの機能がワイヤレス充電をより安全に使うために役立っています．

▶CC-CV充電や間欠充電による最適充電制御

ヘッドの検知はワイヤレス充電を行うまえの安全対策ですが，ヘッドが対向したあと，ワイヤレス充電を効率良く行うための制御設計も行っています．

本機器に搭載された通信機能でバッテリの充電状態を検知し，充電状況によりCC充電，CV充電および間欠充電を使い分けて，バッテリが一番効率良く充電できる方法での充電制御を行っています．

充電初期には，CC充電により流せる最大電流でバッテリへ電流供給する定電流充電を行います．

バッテリが一定容量まで充電されると，バッテリへの過電流状態を抑制するため，定電圧充電方式に切り替え，バッテリ電圧に合わせた充電をするように制御します．

充電終期になると，単純な定電圧充電では満充電しにくいため，間欠充電というパルス充電を行うことで，バッテリへの電流押し込み充電を行います．

このように，バッテリ残量を通信で検知し，最適なワイヤレス充電を段階的に行うことで，より効率的なワイヤレス充電を行います．

＊　　＊　　＊

これらの安全制御および充電制御によって，安全かつ省電力で効率的なワイヤレス充電が実現しています．

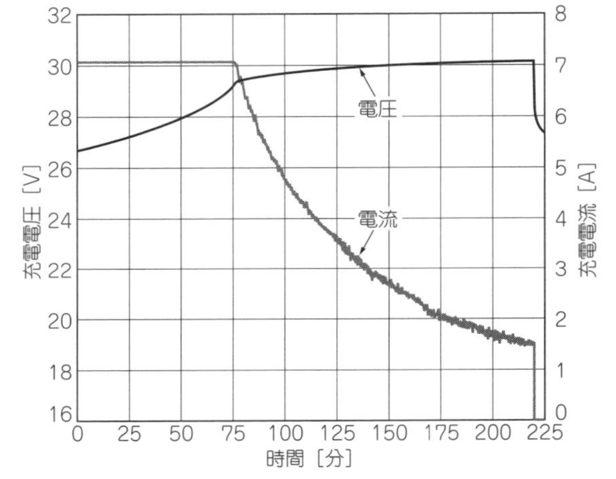

図2　CC-CV充電の電流/電圧の波形

● 工場内でのワイヤレス給電(プレス機器/搬送ライン/インデックス・テーブル)

ワイヤレス給電のメリットが大きく活用されるシーンとして，FA(ファクトリ・オートメーション)化された工場内での用途が挙げられます．

工場内はさまざまな自動化が進むなかで，設備機器の移動や工程の段取りなどが多く発生しています．ワイヤレス給電が，どのようにこれらの自動化を支えているのかをいくつかの例をもとに紹介します．

▶プレス装置へのワイヤレス給電

自動車メーカをはじめ，板金加工に多数のプレス機が導入されており，ここでもワイヤレス給電が活躍しています．

どこにワイヤレス給電が用いられるのでしょうか．大型機械へのワイヤレス給電を思い浮かべる方も多いと思いますが，多く用いられる用途としては，プレス金型へのワイヤレス給電です．

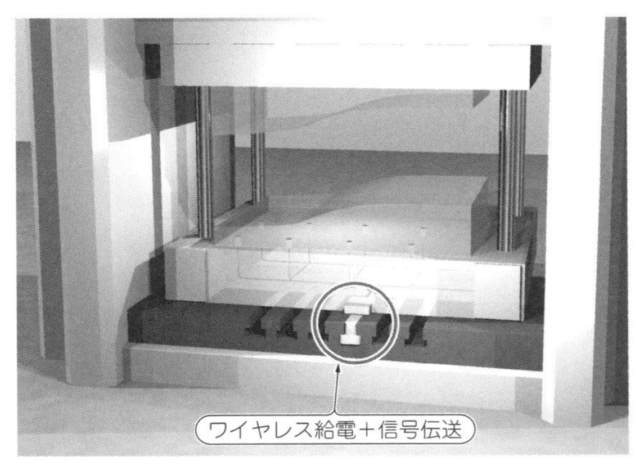

図3　プレス装置へのワイヤレス給電のイメージ図

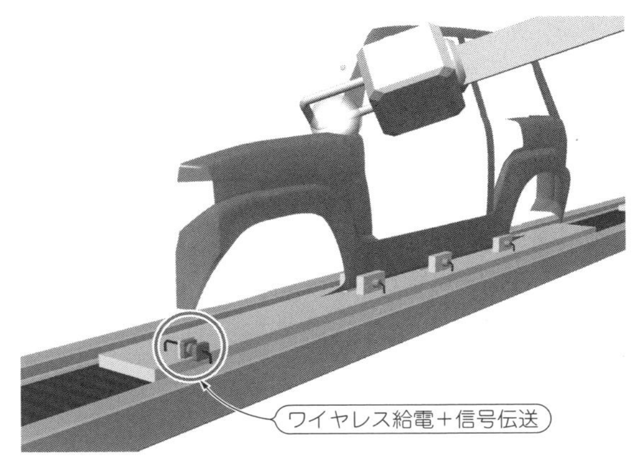

図4　ワイヤレス給電搬送パレットのイメージ図

プレス金型には，ワークの着座検知として多数のセンサが搭載されています．これらのセンサは電子機器なので電力が必要であり，さらにセンサの信号を取得しなければならず，従来は金型にコネクタを付けて電力供給や信号取得を実施していました．当然，違う型のプレスを行う際には金型の段取り換えが必要であり，コネクタの着脱の手間が発生します．さらに，着脱時にコネクタ上の水滴や粉塵がかかり接点不良になる可能性があるため，防護策としてコネクタの保護カバーなどの設置が必要となります．また，ワークがない状態でプレス機を作動させる空打ちによってプレス機が損傷する可能性もあるため，着脱忘れによるポカ除け対策としてもセンサは必要でした．

ワイヤレス給電はここで力を発揮します．

金型の横にワイヤレス給電＋信号伝送のユニットを取り付けて，コネクタの代わりとして使います．ワイヤレスですから当然，着脱作業は不要です．対向させるだけで金型上のセンサへの給電や，そのセンサ信号の取得が可能となりました．

これにより，金型の段替え効率向上に加えて，コネクタ・トラブルによるライン停止が抑制できるようになりました．

金型への設置しやすさを考慮し，金型のTスロットに対応した形状なども存在しており，用途に合わせたワイヤレス給電＋信号伝送システムが展開でき，多数のユーザに使用されています．**図3**に使用中のイメージを示します．

● 搬送ラインで活躍するワイヤレス給電

先ほどのAGVへのワイヤレス充電も搬送ラインの代表例の一つですが，その他にもワイヤレス給電製品が活躍する場所が存在します．

工場では非常に多くの搬送パレットが運用されていて，通常の搬送のみの用途であればパレット上へのワイヤレス給電は求められませんが，自動車の組み立てや溶接工程においては，パレット上のワークの検知やワーク・クランプなどを行うため，パレット上のセンサや電磁弁などへの電力供給が必要となります．

写真1　ワイヤレス給電および信号伝送を行うユニットの外観例

人間は目で見ればパレットに何が載っているのかすぐにわかりますが，自動化された工場の設備機器やロボット達にはわかりません．そのため，搭載状態を判断させるのがパレットに設置されたセンサです．

従来はパレットが停止するたびに，コネクタを手動または自動で着脱し，センサへの給電と信号の取得を行っていましたが，段取り時間や着脱装置のスペース確保などが課題でした．

また，溶接現場では，溶接時に発生するスパッタがコネクタ部分に付着し，電力や信号のトラブルに繋がることから，コネクタ保護カバーの設置などが必要とされていました．

これらの課題を解決するために採用されたのが，ワイヤレス給電および信号伝送を行うユニットです．ユーザの用途に合わせていろいろな製品が使われます．

- センサからの信号のみ最大16点まで受信するユニット

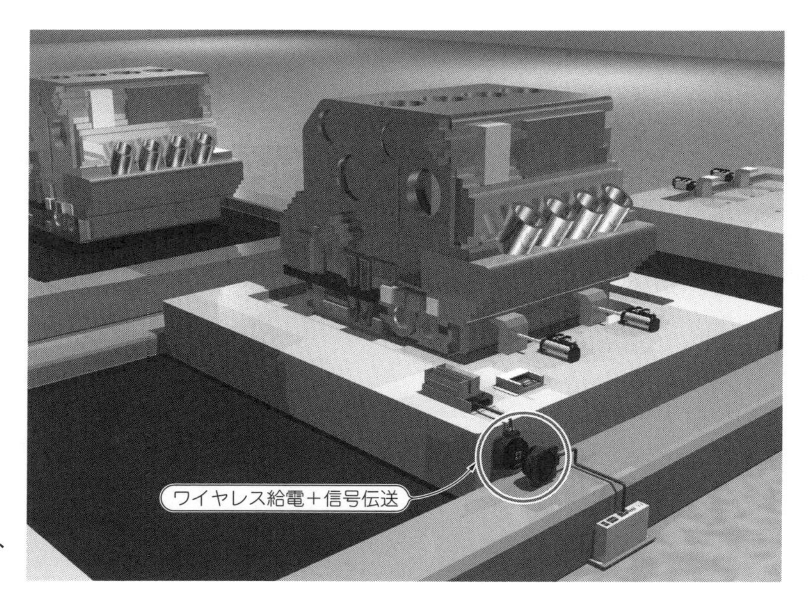

図5　搬送ライン・パレットのイメージ図

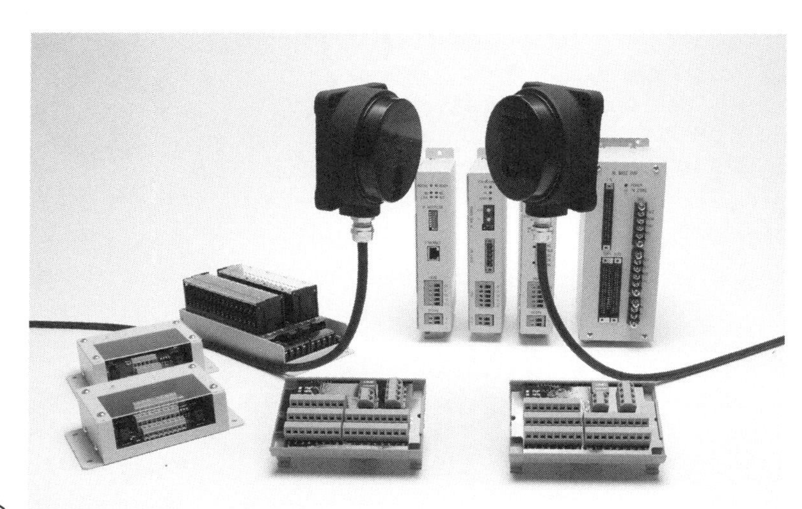

写真2　搬送ライン・パレット用ユニットの外観例

- センサからの信号8点＋機器への駆動信号8点を同時伝送で送受信可能なユニット

などが多く用いられ，パレット上のセンサ信号の取得やワーク・クランプの駆動を行っています．

溶接現場では，ワイヤレス給電を用いたとしても，ヘッドへのスパッタ付着が問題となるため，スパッタが付着しにくいテフロン・キャップおよびアルマイト加工のケースを採用しています．さらにスパッタのケーブル付着による破損から保護できるガラス・チューブを採用した，溶接ラインに特化したワイヤレス給電ユニットもあります．

搬送パレットのイメージを**図4**に，製品の外観例を**写真1**に示します．

加えて，近年の自動制御技術の発展により，フィールドバス・ネットワークに接続し，より多くの信号をシステム全体で管理する省配線ネットワークがより強化されてきています．これらは，搬送パレット上の管理にも及んできており，DeviceNetやCC-LINK，Profibusなどの信号制御や，Ethernet関連への機器接続も広がりつつあります．

これらの市場ニーズにも対応し，ワイヤレス充電に加えてフィールドバス信号をワイヤレスで伝送するユニットも搬送パレットの管理には用いられています．

また，Ethernetへの接続性も考慮し，Ethernetへの接続を簡易にしたアンプ，ワイヤレス給電およびI/O信号を制御するユニットも存在しており，多数のフィールドバス・ネットワークに対応したワイヤレス給電システムが開発，採用されています．

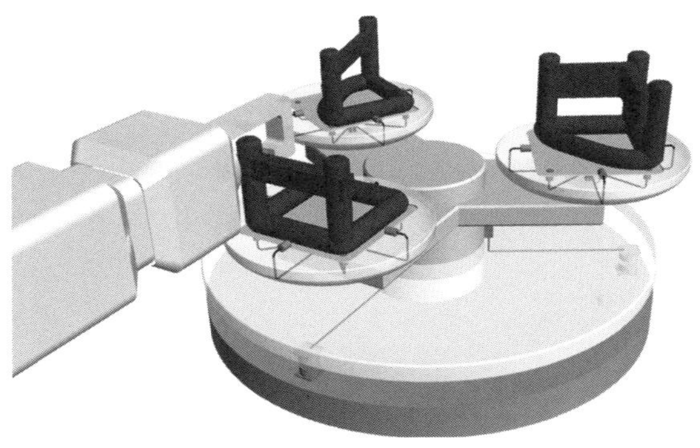

図6　回転停止点でのスポット給電例

搬送ライン・パレットのイメージを**図5**に，製品の外観例を**写真2**に示します．

● インデックス・テーブルへのワイヤレス給電

工場では，インデックス・テーブルと呼ばれる回転テーブルでもワイヤレス給電が求められます．

従来，テーブル上のワーク識別では外部からのセンサ識別か，回転部分に合わせて余裕をもったケーブルの引き回し，回転/原点復帰を繰り返した反転運動を行うなどの工夫がされていました．

しかし，テーブル上のワークのクランプや，より効率の良いインデックス・テーブルの稼働において，常時回転し電力および信号が送れる設備構成が求められるようになり，ワイヤレス給電のニーズが高まってきました．

回転物へのワイヤレス給電は，大きく2種類があります．一つが回転停止点でのスポット給電，もう一つは回転軸中へワイヤレス給電を搭載した常時給電です．

これら二つの搭載方法は，ユーザの使用用途，スペース，設備構造によって選択されますが，どちらの構成も従来のインデックス・テーブルと比較して，工程効率が向上するとともに，回転の制約がなくなり広い用途での活用が可能となっています．

回転停止点でのスポット給電例を**図6**に，回転軸中へワイヤレス給電を搭載した常時給電の例を**図7**に示します．

また，これらの用途が広がるなかで，軸中で常時給電をしつつ回転軸を確保したいというニーズから，回転軸を維持しつつ軸中でワイヤレス給電ができるユニットとして，リング形状のワイヤレス給電ユニットも登場しています．

リング形状の開発においては，軸中に金属シャフトが使用されることを想定し，金属の影響があっても必要電力の供給が行えるような内部設計を行っています．金属があるときとないときでは大きくインダクタンスが変わるため，広いレンジでの対応を可能とする内部

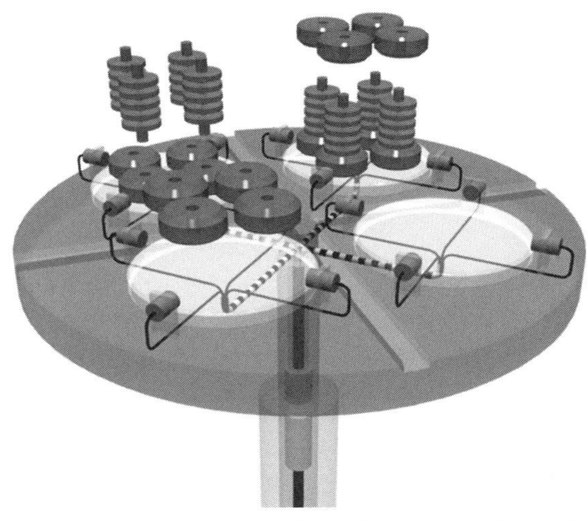

図7　回転軸中へワイヤレス給電を搭載した常時給電の例

写真3　リング形状の製品外観

制御技術が重要となります．

加えて，リング形状だけでなく，すでに設置されている設備への搭載性も考慮し，シャフトにクランプするだけで設置可能な扇形状の製品も合わせてリリースされています．

このように，多数のインデックス・テーブル向けのワイヤレス給電がリリースされていますが，このような回転用途は工程内のインデックス・テーブルだけでなく，液体などの撹拌装置やロボット・ハンドの回転部など幅広い用途で活用されています．

リング形状の製品外観を**写真3**に，溶融機での使用例を**図8**に示します．

工場内でのワイヤレス給電（産業用ロボット）

日本が世界をリードする自動化を支える技術，それが産業用ロボットです．工場内ではこれらの産業用ロボットが多数扱われていますが，そのロボットの可能性をさらに広げるものとして，ロボット先端部を切り

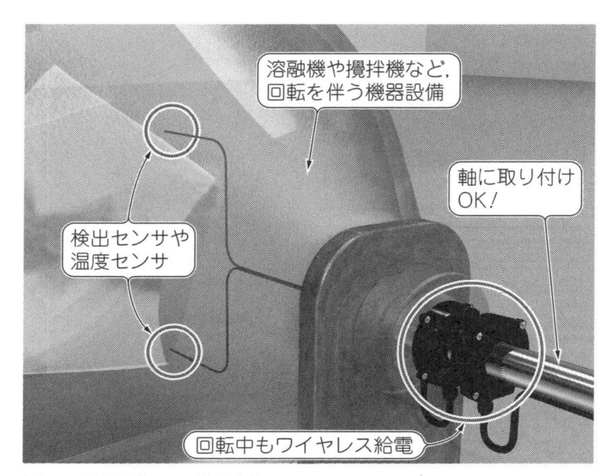

図8　溶融機での使用例

写真4　ツール・チェンジャ用のワイヤレス給電システムの外観例①

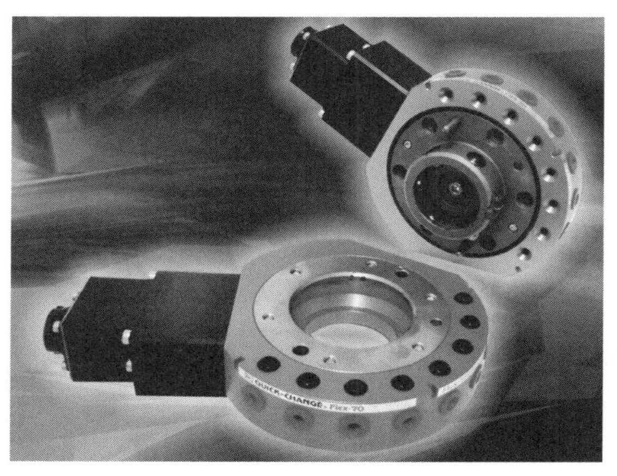

写真5　ツール・チェンジャ用のワイヤレス給電システムの外観例②

替えたり，ロボット先端を回転させたりして作業性を上げています．

これらのロボット作業の多様性を広げる部分で，ワイヤレス給電が広く求められています．

● ツール・チェンジャへのワイヤレス給電

ツール・チェンジャとは，工場内のロボットにおいて，アーム側であるマスタ・プレートと，ハンド側であるツール・プレートを高頻度で着脱できる構造をもつロボットの手首部分です．

ロボット・ハンドには，ワークなどを掴んだときにそれを判断するセンサが，人間の指に相当する場所に取り付けられています．

ロボット・ハンドは掴むワークによって付け替えが必要になるため，機械的着脱だけでなく，電気的な着脱が必要となります．

従来，金属接点の着脱が標準的でしたが，高頻度の着脱が必須であるため，異物による接点故障や微妙な位置ずれによる信号不良，また水などによるショートなどの課題がありました．

その課題を解消し，さらなる作業性を広げる用途として，ツール・チェンジャ用のワイヤレス給電を各メーカがリリースしています．これにより，着脱時に従来の金属接点の課題を解消するだけでなく，洗浄工程への応用や，金属接触による微細な粉塵が課題となる安全および衛生工程での適用も可能となり，大きな用途拡張を支えています．

ツール・チェンジャ用のワイヤレス給電システムの外観例を**写真4**～**写真6**に示します．

● ロボット回転軸へのワイヤレス給電

ツール・チェンジャの用途以外でも，ロボット先端を回転させるとケーブルには負荷が掛かり断線などの不具合に繋がります．エア配線は破損しにくく，破損した場合の修理もしやすいのですが，電気的な配線は再配線が難しいことや断線しやすいこともあり，回転動作の課題となっていました．

それらの課題を解消するため，シャフト軸中へ搭載しやすい小型のワイヤレス給電システムや，リング形状のワイヤレス給電などが広く用いられています．

35 × 35 mmの小型のワイヤレス給電システムの外観を**写真7**に，M8サイズのワイヤレス給電システムの外観を**写真8**に示します．M8サイズのワイヤレス給電システムの使用イメージを**図9**に示します．

これらのロボット・ハンド向けの製品開発としては，小型化のニーズが高まってきており，小型化対応のためアナログ回路のディジタル化および，基板実施の方法を見直して多層基板の導入などを用い，小型化の実現を行っています．

医療用途におけるワイヤレス給電

ワイヤレス給電は医療という分野でも活躍し始めて

写真6　ツール・チェンジャ用のワイヤレス給電システムの外観例③

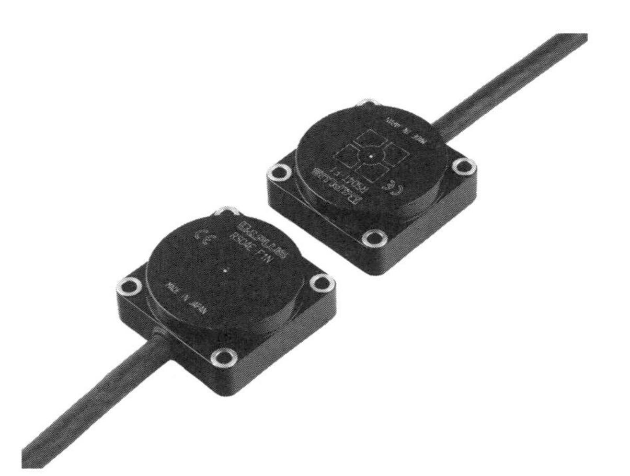

写真7　35×35 mmの小型のワイヤレス給電システムの外観

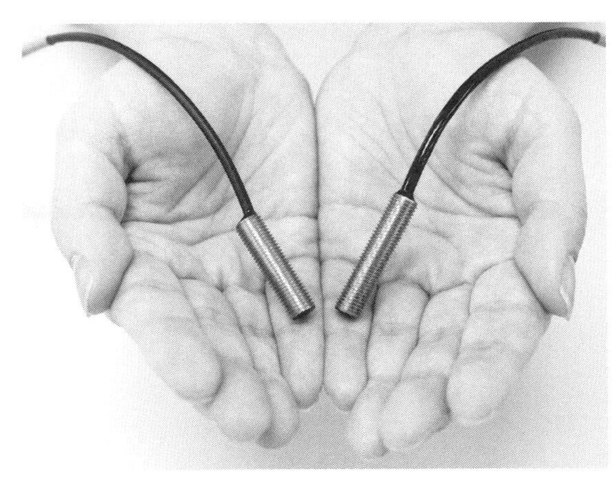

写真8　M8サイズのワイヤレス給電システムの外観

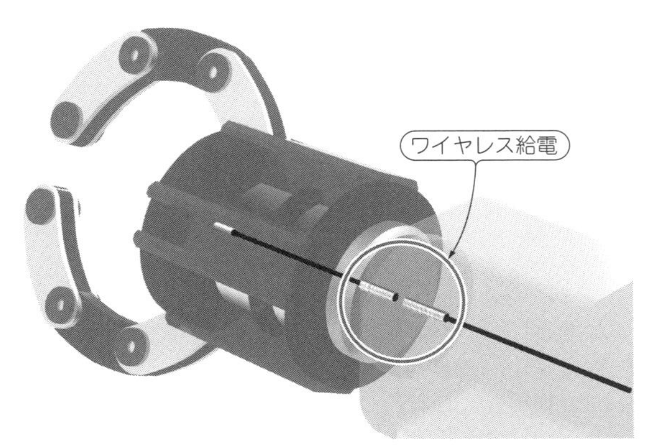

図9　M8サイズのワイヤレス給電システムの使用イメージ

いて，その一つの例として補聴器が挙げられます．

補聴器は幅広い年代の方が使用していますが，補聴器は定期的に内部電池の交換が必要となります．作業としては蓋を開けてボタン電池を交換するだけの簡単な作業ですが，高齢者の方にとっては小さなボタン電池を電極に合わせて交換するという作業が非常に難しい，という話をよく聞きます．

補聴器に2次電池を内蔵し，ワイヤレス給電による2次電池充電機能を搭載するユニットが提供されています．補聴器の新製品の更新頻度が長めのため，徐々に市場に導入されつつありますが，将来的にはより小型で高効率のワイヤレス充電が補聴器に搭載されていくのではないかと考えています．

車両用途でのワイヤレス給電

車両へのワイヤレス給電というと，電気自動車のワイヤレス充電や鉄道車両へレール型でワイヤレス給電をするという話が想像しやすく，また話題にもなりやすいです

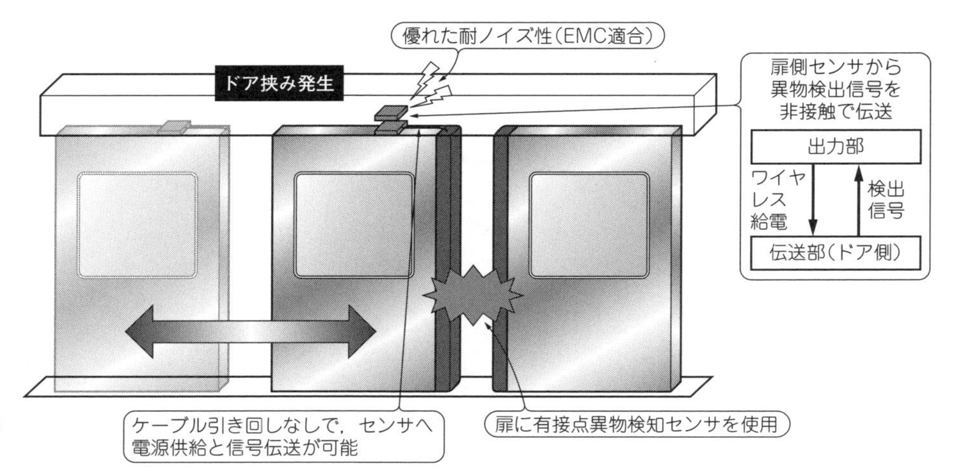

図10　戸ばさみ検知のイメージ

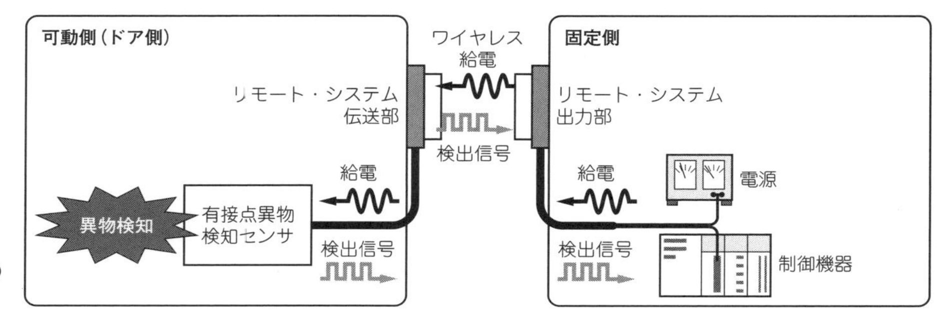

図11　戸ばさみ検知のシステム構成

しかし，現在実際の用途としてより具体的な検討，応用がされつつある事例として，扉部分へのワイヤレス給電というテーマがあります．

安全をより考慮した世の中において，電車の扉の挟まれ防止や，駅ホームでのホーム・ドアなどの普及が広がっています．従来は，扉に付けるセンサは開閉機能だけでしたが，より高度な機能として，挟まれているものの情報をセンシングしてさらに安全性を高めるため，扉の可動部へのセンサ搭載が進んでいます．

これらセンサの駆動電源や信号制御は電気的配線が必要となりますが，高頻度で開閉がされる扉において，ケーブル断線や接触不良，施工性の課題などが残されていました．

これらの課題解消として，ワイヤレス給電に注目が集まっています．

扉が閉まる直前にセンサへのワイヤレス給電が行われてセンサが駆動します．障害物を検知するとセンサからの信号がフィードバックされて安全制御が働くという仕組みです．

戸ばさみ検知のイメージを**図10**に，システム構成を**図11**に示します．

また，より広い範囲で扉の開閉時の状態を検知するために，リニア・タイプのワイヤレス給電も開発され，扉の稼働に合わせた扉上の信号制御などへの検討が進められています．

リニア・タイプのワイヤレス給電の例を**写真9**に示します．

このように，ワイヤレス給電を用いることで，扉の可動性，安全機器の施工性が高まります．より安全な社会にもワイヤレス給電が貢献するのです．

農業用途でのワイヤレス給電

ワイヤレス給電は農業への導入も検討されていて，現在面白い社会実験が行われているため，その事例を紹介します．

それは，アイガモ・ロボットと呼ばれる水田で活躍するロボットです．

アイガモ農法，という言葉をご存じでしょうか？水稲栽培においても雑草が生えるのは農家の悩みの種になります．農薬が使えれば除草することもできますが，有機農法の場合には農薬は使えません．そのため，農薬を使わずに水田除草する方法としてアイガモを水田に放ち，雑草を食べさせるアイガモ農法という農法が存在します．

しかし，このアイガモ農法には課題が残されています．

アイガモが雑草を食べるのは生後1年まで，それ以

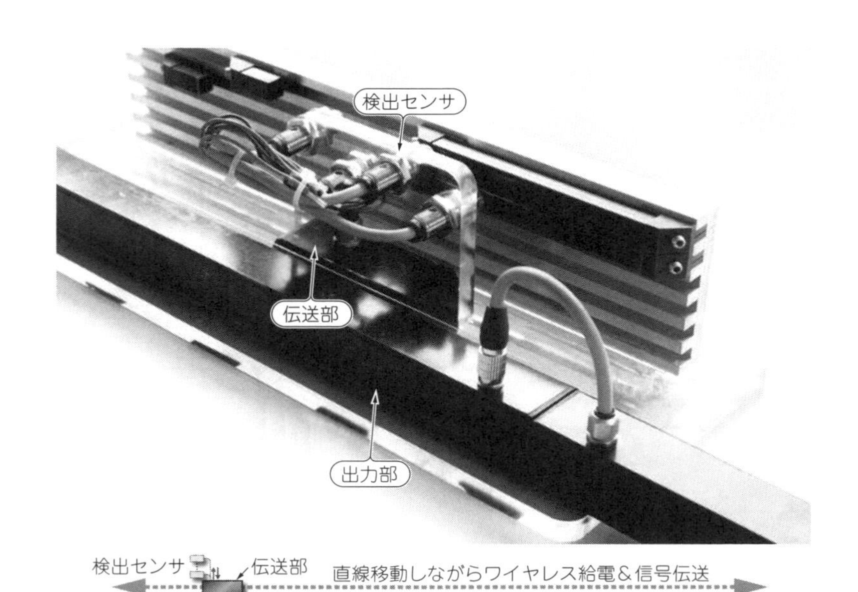

写真9　リニア・タイプのワイヤレス給電の例

降は稲も食べてしまうためで，1年以上のアイガモ達はアイガモ農法としては使えなくなってしまうので，食用もしくはペットとして飼育することになり，コスト面および動物愛護の面で問題視されています．

その解決策としてロボット型のアイガモを開発，常時活用できるアイガモ・ロボットの導入が大学中心に検討および実証実験が進められています．

実証実験自体は順調に進んでおり，アイガモ・ロボットを使うことで雑草の生えない水田は実現してきていますが，新たな課題が出てきました．

それは，ロボットの電力をどうするかです．水田で駆動するアイガモ・ロボットの動力はバッテリです．しかし野外用途では，バッテリがなくなったらコンセントをつないで充電する，というのは難しい環境です．

そこで導入検討が進められているのが，自己発電機能搭載のワイヤレス給電ユニットです．

設備の構成としては，太陽電池パネルを用いて電力を発電し，その電力で2次電池を充電します．2次電池にはワイヤレス給電ユニットが接続されており，アイガモ・ロボットが充電ステーションに自動で戻ってきて，給電ヘッドに近づいた時点でアイガモに搭載された受電ユニットが電力を受け取り，アイガモ内に搭載された2次電池を充電するという仕組みです．機器構成を**図12**に示します．

このような仕組みを導入することで，アイガモ・ロボットの農業用途への展開の課題も解消されるとともに，自動充電の仕組みを用いたユニット展開することで，農業を進める高齢者の方にもより安心して活用できる仕組みが構築されます

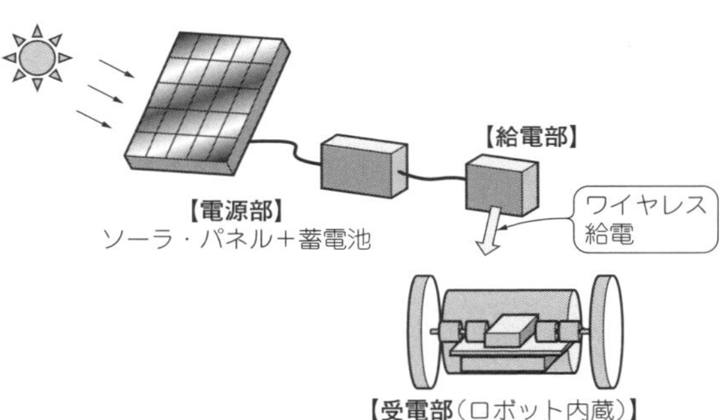

図12　アイガモ・ロボット充電システムのブロック構成

＊　　　＊　　　＊

ワイヤレス給電はこのように，多種多様な用途での活用が進められています

現状，ワイヤレス給電の議論としては，「法規的議論」「技術的議論」「実用的議論」の三つが挙げられます．実用的議論においては，小型設計や構造設計，多様なコイル技術などが求められるとともに，どれだけ実用に向けた形状，機構，周辺機器と組み合わせた導入ができるかが重要となってきます．

第6章

ケーブルの要らない新しい世界に向けて…

ワイヤレス給電を始めるまえに押さえておきたい10の基本

横井 行雄
Yukio Yokoi

基本1　ワイヤレス給電と無線通信の違い

● ワイヤレス給電はエネルギーを相手に送ることが基本

ワイヤレスという言葉は無線を意味しています．無線というと無線通信とか，アマチュア無線とかをすぐに思い浮かべると思います．携帯電話でも，そしてラジオ放送やテレビ放送でも，何らかの情報を相手に送っています．そこでは，送信側ではいかに正確に情報を伝えられるか，受信側ではいかに的確に送られた情報を復調し，周囲の雑音に埋もれたなかから目的の情報を拾い出すかということに技術の開発が行われてきています．

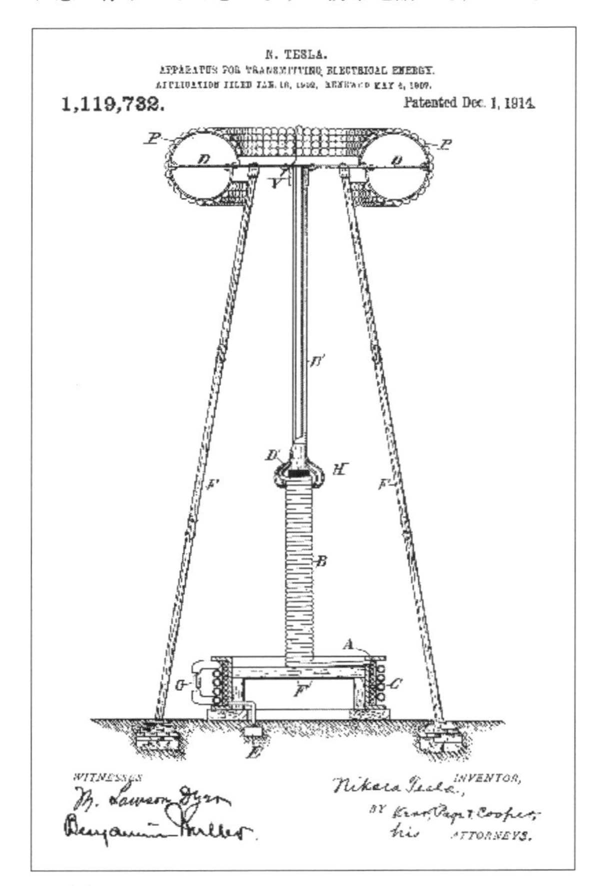

図1[11]　テスラの特許（Apparatus for Transmitting Electrical Energy，アメリカ合衆国特許第1,119,732号，1914年12月1日）

情報の量と質を高めるために，各種のディジタル方式が実用化され，誤り訂正技術が発達してきています．通信では，モールス通信の時代を除いて，利用する周波数には帯域という概念である幅が必要です．とりわけ周波数拡散技術の登場で，広い帯域を利用して，極めて小さい電力で多くの情報を送る技術が主流になってきています．

一方，ワイヤレス給電では，情報のやりとりが目的ではありません．電力エネルギーを送り，それを受け取るだけです．もちろん，必要なときにだけ電力を送るなど，給電の制御のための最低限の情報のやりとりはありますが，それは電力を送る目的のためのものです．そのために利用する周波数は，基本的にはCW（連続波）です．方式によっては送受電の効率を高めるために，利用周波数をある程度変化させる場合もありますが，エネルギー伝送のための変調は行いません．

このような無線でエネルギー伝送を行う使いかたは，すでに20世紀の初めから考えられていて，電気自動車の発明とか送電線を使った電力の送電，マルコニーの無線通信実験と同じころに，アメリカでテスラ（Nikola Tesla，1856～1943）が無線送電の実験を行っていて，特許（**図1**）も取っています．

● 宇宙太陽光発電（SPS）もワイヤレス電力伝送が必要

オイルショックのころから盛んに研究され，最近も話題になっているマイクロ波を使った電力伝送は究極の太陽光利用の発電です．宇宙空間に巨大なソーラーパネルを展開して太陽光を使った発電所を建設し，そこで得た電力を地球上に送る手段としてマイクロ波を利用する方式が始まりです．

これは，1968年にアメリカで提唱され，日本でもJAXA（宇宙研究開発機構）が精力的に研究を進めています．京都大学にも，そのための研究所が作られています．

宇宙空間で発電した電力をマイクロ波を使って地上で受け取り，人類が利用するという，マイクロ波の利用としては画期的なものです．この応用として，電気自動車などへの給電も検討されています．

基本2　ワイヤレス給電の五つの方式

● ビーム方式とノンビーム方式

ワイヤレス給電の歴史は100年以上前に始まりましたが，2007年にアメリカのMIT（Massachusetts Institute of Technology）のチームが，2m離した二つのコイル間で40%の効率で電力が送れる，磁界共鳴方式の実験を報告してブームに火をつけました．

原理的には新しくはありませんでしたが，それまで電気自動車などへワイヤレスで給電をしようとして長い間，電磁誘導方式で給電距離（エア・ギャップ）の制約に悪戦苦闘していたなかでしたので，エア・ギャップを格段に伸ばせる技術の登場に世界中が驚いたのです．

ワイヤレス給電には，周波数，方式で大きく五つの方式があります（**図2**）．

(1) 電磁誘導方式
(2) 磁界共鳴方式
(3) 電界共鳴方式
(4) マイクロ波ビーム方式
(5) レーザ・ビーム方式

最後の光エネルギーを利用するレーザ・ビーム方式以外は，電波を利用する方式で，マイクロ波のようにエネルギーを一方向に絞るビーム方式と，そうでない方式があります．

最初の三つの方式をあわせて，電磁界誘導型と呼ぶことができます．2014年12月には電磁誘導/共鳴送電の理論と応用を扱った教科書が発行されています．

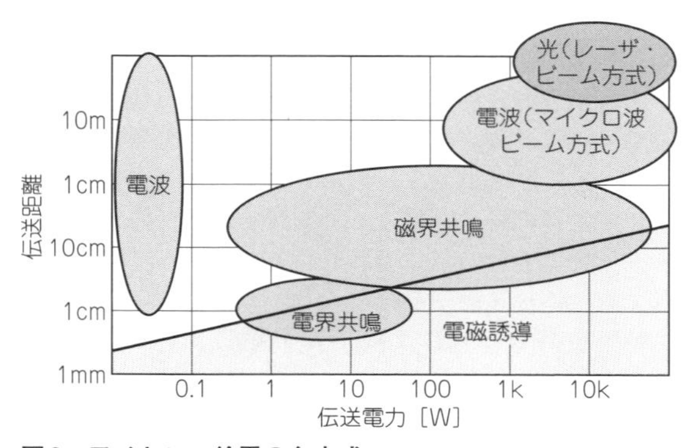

図2　ワイヤレス給電の各方式

これ以外にも，エネルギー・ハーベストという空間にある電磁界エネルギーを集める方式も受動的なエネルギー収集という点で研究が進められています．

基本3　ワイヤレス給電とIHクッキング・ヒータ

IHクッキング・ヒータは，電磁誘導（Induction）を利用して電力を鍋に伝える代表的なものです．数十kHzのかなり広い範囲の長波の周波数を利用しますが，鍋の種類によって最適な周波数を調整して加熱しています．

このIHクッキング・ヒータは1971年ごろに日本で開発され，電磁調理器と呼ばれています．電磁調理器では，インバータにより商用電力から変換して得た交流電流を，電磁調理器の天板の内部に近接して配置されたコイルに流し，その電流と同じ周波数で交差する磁束を生成します．天板上に適切な材質の鍋釜などを配置すると，磁束が及ぶ領域に位置する鍋釜などの底板が誘導発熱し，調理が可能となります．

この熱は，交差している磁束が底板の磁性体に生じさせる熱です．電磁的なエネルギーを熱の形で利用しています．

一方で，電磁誘導によるワイヤレス給電では，鍋の代わりに受電側のコイルに交差磁界で電流を誘起させ，その出力を整流して，直流のエネルギーに変換し，電池への充電とかモータの駆動などのための電力とします．

電磁調理器で鍋をIHヒータの直上に置くように，電磁誘導方式の1次コイルと2次コイルの間隔は広くは取れません．これが電磁誘導方式の特徴であり，同時に限界でもあります．この応用として，各種の調理器に応用するワイヤレス・キッチンの提案が日本，中国などから始まっています（**写真1**）．

基本4　磁界共鳴方式と電磁誘導方式の違い

● 原理と効率

電磁誘導方式の電力伝送（給電）では，電磁調理器と同様の原理で，1次コイルと2次コイルの間で交差している磁束が2次コイルに電流を生じさせます．

磁界共鳴方式では，理科の実験で使われる音叉の共鳴（**図3**）と同様な原理で，Q値の非常に高い（普通は1000程度）の1次コイルから，同じくQ値の高い2次コイルに向けて磁界を共鳴させて電力を送ります．

このように原理を書くとまったく別の方式にも見えますが，その最大効率（f_{om}）を表す式はともに，コイル間の結合係数のkと，それぞれのコイルのQ値を用いて，下記のように同じ式で表されます（**図4**）．

$$f_{om2} = k^2 Q_S Q_D$$

（a）システム

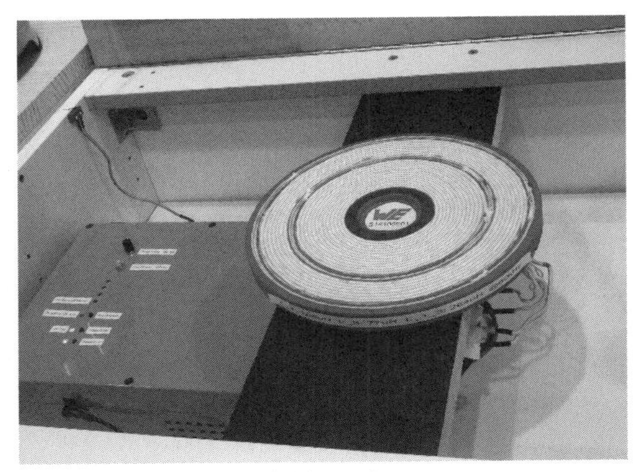

（b）給電コイル

写真1　Qiのワイヤレス・キッチン

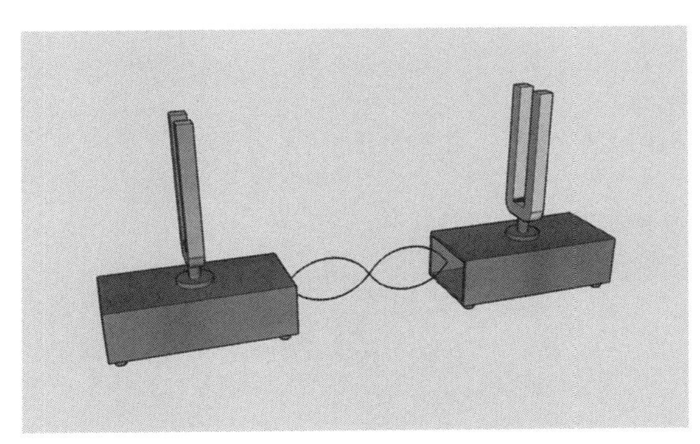

図3　共鳴する音叉

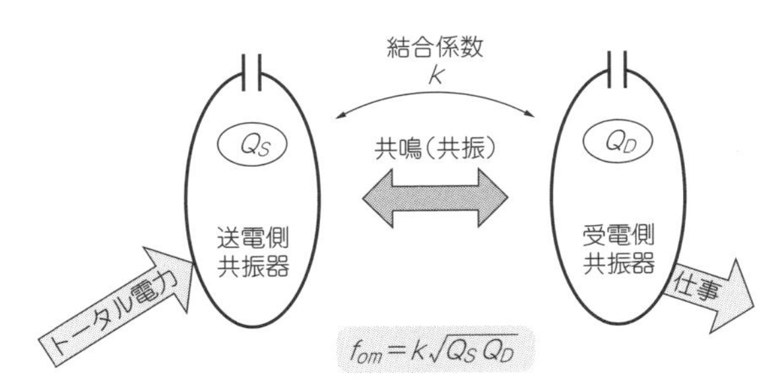

図4　共鳴の原理

つまり，両者は理論的にはまったく同じものです．

● 混乱の原因はMITの実験から

最初にMITが報告したときには，物理学者である報告者たちが，伝送のためのコイルの前後に励磁コイルを置いた回路を示したために，パワー・エレクトロニクスあるいは通信の研究者たちにある種の混乱を生じてしまいました．

この励磁コイルの代わりに，直列または並列に共振コンデンサを入れて，磁界共鳴と電磁誘導を統一的に

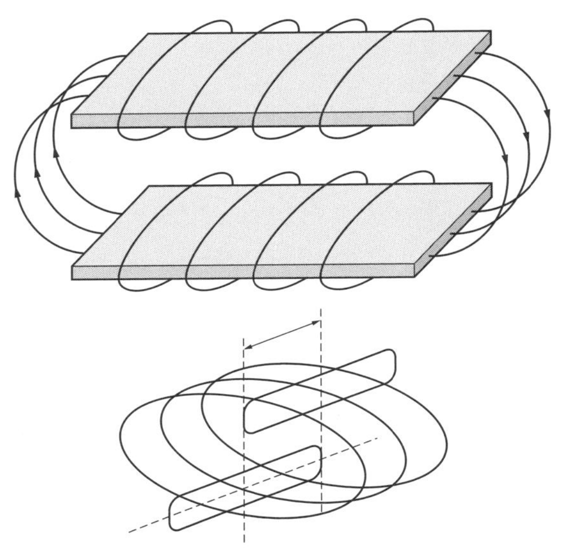

図5　ソレノイド・コイル

説明する報告が行われています．特徴的なことは，磁界共鳴ではQ値が非常に高いコイルを製作することで，結合係数kの相当小さい（離れた）ところでも電力の伝送効率を高めることができるのです．

電磁誘導方式では，コイルのQ値が低いコイルであっても，電磁調理器のようにコイル間の間隙を狭めてkを大きくとるとか，トランスのようにフェライトなどの磁性体の助けを借りて，伝送効率を高めます．磁界共鳴方式の場合にはQ値を高めて，1 mの間隙でも90％以上の伝送効率を得ることができます．

Q値を高めるには，MITの実験のように9.9 MHzあたりでは比較的簡単なコイル構造で，たとえば1 T（ワン・ターン）コイルと，抵抗成分の少ないコンデンサと組み合わせて共鳴回路を構成すれば，比較的簡単

に自作できます．

　しかし，100 kHz前後の長波の領域では，Q値を高めるコイルの巻きかたにノウハウが必要です．それだけサーキュラ・コイルとかソレノイド型コイルだとか工夫の余地が大きいのです(**図5**)．

基本5　トランスやコンデンサとどう違うのか

　電磁誘導方式の電力伝送は，電源装置に使われるトランスが磁性体の周りにコイルを巻いて，コイル間の結合係数のkを限りなく1に近づけた点と，ケースで覆う点を除けばそっくりです．

　ただし電力伝送では，1次側のコイルと2次側のコイルとが接触していなくて，空間(エア・ギャップ)があること，したがって，コイルからの不要な電磁波が漏洩しないように金属ケースなどで覆うことができない点が決定的に異なります．

　そのために，**基本8**と**基本9**で触れるように，人体とか動物などへの影響を近傍での磁界で軽減する対策と，エア・ギャップから輻射される不要な電波が他の電波を使ったラジオ放送や通信などに影響を与えないための方策が必要になります．

　また，電界共鳴方式は，コンデンサと同じ原理で，電界を用いてエネルギーを伝送します．この場合も電極の間隔が一定ではありません．バリコンなどは容量を変化させるために間隔を調整しますが，電界共鳴方式では間隔の制御と伝送効率の管理が大切です．また，送電電力が大きくなると電極間にかかる電圧が大きくなるので，感電などの対策が重要になります．

基本6　広がる利用分野

● ワイヤレス給電家具とEV，バスへの利用

　ワイヤレス給電が普及すれば，室内からスパゲッティ状態の電源コードが消え，安全性の面からも住みやすい住宅が実現します．IKEAは2015年4月からイギリス，アメリカでワイヤレス充電を組み込んだ家具の発売を始めました(**写真2**)．この家具は，スマホなどの5 W以下の充電ケーブルをなくします．

　EV/PHEVの乗用車やEVバスへの充電ケーブルをなくす実証実験も世界各地で始まっています．電動車両(欧州ではe-mobilityと呼ぶ)向けのワイヤレス充電はEV/PHEVの乗用車向けで3 kWから7 kW程度，大きくはEVバスなどの場合で数百kWくらいまでの電力をワイヤレスで給電することになります．

　欧州では，2020年頃にe-mobility用のワイヤレス充電が30％程度に達するであろうという試算もありあります．米国でもカリフォルニア州で，ZEV(Zero Emission Vehicle)規制が実施され，排出ガスを一切出さない電気自動車や燃料電池車の普及を目指しています．カリフォルニア州でのZEV規制は，州内で一定台数以上自動車を販売するメーカは，その販売台数の一定比率をZEVにしなければならないと定めています．

写真2　IKEAのワイヤレス給電を組み込んだランプ

　そんななかで，2015年にはTeslaがModel-Sを5万台販売し，e-GolfはNorwayで1万台を出荷したと言われています．中国でも大気汚染の深刻化を受けて，電気自動車/バスのような新エネルギー車が国家政策として急速に普及していて，中国での2015年の販売台数は33万1092台と，日本のEV/PHEV販売台数2万5328台の10倍を超える台数を記録しています．中国でのワイヤレス給電は通信機器メーカのZTEなどが積極的で，乗用車，バス向けで積極的に進めています(**写真3**)．

● とんでも応用コンテスト，ワイヤレス結合器コンテスト

　ワイヤレス電力伝送の応用はこれにとどまりません．2015年の3月に立命館大学で開催された電子情報通信学会では「ワイヤレス給電とんでも応用コンテスト」と名付けた企画が開催され，国内から14件もの「とんでも応用」が発表されました(**図6**)．

　そのなかでは「ワイヤレス給電お掃除ロボット」(**写真4**)，「WPT動作ロボット魚と生きた魚の共生」(**写真5**)，「回転体へのマイクロ波無線電力伝送」などのデモが紹介されました．このように空中，水中，長波，中波，マイクロ波を問わず，いろいろな場面でワイヤレス給電を試すことができます．

　また，2016年9月には学生/若手技術者を対象としたワイヤレス結合器コンテストが，無線電力伝送システムの中枢コンポーネントであるワイヤレス結合器を試作し，その性能を競うものとして企画されています．

写真3　中国ZTE社のワイヤレス給電バス

BS-7. ワイヤレス給電とんでも応用コンテスト （無線電力伝送研専）	
3月12日　13:00～17:00　プリズムハウス　1F　P107　座長　粟井郁雄（リューテック）	
BS-7-1	プッシュプルE級6.78MHz直流スイッチング共鳴ワイヤレス給電システム ◎吉川　徹（同志社大）・細谷達也（村田製作所）・藤原耕二（同志社大）
BS-7-2	シート媒体通信によるバッテリーレス・ワイヤレスディスプレイ ○張　兵・松田隆志・加川敏規・三浦　龍（NICT）
BS-7-3	実動作状態における非線形インピーダンスのリアルタイム測定システム ◎崎原孫周・田中　將・山田恭平・坂井尚貴・大平　孝（豊橋技科大）
BS-7-4	移動型無線電力伝送における動的インピーダンス整合システム ○三上恵典・尾田一生・石崎俊雄（龍谷大）
BS-7-5	マルチホップ型無線電力伝送を用いた室内全体への電力供給システム ◎成末義哲・橋詰　新・川原圭博・浅見　徹（東大）
BS-7-6	ワイヤレス給電用複数電源・複数負荷プラットフォーム ◎生田祐也・張　陽軍（龍谷大）・粟井郁雄（リューテック）
BS-7-7	WPT動作ロボット魚と生きた魚の共生 ○伊藤竜次・澤原裕一・石崎俊雄（龍谷大）・粟井郁雄（リューテック）
BS-7-8	ラジコン操作潜水艇による海中AUV無線給電デモシステム ◎二神　大・石崎俊雄（龍谷大）・粟井郁雄（リューテック）
BS-7-9	セラミック共振器で無線送電を行うワイヤレスパワービーム装置 ◎青木　優・石崎俊雄（龍谷大）
BS-7-10	C結合励振方式ワイヤレス電力伝送システム ◎山本輝彦（龍谷大）・石田哲也・藤井憲一（Wave Technology）・石崎俊雄（龍谷大）
BS-7-11	コイルを用いたワイヤレス電力伝送に対する氷雪影響 ◎相澤佑太・庭田卓弥・馬場涼一・丸山珠美（函館高専）
BS-7-12	回転体へのマイクロ波無線電力伝送のデモ装置開発 石川峻樹・黄　勇・◎松室尭之・塚本　優・西村貴希・後藤宏明・三谷友彦・篠原真毅（京大）
BS-7-13	無限回転カメラへの電力・広帯域双方向データ同時伝送とその特性 ○小玉彰広（海洋電子工業）・唐沢好男（電通大）
BS-7-14	EV走行中給電におけるコイル間の位置ズレが効率に与える影響 ○馬場涼一・丸山珠美（函館高専）

図6　ワイヤレス給電とんでもコンテスト

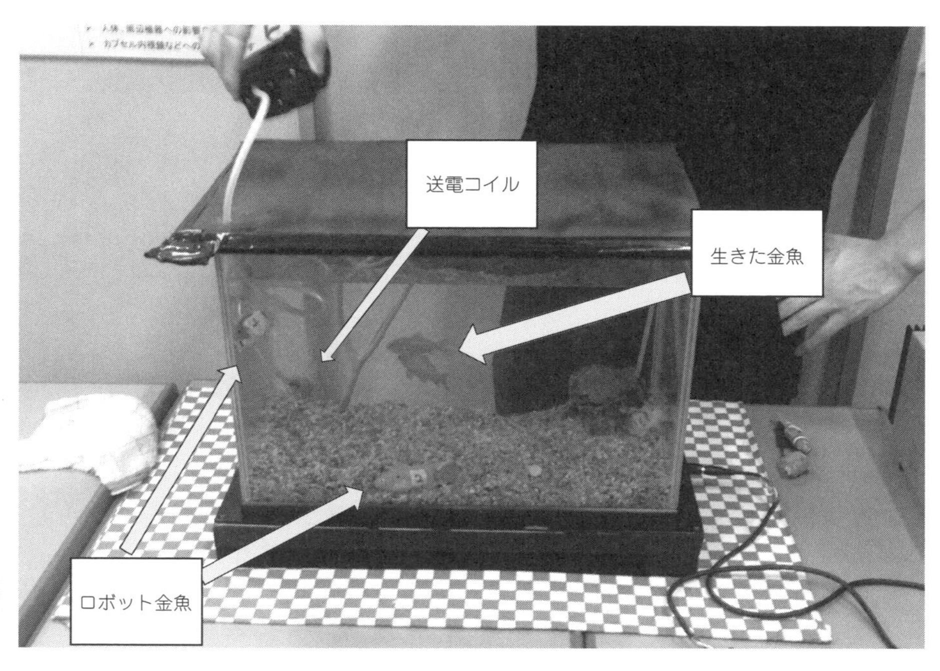

写真5　ワイヤレス給電ロボット金魚と生きた金魚

写真4　ワイヤレス給電お掃除ロボット

基本7　電波法と標準化

● 電波法

ワイヤレス給電の実験を行うときには，無線の利用ですから，電波法のことを知らなければいけません．

基本1に書いたように，ワイヤレス給電は電波を利用するので，電波法の適用を受けます．無線通信では基本的に免許が必要ですが，微弱無線のように例外的に免許なしで使える無線があります．通信を行わない電波の利用方法も電波法のなかに該当する条文が定められています．

電波法100条に高周波利用設備という，無線通信が目的ではない，電波を利用した装置についての規定があります．電波法の下にある電波法施行規則に高周波利用設備の分類と，簡易な方式である型式指定，型式確認の制度が決められています(**図7**，**表1**)．ワイヤレス給電は，この高周波利用設備のうちの各種設備として扱われます．

50 W以上のワイヤレス給電装置を製作する場合には，1台ごとに各地の総合通信局に申請し，設置許可を取得する必要があります．この場合，漏洩電界は規定以下であることが必要です．実験目的のみの場合には，電界の最大許容値が高い工業用加熱設備の許容値以下とすることができます．

個別の設置許可では普及の制約となるので，総務省で，ワイヤレス給電装置のより簡易な型式指定の制度化が行われました．家庭用のIHクッキング・ヒータは，すでに型式認定の装置ですから個別の許可は不要です．

2016年3月に総務省が省令の改正を行い，7.7 kWまでのEV向け，100 W程度までのモバイル機器向けについて，型式指定が可能になるような技術条件が示されています．

● 50 W以下の場合

日本の国内では，50 W以下の高周波利用設備については設置許可不要で使用することができます．携帯電話などの充電に用いるQi規格は5 W以下ですから特別な許可は不要です．実験などをする場合でも50 W以下なら特別の許可は不要で，周波数も自由に選べます．

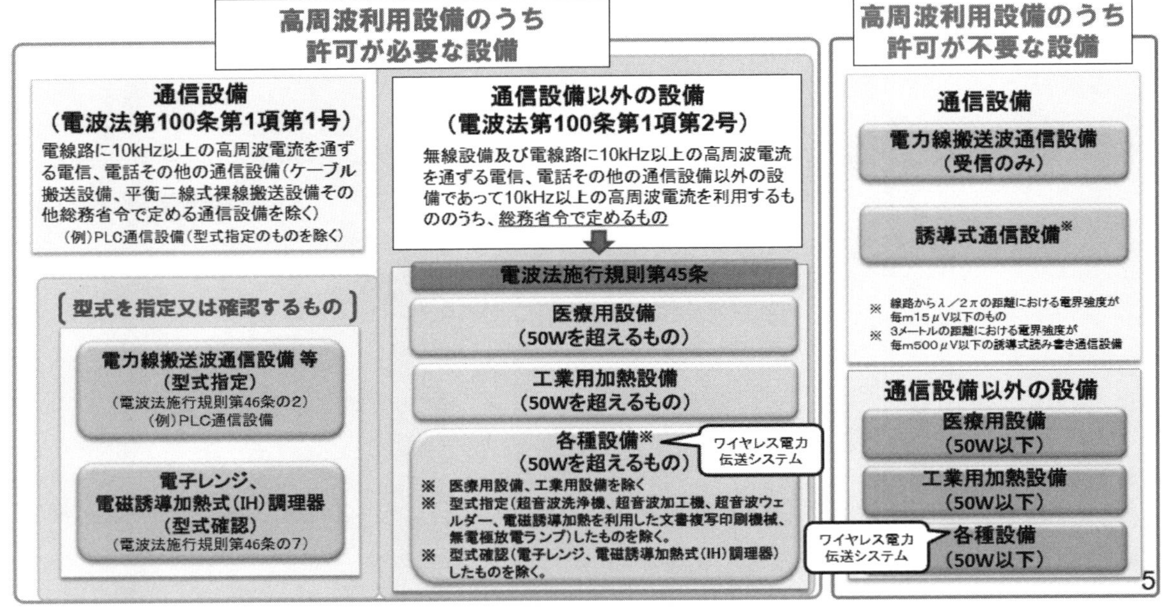

図7[9]　高周波利用設備とワイヤレス給電の位置づけ

表1　電波法と規則

法令の区分	内容概要	ワイヤレス給電
電波法 (第100条，110条)	第100状　高周波利用設備 第1項　通信設備と通信設備以外の設備 第110条　罰則規定	第8章雑則に規定；原則許可制 第9章に罰則規定
電波法施行規則 (施行規則 第45条，46条)	第45条；　医療用設備 工業用加熱設備各種設備 第46条；　型式を指定または確認するもの電子レンジ，IH調理器など	50Wを超えるものだけが許可対象. 型式指定または確認に示された機器であれば原則個別許可不要
無線設備規則 (設備規則第65条，66条)	通信設備以外の高周波利用設備について 第65条　発射またはスプリアス発射の最大許容値の規定 第66条　混信等の防止規定	郵政省告示257号で，基本波またはスプリアス発射による電界強度の最大許容値の特例が出ている. 2013年12月に，ワイヤレス給電の実験用設備について工業用加熱設備と同様と見なす改正が行われた

しかし，50 W以下の機器と言っても，ほかの無線装置に重大な影響が出るような場合には使用をやめてください．電波法および電波法施行規則，無線設備規則は法律/規則ですので，違反した場合には罰則もありますから注意が必要です．

● 標準化

標準化は，国内，国際的に装置の満たすべき条件，周波数や方式などを共通化し，装置の健全な普及を目指す活動です．

日本国内ではARIB(電波産業会)から「ワイヤレス電力伝送システム標準規格 ARIB STD T113(1.1版)」が2015年12月に発行されています．ここでは50 W以下の「モバイル機器用400 kHz帯電界結合ワイヤレス電力伝送システム」「モバイル機器用6.78 MHz帯電界結合ワイヤレス電力伝送システム」「モバイル機器用マイクロ波帯表面電磁界結合ワイヤレス電力伝送システム」の3種類の方式の規格が制定されています．

EV/PHEV向けでは，国際的なワイヤレス給電システムの規格として，IEC(国際電気標準会議)のTC69のなかでIEC61980シリーズとして国際規格化の審議が進められ，2015年にIEC61980-1がIS(国際標準)発行され，-2，-3がTS(技術仕様)発行に向けて審議中です．また，ISO(国際標準化機関)のTC22のなかでも，車両側の互換性/安全確保のためにISO19363として審議が進められていて，2017年1月にPAS(一般公開仕

表2　高周波利用設備と電界の最大許容値

無線設備，通信設備以外の設備であって，10kHz以上の高周波電流を利用する
高周波出力が50Wを超える設備は，設置場所における許可が必要

設備の区分	設備概要	450 kHz以下の設備の最大許容値 (設備規則 第65条の特例郵政省告示257号)
1　医療用設備 (施行規則 第45条の一)	高周波エネルギーを発生させ医療のために用いる設備(例：電気メス，リニアック，MRIなど)	一　30 mの距離または敷地境界線で1 mV/m以下
2　工業用加熱設備 (施行規則 第45条の二)	高周波エネルギーを木材および合板の乾燥，繭の乾燥，金属の熔融，金属の加熱，真空管の排気等の工業生産のために用いる設備 (例：金属加熱加工機，畳乾燥機，シール製造装置など)	二　100 mの距離または敷地境界線で1 mV/m以下
3　各種設備 (施行規則 第45条の三)	高周波エネルギーを直接負荷に与え又は加熱や電離などに用いる装置 ＊型式指定および型式確認の設備を除く (例：超音波染み抜き機，プラスチック溶接装置，超音波切断機など)	三(1)　高周波出力500 W以下の場合 30 mの距離で1 mμV/m以下 (2)　高周波出力500 W超える場合 二項を超えない範囲で，一項で示す値にP/500を乗じた値以下

様)が発行され，IS化に向けて次のステップに進んでいます．いずれも2017年春には国際規格が出される見込みです．

アメリカでもSAE(米国自動車技術会)がJ1773というパドル方式の規格を定めていましたが，新たにJ2954という規格を策定中で，2016年6月末にTIR(技術仕様書)が発行されました．この規格はシステムの仕様に関する規格で有償で入手できます．安全面についてはUL2750という別の安全規格と対になっています．このSAEはIECでの国際規格策定とも協調しています．

基本8　遠方への不要輻射と漏洩電磁界

ワイヤレス給電は，ビーム方式であれ，非ビーム方式であれ，電力エネルギーを2次側に伝送することが目的ですから，空中に放射される不要な電力は相当小さいものです．

電力伝送のロスP_{loss}は，次式で表されます．

$$P_{loss} = P_{input} \times (1 - \eta)$$

η；効率

このロスの大部分は，熱となってコイルとその周辺を温めますが，一部は電波として周辺に放射されます(放射損)．この放射損P_{rad}は，次式で表されます．

$$P_{rad} = P_{loss} - P_{heat}$$

P_{heat}：銅損または鉄損(コイルの発熱)

この放射損P_{rad}は，他の無線機器，ラジオなどに影響を与える可能性があります．ワイヤレス給電にとっては不要な輻射ですが，他の機器にとっては有害な電波放射となる場合があります．

また，P_{rad}の周波数成分は給電を行う周波数(主波)はもちろんですが，給電のための電源装置あるいは受電側での整流器などから出てくる整数次の高調波成分にも注意が必要です．この周波数成分についても無線設備規則の規定を守る必要があり，注意が必要です(**表2**)．

なお，この許容値は型式指定または確認の対象機器では，他のシステムとの共存の条件の検討を踏まえて別途定められています．

基本9　近傍の電磁界強度

漏洩電磁界が，ワイヤレス給電にとっては不要輻射であるのに対して，給電装置そのものの近傍には相当程度の電磁界が発生します．この強さは，給電電力，周波数，装置からの距離によって変わります．

無線局から出される電磁波の健康影響については，ICNIRP(国際非電離放射線防護委員会)で国際的に詳細な評価検討が行われ，ガイドラインが出されています．人体に対する影響は100 kHz以下は主として刺激作用，100 kHz以上は熱作用とされ，さらに100 kHzから100 MHzでは接触電流についても考慮が必要とされています．

日本国内では，総務省から電波防護指針が出されています．100 kHz以下については，ICNIRPの見なおしが行われました．2015年3月にこれを受け，防護指針の見直しが行われました(**表3**)．人体の安全の観点から，この指針は無線局では遵守が義務付けられています．ワイヤレス給電でも，この指針に十分な注意を払う必要があります．

基本10　大電力/走行中給電…これからの発展

ワイヤレス給電は，小型の機器向けでは，5 W以下のQi規格などで普及が進んでいます．家庭内，車内での小型機器の充電はケーブルレス(ワイヤレス充電)に向かっています．さらに家庭のなかでも，ワイヤレス・キッチンとして，フード・プロセッサ，ミキサな

表3[10]　電波防護指針の構成

電波防護指針の構成

刺激作用（10 kHz ～ 100 kHz）	熱作用（100 kHz ～ 300 GHz）

安全率（～10倍）

基礎指針
全身平均SAR（熱作用），誘導電流密度（刺激作用），接触電流（刺激作用・熱作用），
局所SAR（熱作用）

管理指針（管理環境・一般環境（安全率～5倍））

電磁界強度指針	補助指針	局所吸収指針
6分間平均値（10 kHz – 300 GHz） 1秒未満平均値（10 kHz – 100 kHz） 注意事項 1.　接触ハザード 2.　非接地条件 3.　時間変動 4.　複数の周波数成分	不均一又は局所的なばく露 接触電流に関する指針 誘導電流に関する指針 低電力放射源（※1997年に廃止）	（100 kHz – 6 GHz） 全身平均SAR 局所SAR 接触電流（100 kHz – 100 MHz）

どへの給電装置の開発を中国メーカが主導して本格化させています．台所から電源ケーブルの消える日も近いでしょう．

より大型の電気自動車向けでも，7kW程度までの乗用車向けで国際規格の審議が本格化しています．国内でも型式指定，型式確認に向けた制度が整備されました．

ワイヤレス給電の利用範囲はますます拡大していきます．これからは大電力，走行中給電が一つのキーワードになっていくと考えられます．ヨーロッパでは特に環境意識が高いので，電動バス（EVバス）の活躍の場が多くあります．中国でも上海万博以降，バスの電動化の波が押し寄せています．その充電は，電池交換方式とかいろいろな試行がありましたが，これからはワイヤレス充電の時代とされ，大手通信会社まで参入してきています．韓国ではKAIST（韓国科学技術院）がいち早く，走行中給電の研究開発を進めていて，2013年には都市部で商用の運行を始めたと宣言しています．

最近話題の乗用車，トラックの自動走行でも，環境対応からEV化が必須で，そうなると当然のように，走行中に電気エネルギーを供給できる走行中給電の実用化が必要になります．この段階になると，自動車の電車化の世界が見えてくるでしょう．欧州各地でも走行中給電の実証評価が精力的に進められています．

情報通信では，携帯電話，無線LANの普及でいち早くケーブルレス化が進展しましたが，これからは電力線もワイヤレス化して，ケーブルのまったく要らない新しい世界が実現することでしょう．

◆ 参考・引用*文献 ◆

(1) 松木秀敏監修；非接触電力伝送技術の最前線，2009年8月，CMC出版．
(2) 堀洋一，横井行雄監修；電気自動車のためのワイヤレス給電とインフラ構築，2011年3月，CMC出版．
(3) 篠原真毅監修；電磁界結合型ワイヤレス給電技術，2014年12月，科学情報出版．
(4) 横井行雄；ワイヤレス給電の標準化動向，1m先を狙え！共鳴式ワイヤレス電力伝送の実験，グリーン・エレクトロニクス，No.17，CQ出版社．
(5) 横井行雄；ワイヤレス給電技術 － 技術の展開と産業化への道，OHM，2013年2月号，オーム社．
(6) 電子情報通信学会；ワイヤレス給電とんでも応用コンテスト，2015年総合大会，BS-7，立命館大学草津キャンパス，2015年3月．
(7) 渡邊聡一；電波防護指針とICNIRPガイドラインの概要，総務省電波防護指針の在り方に関する検討作業班（第1回）配付資料，2014年3月．
(8) 横井行雄；大電力化と走行中給電の実現に向けた国際・国内の状況，OHM，2015年5月号，オーム社．
(9)* http://www.soumu.go.jp/main_content/000232507.pdf
(10)* http://www.soumu.go.jp/main_content/000280388.pdf
(11)* Nikola Tesla；Apparatus for Transmitting Electrical Energy，Application Filed JAN 18，1902, Renewed MAY 4，1907，1,119,732，Patented Dec. 1，1914.

製 作

商用電源，直流電源，モータ駆動信号，どんな相手でも安心のフローティング測定

最大200 A，精度20 mAの5,000円インスタント電流テスタ

登地 功
Isao Toji

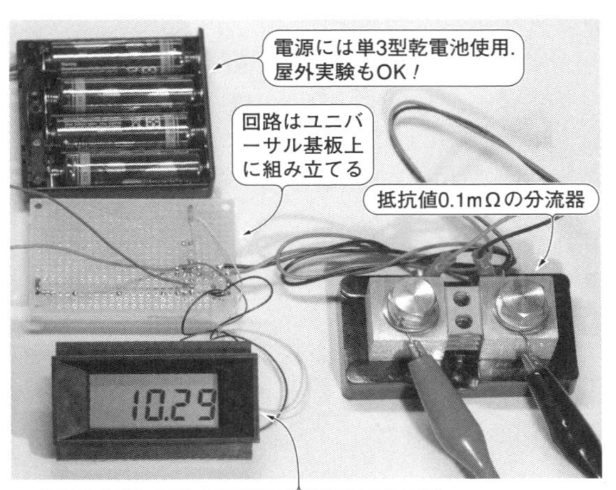

写真1　最大200 Aの大電流を10 mA単位で測定できるディジタル電流テスタ
抵抗値の低い分流器を使用し，200 A測定時の電力損失を4 Wに抑えた．乾電池駆動なので屋外実験もOK

電池1個(単セル)あたりの電圧はあらかじめ決まっています．高い電圧を得るためには直列にして使います．しかし接続数が多いとセルごとの容量のばらつきが大きくなるので，全体の容量が低下します．各セルが本来もっている容量を使いきれないので，効率が悪いです．

そのため**図1**に示すようにバッテリを使った電源は，低電圧，大電流で動作させる傾向があります．モータを使った機器や，DC-ACインバータで交流電源を供給するときは数十～数百Aの電流が流れることもあります．

このような電源の特性を測るには，数百Aの測定器が必要です．普通のテスタでは数百mAまでしか測れません．メーカ製の大電流に対応した測定器は，非常に高価で個人では手が届きません．

本稿では，5,000円で製作できる200 Aディジタル電流テスタを製作します(**写真1**)．

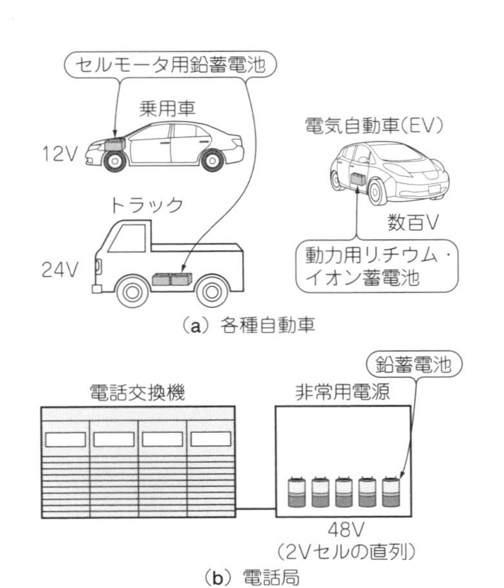

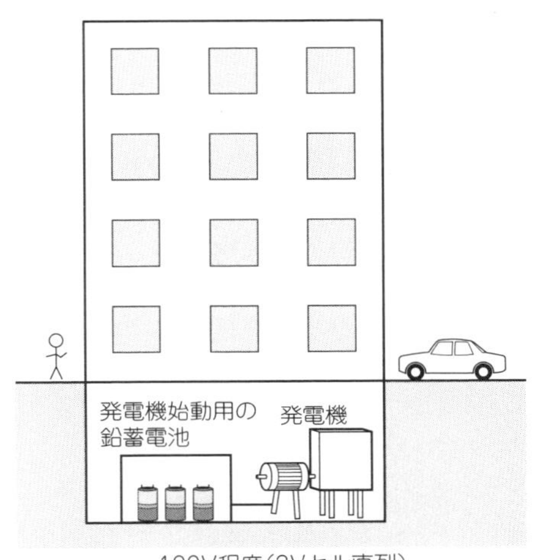

図1　大容量電池の普及で大電流が流れるバッテリ・システムが増えてきて数百Aレベルの電流測定が必要になってきた

電流計の設計と製作

■ 特徴

(1) 最大200 Aの大電流を分解能10 mAで測定可能

本器の電流測定範囲は0～200 Aです．分解能は10 mAです．

(2) スタンドアロン電源「電池」を使ったフローティング測定だからいくら高い電圧でもOK

測定する回路の電圧にかかわらず，どこでも簡単に接続できるよう，電源には乾電池を使用しました．消費電力が低いため，2週間程度の連続動作が可能です．乾電池の代わりに絶縁型の電源を用意すれば，常設の電流計としても使えます．

(3) 低電力損失4 W：抵抗値0.1 mΩの分流器を使用

電流値は，抵抗に電流を流したときに発生する電圧降下によって測定します．この抵抗値が大きいと，それだけ電圧降下も大きくなるので，電力損失が大きくなります．電力損失が大きいと発熱し，冷却するしくみが必要になります．高温になると分流器の端子に熱起電力が発生し，誤差が生じます．電圧降下を最小限に抑えるため，本器では，抵抗値の小さい電流検出回路(分流器)を使用しました．

たとえば，200 mVで200 Aの分流器を使用すると，200 A流したとき40 Wの電力損失が発生します．電力損失を小さくするために，本器では電圧降下の小さい分流器を使用しました．信号はアンプで増幅してパネル・メータで計測します．

(4) 製作費5,000円：入手しやすい部品で作れる

個人でも製作できるよう，できるだけ入手しやすい市販部品を組み合わせて製作しました．

● 使用方法

電流を測定した個所に本器を接続し，電源を入れて電流を測定します．

測定レンジを変える場合は分流器を変更します．本器では今回，0.1 mΩの分流器を使用しています．小さな電流を測りたい場合，200 mAフルスケールなら0.1 Ω，20 mAフルスケールなら1 Ωの分流器を使用します．

小電流でもマルチメータの電流レンジと比べると電圧降下が小さいので，用途によっては便利に使えます．

■ 製作

● キーパーツ

▶200 A測定の要：0.1 mΩ分流器

分流器は500 A用分流器RSB-500-50(Riedon社製)を使用しました．今回はDigi-Keyで購入しました．抵抗値は0.1 mΩです．200 A流したときの電圧降下は20 mVになります．

500 A流したときの電力損失は25 Wですが，200 Aなら4 Wです．25 Wだと強制空冷などが必要なくらい高温になりますが，4 Wなら少し熱くなる程度です．

▶低電力損失の要：ゼロ・ドリフトOPアンプ

200 A流したときの分流器による電圧降下は20 mVです．パネル・メータのフルスケールは200 mVなので，信号を10倍に増幅するアンプが必要です．

入力が20 mVのときに19999と表示されます．最下位けたは1 μVです．オフセットや温度ドリフトの小さいアンプを用いる必要があります．消費電力が小さく，電源電圧やコモン・モード入力電圧範囲が仕様と合っている必要もあります．

本器では，消費電力の低いゼロ・ドリフトOPアンプLTC2054(リニアテクノロジー)を使用しました．

ゼロ・ドリフトOPアンプとは，オフセット電圧と，そのドリフトが無視できる程度に小さいOPアンプのことです．LTC2054のオフセット電圧は最大3 μV，その温度ドリフトは最大0.05 μV/℃です．DC～10 Hzのノイズは1.6 $\mu V_{P\text{-}P}$で，パネル・メータで1カウント程度です．20 mVフルスケールの信号を扱うのに十分な性能をもっています．

コラム1　最近のゼロ・ドリフトOPアンプは低ノイズで便利に使える

従来のゼロ・ドリフトOPアンプは，チョッパ制御で電流をON/OFFするときに発生するチョッピング・ノイズが大きく，いろいろな使用上の制約もありました．

最近のゼロ・ドリフトOPアンプは，チョッピング・ノイズが小さく，低消費電力になりました．オフセット電圧が小さい以外にも，1/*f*雑音が存在しないこと，オープンループ・ゲインが大きいことなど，DCや低周波信号を高精度で扱ううえで大変便利になりました．

ただし，チョッピング・ノイズがなくなったわけではありません．そのほかにも出力が飽和したときのリカバリ時間が長いなど，使用する上での注意点がありますので，データシートをよく読んで上手に使いましょう．

▶4.5けた表示の分圧・分流器内蔵パネル・メータ

4.5けたの液晶パネルに電圧値を表示するメータです．本器は乾電池で動作するので，できるだけ消費電力の小さいパネル・メータを使用します．今回はPM-328Eを使いました．フルスケールは19999です．秋月電子通商で購入しました．

このパネル・メータには分圧器と分流器が内蔵されています．ジャンパの切り替えにより，±200 m～±500 Vの間でいろいろなレンジに設定できますが，今回は感度の一番高い±200 mVレンジで使用しました．

背面にフルスケール調整用のトリマが付いていますが，設定範囲が広すぎて調整が困難なため，精度はいまひとつです．

● 回路

図2に回路を示します．

▶電源

電源は乾電池4本です．公称電圧は6 Vですが，新品の電池だと6.5 V程度あります．

▶アンプ回路

アンプはゲイン10倍の非反転増幅回路としました．出力電圧はパネル・メータの入力コモンに対して±200 mV振る必要があります．コモンよりも300 mV程度低い負電源が必要です．

▶負電源

本器では，スイッチング・ダイオード1個を使うことで負電源を生成します．パネル・メータのコモンとアンプ回路のグラウンドを共通にし，グラウンドと負電源間にスイッチング・ダイオードを挿入しました．ダイオードの順方向電圧降下により，グラウンドが0 Vよりも約0.6 V浮きます．これで相対的に－0.6 Vの負電源を得ることができます．

▶パネル・メータ

パネル・メータの電源電圧は定格5 Vです．電池の6 Vからダイオード1個分電圧が下がるので5.4 V程度，新品の電池だと6 V近くなりますが，この程度の変動は問題ないようです．電源電圧を5.5～6.5 Vまで変化させても，パネル・メータの表示はほとんど変わりませんでした．

▶保護回路

入力側に入っている2 kΩの抵抗は，回路の保護と，無線機器からの高周波障害(RFI；Radio Frequency Interference)防止用です．

● 組み立て

本器の組み立て後の外観を**写真1**に示します．アンプ回路はユニバーサル基板上に組みました．

LTC2054は5ピンの小型面実装パッケージなので，はんだ面に直接はんだ付けしました．DIP変換基板を使ってもよいでしょう．

入力信号は微小な直流電圧です．熱起電力の影響を避けるため，プラス入力とマイナス入力の配線は，部品数やはんだ付けなどの接続個所が同じ数になるようにして，温度差が生じないように接近して配線します．

分流器から基板までの配線が長くなるときは，配線をより合わせてAC配線からの誘導を防ぎます．ツイストペア・シールド線を使えば理想的ですが，今回は基板のグラウンドにシールドを接続しました．

● 調整方法

フルスケールの校正には200 Aの大電流が必要ですが，身近にはなかなか見当たらないと思います．アンプ回路の入力抵抗は大きいので，分流器を付けずに電圧で校正してもよいです．

20 mVフルスケールなので，mVレンジのある直流電圧発生器を使うか，適当な抵抗で分圧器を作って直流電源をつなぎます．マルチメータをアンプの入力に接続してパネル・メータの表示が同じになるようにパ

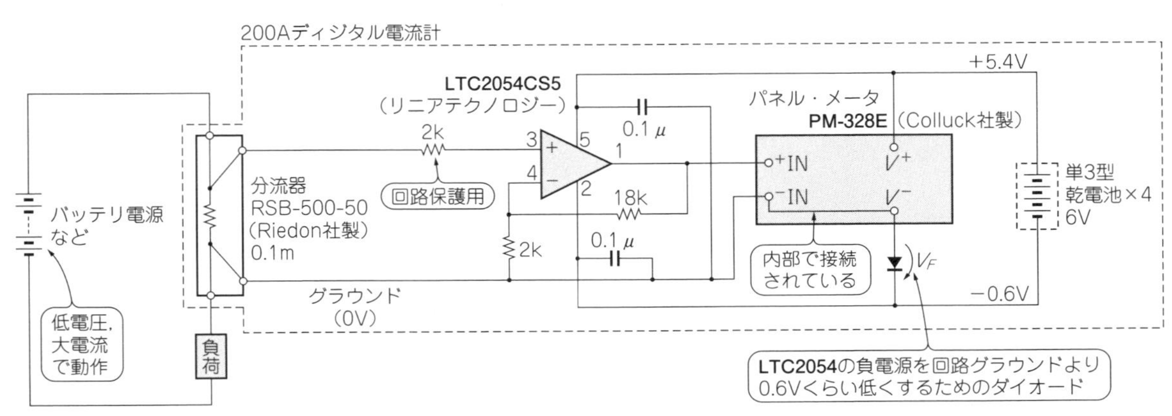

図2　200 Aディジタル電流テスタの回路
入手しやすい部品で製作できる

ネル・メータ裏面のトリマで調整します．

OPアンプの出力をデスクトップ・パソコンに取り込んでグラフ化したい

● パソコンやマイコン・ボードをつないでスマートな測定装置にパワーアップ

製作した大電流計測テスタは，分流器より得られた電圧降下をアンプ回路で増幅し，計測結果はそのままパネル・メータに表示させていました．パネル・メータをパソコンに置き換えれば，計測結果のログを取ったり，電流の変化をグラフ化したりできます．

● 絶縁が必要

図3を見てください．

本器はバッテリで動くので，ほかのどの回路とも絶縁されています．これをフローティングしているといいます．測定対象が大地に対して数万Vの高い電位で動いていても，つないだ直後に本器の基準電位がその高電位につられるように合います．つまりOPアンプもパネル・メータも大地に対して数万Vの高電位を基準にして動き始めます．本器は壊れることもなく，平然と動きます．

ところがもし本器が電池動作ではなく，大地に対して，例えば0Vの基準で動作する装置だったとしたら，OPアンプやパネル・メータに数万Vが加わって，一瞬にして壊れてしまいます．

本器にデスクトップ・パソコンをつなぐと，本器はデスクトップ・パソコンの基準電位につられるように合います．つまり本器と測定対象とデスクトップ・パソコンは同じ基準電位で動作します．測定対象またはデスクトップ・パソコンの1次側と2次側が絶縁されていなくて大地に対して違う基準で動作すると，測定対象の2次側回路，本器，そしてデスクトップ・パソコンの2次側にその差電圧が加わって壊れてしまいます．

測定対象とデスクトップ・パソコン内部で1次側と2次側がトランスで絶縁されていたとしても，トランス内部には浮遊容量が必ず存在するので，周波数の高い成分が1次側と2次側間を自由に行き来して，測定精度を悪化させます．

● 誤差0.01％未満！ 絶縁したままアナログ信号を伝送するフライング・キャパシタ回路

基準電位の異なる2点間でアナログ信号を伝送するには，次に示すような方法があります．

- アイソレーション・アンプを使用する
- トランスを使用する（交流信号の場合のみ）
- PWMで伝送する
- A-D変換したディジタル・データをフォト・カプラなどのアイソレータで絶縁して伝送する

本稿では，アナログ信号を精度良く伝送する方式として古くから使われているフライング・キャパシタ方式を用いた伝送回路（**写真2**）を製作します．比較的ゆっくりした信号の伝送に向きます．

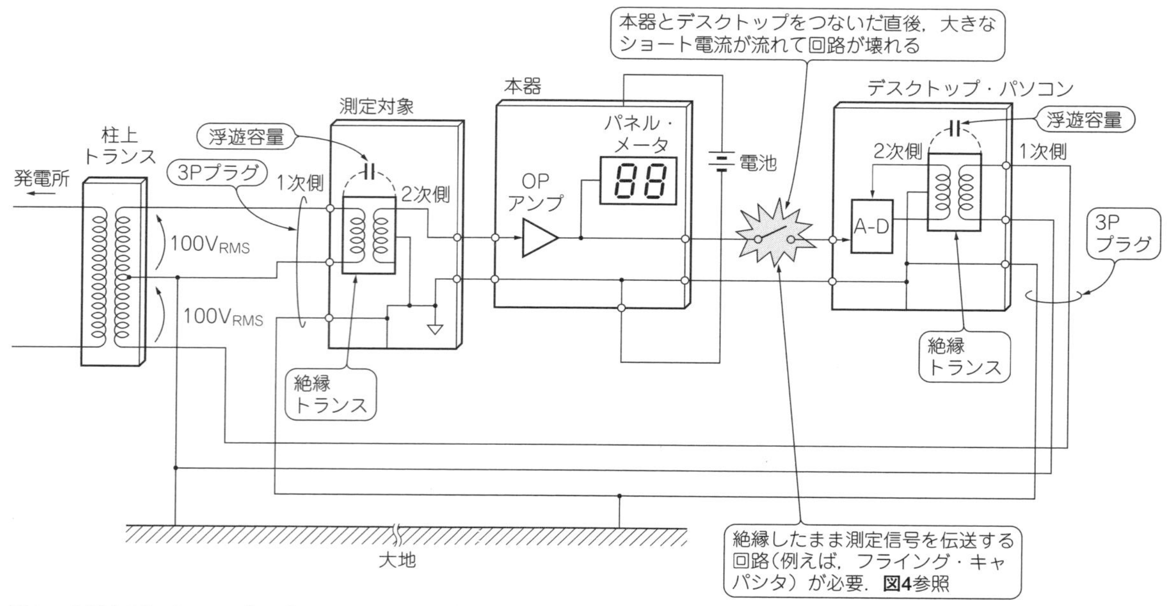

図3　本器とデスクトップ・パソコンを絶縁せずにつなぐと大きなショート電流が流れて回路が壊れる

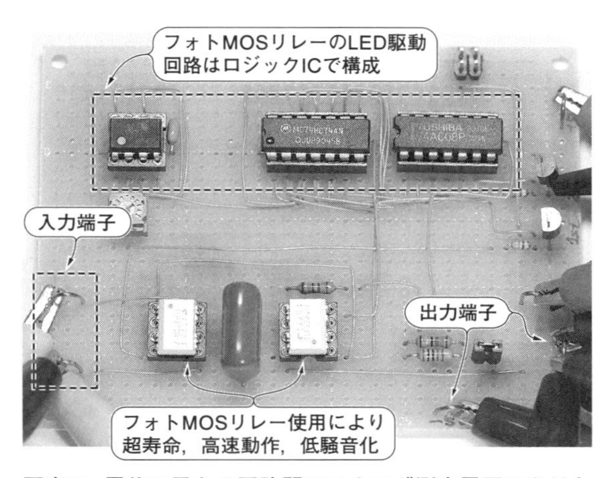

写真2　電位の異なる回路間でアナログ測定電圧のやりとりができる「フライング・キャパシタ回路」
製作した大電流計測テスタで得られた測定値(アナログ電圧)をマイコンやパソコンに伝送すれば自動計測システムも作れる

● 回路

▶「コンデンサ」を使って測定電圧をバケツ・リレー

フライング・キャパシタ方式による測定原理を**図4**に示します．まず，測定すべき電圧を一度コンデンサに蓄え，測定ラインから切り離します．その後，別の場所にある電圧計でコンデンサに蓄えた電圧を測定します．

図5のようにリレーなどのスイッチ装置を使って連続的に行うことで，連続した信号が観測できます．リレーには，片側が完全に切り離されてから，もう一方が導通する「ブレーク・ビフォア・メイク」接点のタイプを使用します．

連続的に電圧を測定するときは，Cが電圧計から切り離されている間も電圧を保持するためのコンデンサC_aを挿入します．

CとC_aが同じ容量だと，接続したときに電圧が1/2になってしまいますが，2回目は3/4，3回目は7/8というように，何度も接点が切り替わるうちにC_aの電圧がV_x［V］に漸近していきます．

Cに対してC_aの容量を小さくすれば応答が速くなりますが，電圧計の入力抵抗が大きくないとC_aが放電するので誤差が生じます．

▶製作した回路の特徴…長寿命，高速動作，低騒音

接点を物理的に動かす電磁リレーを使用すると，接点の寿命が短く，動作速度遅くて，騒音が発生するという欠点があります．今回製作する回路では，普通のリレーの代わりにフォトMOSリレーを使用して，欠点をカバーしました．

フォトMOSリレーの耐圧は600 V以上のものです．2点間の電位差が耐圧以内であれば信号が伝送できます．

機械式リレーなら2回路2接点(DPDT)のリレー1個で済みますが，フォトMOSリレーの場合は1回路タイプだと4個，2回路タイプだと2個必要です．

フォトMOSリレーはOFFになるまでの時間が長いです．フォトMOSリレーのLEDを駆動する信号は，片側が完全にOFFした後にもう片方をONするような，デッド・タイムをもうけた2相信号が必要です．

● 製作

図6に製作したフライング・キャパシタ回路を示します．

▶フォトMOSリレー

フォトMOSリレーにはTLP222G-2(東芝)を使用しました．2回路入りで耐圧は350 Vです．スイッチング速度はターンON時間0.3 ms，ターンOFF時間0.1 msです．ON抵抗の大きさはそれほど問題にならないので，耐電圧とスイッチング速度で選べばよいでしょう．

▶コンデンサ

コンデンサの容量は応答速度に影響します．$C = 1\,\mu\mathrm{F}$，$C_a = 0.1\,\mu\mathrm{F}$と，やや大きめの容量としました．コンデンサには，品質のよいフィルム・コンデンサを使うとよいでしょう．最近は温度補償系のセラミック・コンデンサ(特性CHやC0Gなど)で容量が大きいものが入手できるので，これを使ってもよいでしょう．

高誘電率系セラミック・コンデンサは誘電体吸収効果が大きいので，入力電圧が変化したときに出力電圧が安定するまでに長い時間がかかります．フライング・キャパシタ回路には向きません．

この電圧を測りたい
高い入力抵抗を持つ電圧計
電圧計に
つなぎ変え
Vx[V]　V_L　負荷　C
C　V
(a) ステップ1：CにVx[V]を充電する
(b) ステップ2：Cの電圧を測る

図4　フライング・キャパシタ回路の動作原理
「コンデンサ」を使ってバケツ・リレーすることで，電位の異なる2点間でアナログ信号を伝送する

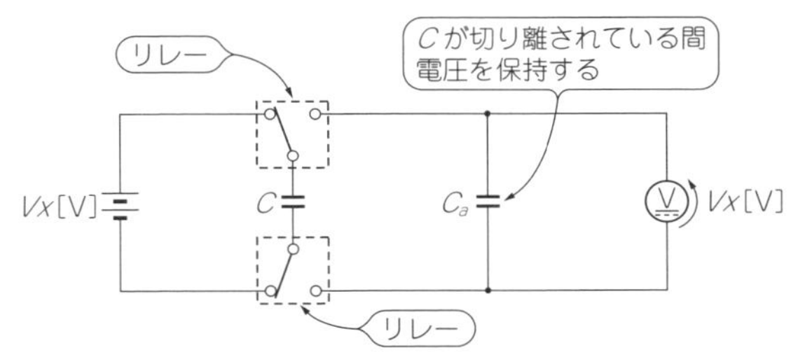

図5　リレーなどスイッチ装置を使って一定周期で切り替えると連続測定も可能

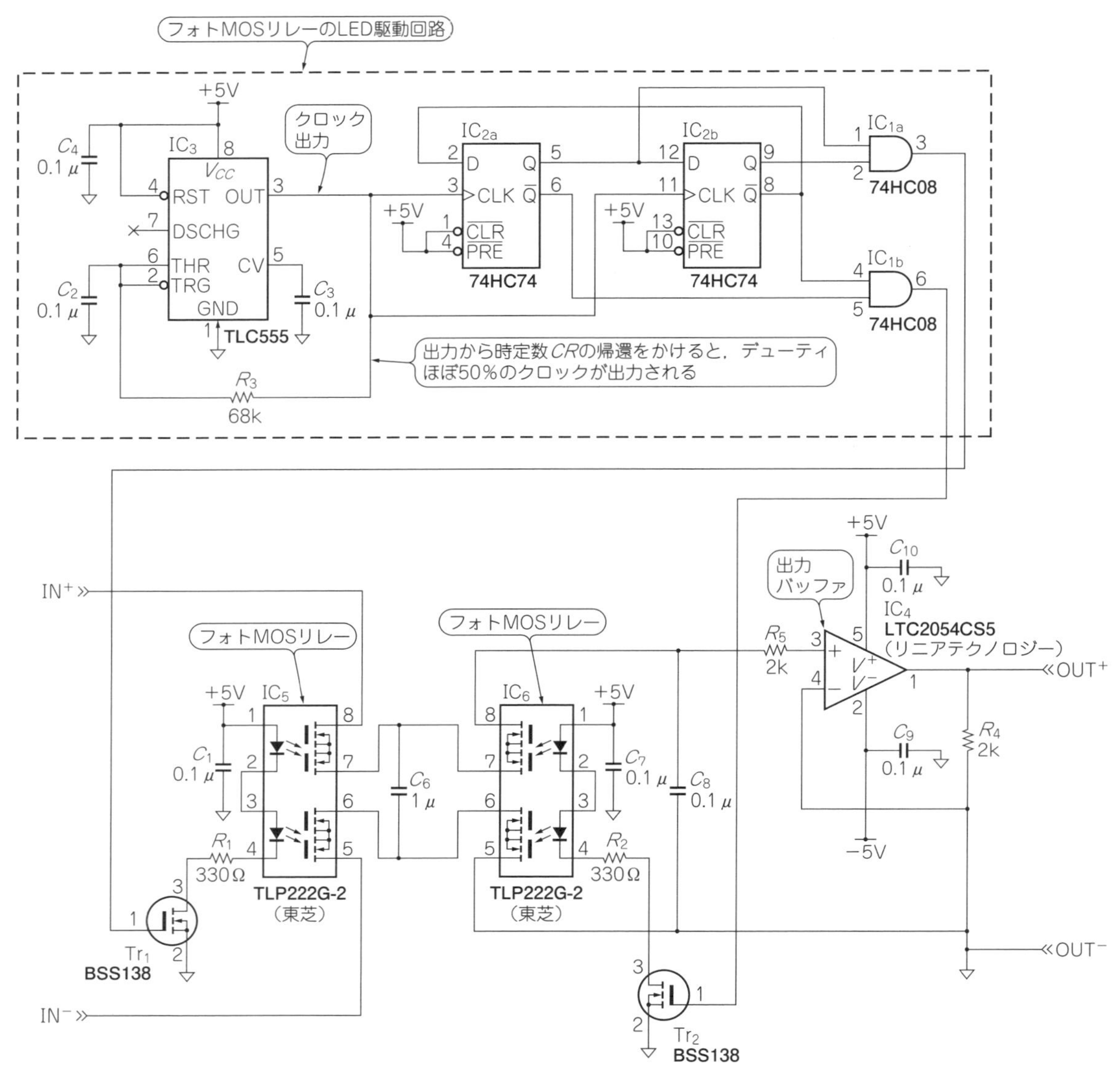

図6　スイッチにフォトMOSリレーを使った長寿命，高速動作，低騒音なフライング・キャパシタ回路

コラム2　3端子レギュレータ付きパネル・メータの消費電力を節約する方法

本器で使用するパネル・メータPM-328Eは，動作電源電圧の範囲を7～12 Vにするか5 Vにするかを，ジャンパで切り替えられます．5 Vのときは電源直結，7～12 Vのときは3端子レギュレータ78L05を使用して5 Vに変換します．5 V動作のときはレギュレータは不要ですが，そのままだとレギュレータにも電流が流れています．自己消費電流が比較的大きく，本アダプタ全体の消費電力に影響を与えます．5 V動作のときは**写真A**のように78L05を外すと消費電流を4.5 mA→2 mA程度に下げられます．

写真A　使わないレギュレータを外してパネル・メータの消費電力を下げる
右上の5 Vと書いてあるジャンパを短絡し，その下のREF1（78L05）を取り外す

コラム3　ほぼ完璧な絶縁で高精度な測定にも使える手軽な低ノイズ電源「電池」

● AC電源をトランス経由で絶縁して使う…ノイズが侵入するので測定精度が悪い

電源を絶縁するには，トランスを使うのが一般的です．しかしトランスの巻き線間に静電容量があるので，交流成分は完全に絶縁できません．**図A(a)** のようにスイッチング電源では出力リプルのほかに，トランスの巻き線間静電容量C_Sを通してスイッチング素子のノイズが出力に現れます．電源側から侵入した外来ノイズも減衰はするものの，一部は出力に通り抜けます．

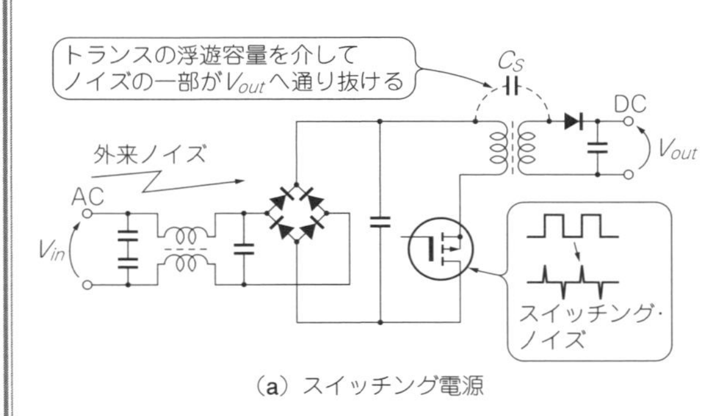

(a) スイッチング電源

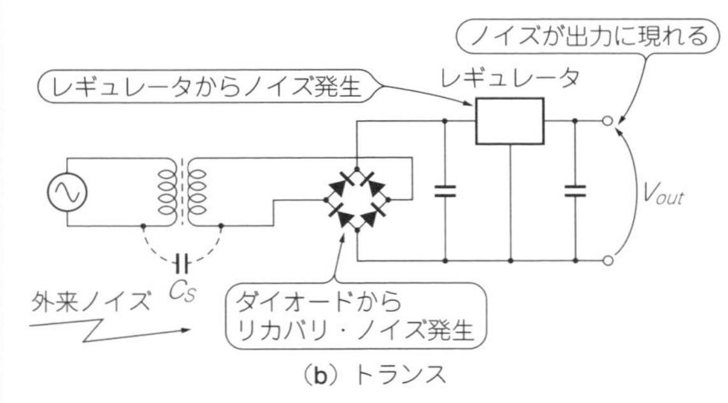

(b) トランス

図A　トランス経由では完全な絶縁ができない
精度が求められる測定用の電源に使うのは難しい

図A(b) のように商用周波数のトランスを使った電源でも，整流ダイオードのリカバリ電流に起因するノイズやレギュレータのノイズが出力に現れ，トランスの静電容量を通して外来ノイズの一部が出力に通り抜けます．

また，トランスを使って絶縁している以上，トランスの耐電圧より高い電位差があるところには使えません．

● 電池を使う…ノイズもほぼ完全に絶縁できる

図B のように電池を使用すれば，絶縁された電源が得られます．

外来ノイズは，必要に応じてシールドなどを施すことで，ほぼ完全に影響をなくせます．

電池自体のノイズには，内部抵抗のゆらぎによる電圧降下の変化や，化学反応のゆらぎによる起電力の変化はありますが，相当小さいです．低雑音の電源が得られます．

絶縁耐圧は，支持する絶縁物だけで決まります．いくらでも大きくすることができるので，特別高圧送電線の電流を測定することも可能です．

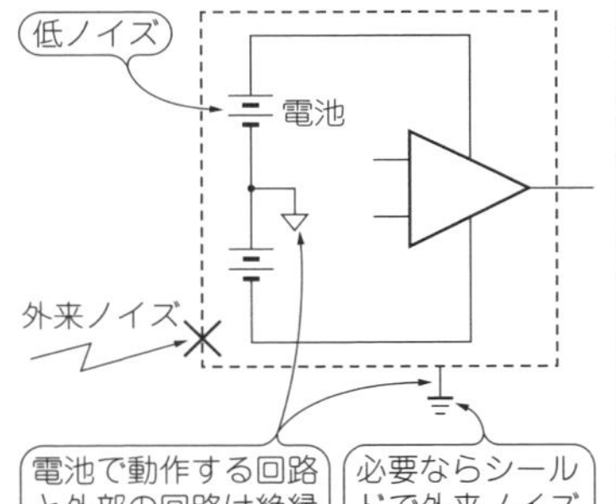

図B　電池を使うとほぼ完全に絶縁された低ノイズな電源が得られる

▶フォトMOSリレーのLED駆動回路

LEDを駆動する信号は，ロジックICで構成した2ビット・ジョンソン・カウンタの出力をデコードして作りました．カウンタのクロックは，CMOSタイプのタイマIC 555の発振回路から供給されます．

555の接続は標準的なクロック発振回路と異なります．**図6**のように出力から時定数CRの帰還をかけています．出力されるクロックのデューティをほぼ50％にするためです．周波数は約100 Hzですが，多少違っても動作にはあまり影響しません．

出力信号はゼロ・ドリフトOPアンプLTC2054(リニアテクノロジー)でバッファして出力しました．電源が±5 Vなので，±4.9 Vくらいまでの信号を扱えます．

▶組み立て＆調整方法

図6の回路をユニバーサル基板に組み立て，実際に動作させてみました．入力には標準電圧発生器，出力にはマルチメータをつなぎました．

出力を確認したところ，4けた程度の精度が出ているようです．ただし，同相信号除去特性(CMRR)が悪く，電源周波数のノイズが気になります．入力が±2 V程度の信号ならそれほど気になりません．

大電流計測アダプタと組み合わせるなら，乾電池による6 Vバッテリの中点をグラウンドにして，±3 V電源で動作させ，アンプの電圧ゲインを100倍にしたほうがいいでしょう．

(初出：「トランジスタ技術」2016年12月号)

グリーン・エレクトロニクス No.19

キットで体験！ CとLと非接触パワー伝送の実験

2017年4月1日　初版発行

編　集　トランジスタ技術SPECIAL編集部
発行人　寺　前　裕　司
発行所　ＣＱ出版株式会社
（〒112-8619）東京都文京区千石4-29-14
電話　編集　03-5395-2123
　　　広告　03-5395-2131
　　　販売　03-5395-2141

定価は表四に表示してあります
乱丁，落丁本はお取り替えします

印刷・製本　三晃印刷株式会社／DTP　有限会社 新生社
Printed in Japan